高等学校新工科应用型人才培养系列教材

移动互联网
产品策划与设计

主　编　苏广文　雷刚跃

副主编　王元一　徐　稳　侯萍萍

西安电子科技大学出版社

内 容 简 介

本书系统地介绍了移动互联网产品策划与设计方面的基础理论、知识体系及产品策划与设计的具体方法,包括移动互联网产品技术基础与商业模式、市场调查与目标用户定位、商业模式策划与设计、产品可行性分析、产品需求分析、主要产品文档的撰写、产品设计与实现、产品开发项目的组织与管理、移动互联网产品运营等内容。

本书立足于移动互联网产品设计实际需要,兼顾技术与市场,贯通产品的顶层设计和具体实现,适用于移动互联网领域企业经营管理人员、产品经理、项目经理、开发人员和运营人员学习参考,也可以作为高等院校相关专业学生学习移动互联网产品开发的教材和教师参考书。

图书在版编目(CIP)数据

移动互联网产品策划与设计 / 苏广文,雷刚跃主编. —西安:西安电子科技大学出版社,2018.11(2022.10 重印)
ISBN 978-7-5606-5123-1

Ⅰ.① 移… Ⅱ.① 苏… ② 雷… Ⅲ.① 移动通信—互联网络 Ⅳ.① TN929.5

中国版本图书馆 CIP 数据核字(2018)第 245113 号

策 划 李惠萍 杨丕勇
责任编辑 任倍萱 雷鸿俊
出版发行 西安电子科技大学出版社(西安市太白南路 2 号)
电 话 (029)88202421 88201467 邮 编 710071
网 址 www.xduph.com 电子邮箱 xdupfxb001@163.com
经 销 新华书店
印刷单位 陕西天意印务有限责任公司
版 次 2018 年 11 月第 1 版 2022 年 10 月第 3 次印刷
开 本 787 毫米×1092 毫米 1/16 印 张 16
字 数 377 千字
印 数 6001~8000 册
定 价 38.00 元

ISBN 978-7-5606-5123-1/TN

XDUP 5425001-3

如有印装问题可调换

前　言

　　当前，移动互联网已渗透社会生产、生活的方方面面，深刻改变和重构了原有社会的生产组织体系，极大地改变了人们的日常生活。移动互联网产品是带来这些巨大改变的直接推手，其策划和设计的水平，既关系到产品本身能否在市场上取得成功，也影响到产品所在领域信息化的发展水平。

　　任何产品都是为了满足市场需求而存在的，移动互联网产品也不例外。移动互联网产品既有"只有第一、第二，没有第三、第四"的赢家通吃的特点，又有细分市场、高度分化和碎片化的特点。为了适应市场环境的迅速变化和新产品形态、新商业模式不断涌现的挑战，移动互联网产品的策划与设计必须准确定位，找准产品的市场空间和卖点，设计合理的商业模式，基于"互联网思维"，整合各种优势资源，使产品最大化地赢得市场，赢得消费者的青睐。

　　另一方面，我们今天身处信息技术大爆炸的时代，云计算技术、大数据技术、卫星定位技术、地理信息技术、物联网技术、虚拟现实技术、人工智能技术、区块链等各种新技术不断取得新进展，为移动互联网产品提供了坚实的支撑和强大的动力，也推动着产品不断推陈出新，从而也对移动互联网产品的策划与设计者提出了更高的要求。

　　移动互联网产品通常依赖于强大的资本市场支持，产品的策划与设计花费巨大，产品的推广和运营所需费用更多。因此，移动互联网产品的策划与设计，不仅要考虑产品的市场问题、技术问题，还要统筹考虑产品运营的成本问题。移动互联网产品的策划与设计是产品经理的职责，但企业经营者，如老板、总经理，更是产品策划与设计的参与者和决策者，因为一个产品的成败，甚至有可能决定一个企业的兴衰。微软创始人比尔·盖茨、腾讯创始人马化腾、百度创始人李彦宏等都是产品的策划与设计者，直到现在，马化腾、李彦宏还会经常为产品的策划和设计提供重要意见。

本书从移动互联网产品策划与设计的工作需要出发,力求提供一个比较宽阔而坚实的基础,为读者日后从事产品经理工作或者创业经营打下移动互联网产品策划与设计方面坚实的基础。

本书由苏广文和雷刚跃主编。苏广文对全书框架及各章内容进行总体规划设计,同时编写了部分章节,并对全书进行统稿定稿;王元一参与了第二章的编写,雷刚跃参与了第四章、第八章的编写;徐稳参与了第六章的编写;侯萍萍参与了第十章的编写。

移动互联网产品策划与设计所涉及的知识体系十分庞大,既包括产品运营方面,又包括产品策划设计与项目组织实施方面。本书立足于面向初学者或初次进入这一领域的学生和产品策划设计人员的读者定位,对进行移动互联网产品策划与设计所涉及的知识体系作了相应的规划,对各章节内容的繁简及深度作了合理把握。读者在实际工作中,可以根据自己的需要,就某些章节的内容作进一步深入学习和研究。

作　者

2018 年 8 月

目　　录

第一章　移动互联网产品策划与设计概论

1.1　移动互联网产品概述

1.1.1　移动互联网产品的概念

一般来说，产品或服务可以分为实物型、信息型两大类。对于信息型产品或服务，比如媒体、视频服务、培训服务等，其产品或服务本质上是提供给消费者某种类型的信息，而移动互联网则为这种信息的传送和交付提供了非常便捷、高效和低成本的途径。

移动互联网产品是基于移动互联网方式向用户提供的信息化应用系统，其基本特征是采用移动互联网作为信息传输通道，采用智能手机、PAD 等作为业务呈现或数据采集终端，有时还要用到各种传感器，包括音视频、射频识别传感器、温度传感器、湿度传感器等。

移动互联网以其随身性、可鉴权、可身份识别等独特的优势，为传统的互联网类业务提供了新的发展空间和新的商业模式，促进了移动网络宽带化的深入发展。目前，移动互联网应用已经从最初简单的文本浏览、图文下载等简单业务形态，发展到与互联网业务深度融合的业务形态，并正在向两个方向迅速迈进：一个方向是与人们生活日益紧密的各种办公应用、社交应用、娱乐应用，使人们的网络虚拟世界更加纷繁和便捷；另一个方向是与物联网、传感系统、控制系统等更深入的结合，使得社会管理和生产更加现代化。

移动互联网产品发展依赖于业务创新。如何将移动互联网的应用能力与业务场景相结合，发掘和创造更多的价值空间，是移动互联网产品发展的关键。

1.1.2　移动互联网产品的分类

移动互联网产品种类繁多、形态各异，这里主要从技术形态角度，对移动互联网产品进行分类并作一简要介绍，使读者对移动互联网产品的场景和特点有一个较全面和深入的认识。对于开发者而言，从技术角度对移动互联网产品进行分类，对深入了解各类应用的技术内涵和所需要的外围环境条件有非常重要的作用。当前的移动互联网产品可以简单分为以下四类。

1. 移动 Web

Web 具有技术开放、标准相对统一、应用开发和使用门槛低等优点，正如传统互联网上 B/S 应用成为绝对主角一样，移动 Web 将成为未来移动互联网应用的当然主角。特别是，HTML5 的推出实现了传统互联网网页和手机网页的融合，大大降低了手机网页开发的门槛；HTML5 的很多新特性为通过手机网页实现游戏、计算等丰富的功能提供了手段。此外，作为传统 Web 核心技术的 Web 引擎，同样可以为移动 Web 所共用，它所提供的运行、解析等基础能力，已成为高质量移动 Web 应用的强大动力。

2. 手机 APP

当前，为数众多的手机应用体现为本地应用，其中也有相当一部分基于 C/S 结构，手机终端应用程序通过调用手机操作系统的 API 来实现各种功能。API 即应用编程接口，手机操作系统平台通过 API 向第三方开发者开放终端、网络、云服务的各种能力，运行在上层的程序可通过 API 获取下层平台拥有的各种能力与信息。

移动互联网深刻改变了移动智能终端操作系统 API 的开放模式，终端厂商通过预置引入第三方应用的传统模式沦为配角，而向开发者开放 API 接口并由用户自行安装应用的新模式成为主流。

3. 微信公众账号及微信小程序

微信公众号已经成为当前最重要的自媒体之一，个人和企业可以利用微信公众号向特定受众传递文字、图片、语音并实现沟通和互动。庞大的微信用户群吸引着众多企业进入微信市场，开发微信公众平台，以不同的途径培养目标客户群，进行信息传播，塑造企业形象，以形成一定的品牌效益，最终为企业营销提供服务。

微信小程序则是一种不需要下载安装即可使用的应用，它实现了应用"触手可及"的梦想，用户扫一扫或者搜一下即可打开应用。微信小程序也体现了"用完即走"的理念，用户不用关心是否安装太多应用的问题。应用将无处不在，随时可用，但又无需安装卸载。对于开发者而言，小程序开发门槛相对较低，难度不及 APP，能够满足简单的基础应用，适合生活服务类线下商铺以及非刚需低频应用的转换。小程序能够实现消息通知、线下扫码、公众号关联等七大功能。其中，通过公众号关联，用户可以实现公众号与小程序之间的相互跳转。

4. 综合类产品

综合类产品除了采用 B/S 或者 C/S 技术外，还要用到视频采集、物理信号传感等其他各类信息化软硬件技术，移动互联网功能仅是其中一个重要的环节。一般说来，综合类产品的技术构成比较复杂，在产品开发中，我们关心的是采用何种技术才能更好地实现用户对应用程序功能和性能的需求，而不只是使用某种技术。

依据产品开发需要采用的技术、特点及关键技术的不同，可以进一步将移动互联网产品细分为手机网站类、移动办公类、手机终端应用类、手机定位与位置管理类、移动视频类、物联网应用类。

1.2 移动互联网产品价值定位

移动互联网产品能否成功的关键是如何向用户提供有价值的产品和服务。所谓价值，就是能给用户解决问题、带来好处，使得用户愿意为此而支付一定费用的产品功能。一般说来，可以把移动互联网产品用户分为个人用户和行业用户，相应的，个人用户和行业用户的价值诉求也是不一样的。

1. 个人用户价值诉求

个人用户即公众用户，数量庞大，有共性也有个性。人们在总结移动互联网成功产品的基础上，总结出一些与人性特点有关的需求。如何抓住这些需求，并通过移动互联网提供的信息化手段更好地予以满足，是移动互联网产品开发者需要思考和研究的重要问题。

1) 生活需要

有人用"衣食住行、生老病死、吃喝玩乐"12个字来表示人的需求，尽管不一定准确，但的确抓住了本质。人作为一种社会性高级动物，其需求既有生理方面的，也有精神层面的。"衣食住行"概括了在食品、服装、交通、住房等方面的需求；"生老病死"概括了在教育、卫生、医疗、养老等方面的需求；"吃喝玩乐"概括了在生活、娱乐、旅游等方面的需求。

2) 免费模式

移动互联网产品在其导入期大多采用免费模式，以图吸引用户，形成规模。免费模式一方面满足了人们投入产出最大化的倾向，另一方面淡化了人们对新产品在功能、性能方面的顾虑。

3) 虚荣心

虚荣心是人类的天性，不能说是好还是坏，关键是要把握一个度。能把握好度就升格为自尊心、自豪感，把握不好就成了爱慕虚荣、沽名钓誉。如何利用人性这一特点更好地发展移动互联网产品，在这方面很多互联网公司探索出一套行之有效的办法。大量的虚拟物品交易，其实都依赖于人们的虚荣心，以至于有些所谓的"好号"都可以进行交易。游戏中的徽章也是一种典型的虚荣心标志，虽然徽章不一定能直接产生收入，但徽章的多寡能刺激用户频繁"签到"，使用户活跃起来。

4) 惰性

免费能成就规模，但收费也不见得不能实现规模，关键是要能够为用户提供更好的使用体验。人们愿意在网络上免费阅读文章，不一定纯粹是为了省钱，还有个原因就在于方便。如果能够让人在"不知不觉"的使用中支付费用，那么收费模式也能成立。比如苹果公司应用商店里有很多东西是要付费的，很多网络小说的订阅也是要付费的，它们遵从的就是这个道理。

5) 好奇心

有人说，人们因懒惰而发明，因好奇而发现。极客公园为了满足用户的好奇心，让用户支付一点费用。好奇心驱动人们去搜索，去门户闲逛，去体验各种新应用，结果一不小心就成了忠实的消费者。

6) 好胜心

游戏都是诉诸好胜心，而网络游戏之所以比单机游戏令人感觉更好玩、更具吸引力的原因在于，单机游戏会玩腻味，因为电脑水平毕竟有限，当你摸透了它的规律后就可以百战百胜，无法满足人们的好胜心。但网络游戏不是，玩家都是人，经过一番艰苦"战斗"取得胜利，能极大地满足人们的好胜心。

7) 安全需要

安全也是人们天生的需求，现实生活中是这样，网络领域也是这样，因为网络涉及个人隐私、个人资料、个人财产等。手机号码目前正被绑定到越来越多的个人账号，比如作为银行账号的业务通知号码，作为 QQ 和微博账号的关联号码，交友网站的身份确认号码，等等。以前人们盘算如何让自己的电脑更安全，现在开始担心自己各种账号的安全。人们在寻求安全的心理驱使下，有时候会愿意付出很高的代价。

8) 社交需要

人是社会性动物，社交是人类天生的需求。尽管现实生活中有很多社交渠道，但移动互联网则为社交提供了巨大的方便，且又不需要付出太大代价。互联网早期很热门的一个应用就是提供社交讨论的 BBS，到现在还长盛不衰，只是变换了一些形式，成为了 QQ、微博、微信等。最近又有一些基于 GPS 定位的社区服务，可以把同一地方有共同兴趣的人聚拢在一起。

2．行业用户价值诉求

行业用户指各类政府机构和企事业单位，不同类型用户的价值诉求差异很大，大体上可以归纳为以下几个方面：

1) 提高工作效率

工作效率关系到一个机构的综合能力和竞争力，提高工作效率是所有行业用户共同的诉求。所有政府机构和企事业单位都在想方设法地改进工作方法，优化工作和办事流程，采用先进的技术手段，来提高工作效率。

2) 解决实际困难

无论是政府机构还是企事业单位，都有一些很好的想法因技术制约而难以实现。任何能够助其突破技术制约实现其想法的应用，对其无疑是有很大吸引力的。当然，他们还要算一笔经济账，也就是投入产出分析。所谓"产出"是广义的，可以是真金白银，也可以是方便百姓办事，甚至是好的名声。

3) 节省成本

政府机构和大多数事业单位的开销来源于财政预算，可花费的金额是有限制的；企业和企业化的事业单位的开销是靠自己挣来的，有总量和利润方面的约束。因此，"少花钱，多办事"是所有行业用户的愿望。

4) 创造新的收入增长点

对企业来说，没有比创造利润更重要的事情了。产品都是有生命周期的，要获得更多的收入、更高的利润，就需要对自己的产品和服务进行不断创新。通过信息化手段，可以帮助企业达到产品和服务创新的目的，比如实体商店可以新开网络商店，制造商可以在网上宣传和直销自己的产品。

5) 打造亮点

对于一些政企单位来说，不仅需要实实在在地不断改进工作方式，方便广大人民群众，更好地进行社会管理，更好地推动经济发展，更好地做好自己的业务，有时也应设法打造亮点，以便获得上级单位或社会的认可，提升自己的知名度和品牌。

1.3 移动互联产品策划与设计总体框架

互联网产品的策划与设计是一项非常复杂的工作，既有商业模式方面的策划与设计，也有产品本身功能的策划与设计，甚至还要延伸到产品上线后的运营。图 1-1 给出了移动互联网产品的策划与设计工作的总体框架。

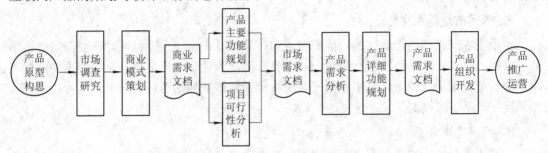

图 1-1 移动互联网产品的策划与设计工作总体框架示意图

1. 产品原型构思

一个产品构思不是凭空产生的，产品原型构思要么是受到某项新技术的推动，要么是受到类似应用的启发，要么是受到某个困难的触动。产品原型构思是粗线条的，很多情况下具有灵机一动的特征，往往只是构思或呈现了新产品的主要过程、主要逻辑和商业模式概况；至于对细节的把握，甚至对于最终可行性的判断，都是缺失的。有的产品构思经过后续大量的市场调研、产品策划与设计，会形成最终产品，但更多的产品构思可能经不起后续一个个环节的严格分析和测算，最后会被放弃。

2. 市场调查与研究

产品原型构思形成后，需要对这一构思的可行性进行深入分析，这一分析主要通过市场调查与研究方式进行。所谓市场调查研究，是把已经形成的产品原型构思放在实际的市场背景下，研究其在社会、经济、技术等方面是否符合大的趋势，分析其与现有或潜在竞争对手的优劣势，研究作为产品策划与运营者的业主所具备的竞争条件、禀赋等。经过深入的市场调查与研究后，如果认为所构思的产品是可行的，则进入下一个环节。否则，就需要对所构思的产品做大的调整，甚至予以放弃。

3. 商业模式策划与设计

一个成功的移动互联网产品可以具有很多种不同的商业模式，商业模式策划与设计就是要根据自己所构思产品的特点、自己的各种资源禀赋，来策划符合自身特点的商业模式。商业模式策划与设计包括产品与服务设计、推广渠道与传播方式设计、交易结构设计、盈利模式设计等内容，但对这些内容的设计是框架性的，而不是非常具体的设计。

4. 撰写商业需求文档

商业需求文档(BRD)是用来向公司高层进行汇报说明，寻求支持并换取资源的，出现的时间为产品立项前，即尚未确定要不要做这个项目。

5. 规划产品主要功能

产品主要功能规划是对产品的总体框架及需要实现的主要功能进行规划，这个阶段的设计是框架性的、概括性的，一般用示意图或者文字来表达。

6. 产品可行性分析

产品可行性分析就是从市场条件、政策环境、技术资源、产品开发投资、竞争产品、能否盈利等方面对产品商业模式做进一步论证，一步一步追问和论证所提出的产品设计方法是否真正可行。

7. 撰写市场需求文档

市场需求文档描述什么样的功能和特点的产品可以在市场上取得成功。要撰写好市场需求文档，需要对目标市场进行分析，并对目标用户和竞争对手进行分析，提出功能性需求和非功能性需求，便于开发团队更好、更快地了解该产品的市场竞争力、目标用户、竞品情况、产品需求概况等。

8. 产品需求分析

产品需求分析是综合分析产品各方面的详细需求，包括功能性需求和非功能性需求的进一步细化。主要内容包括各种功能的组织体系，各种功能的细分功能等。功能性需求一般通过用例图来表示该功能的使用者和产品被使用的功能。

9. 规划产品详细功能

产品详细功能规划就是对产品详细功能进行子系统或者模块划分，描述各子系统或功能模块之间的关系，规划每个子系统或功能模块的详细功能。

10. 撰写产品需求文档

产品需求文档描述公司将要开发产品的详细需求，清楚简明地表达出产品的目的、效果、功能、表现等，产品开发团队将遵照并使用 PRD 来开发出产品并进行检验。

11. 产品组织开发

产品组织开发则是项目的具体实施，包括模块设计、主要流程设计、数据库表设计、编程设计、界面设计和软件测试工作。

12. 运营方案设计

运营方案设计是在既定商业模式的基础上，根据企业自身的资源禀赋，设计符合市场竞争需要的运营方式，灵活制定与社会其他经济主体的合作方式，以便使产品达到最佳的运营效果。当产品设计与开发和运营方案设计都完成后，就进入到产品上线和市场运营阶段。

1.4 产品经理

产品经理是移动互联网产品策划与设计的主要组织者和承担者。产品经理(Product Manager)是企业中专门负责产品管理的职位，是每个产品的牵头人。产品经理要负责市场调查并根据用户的需求，确定开发何种产品，选择何种技术和何种商业模式等，并推动相应产品的开发组织。产品经理还要根据产品的生命周期，协调研发、营销、运营等，确定和组织实施相应的产品策略，以及其他一系列相关的产品管理活动，协调这个产品的所有运作环节和经营活动。

1.4.1 产品经理在团队中的职责

1. 市场调研及用户研究

产品经理需要研究市场以了解用户需求、竞争状况及市场力量，发现并掌握目标市场和用户需求的变化趋势，对未来几年市场上需要的产品和服务做出预测。市场调研及用户研究主要通过与用户和潜在用户交流，与直接面对客户的一线同事如销售、客服、技术支持等交流，研究市场分析报告及相关文章，采取试用竞争产品和观察用户行为等方式，最终形成商业需求文档，详述如何利用潜在机会设计开发自己的产品等。

2. 产品规划及设计

产品规划与设计是产品经理工作中最关键的部分，主要分为以下四个方面：

(1) 产品规划：确定目标市场、产品定位、发展规划及发展路线图。

(2) 需求管理：对来自市场、用户等各方面的需求进行收集、汇总、分析、更新、追踪。

(3) 商业模式策划与设计：根据产品规划和对用户需求的调查结果，策划切实可行的商业模式，保证产品上线后能够获得预期的盈利。

(4) 编写产品需求文档：把产品规划、用户需求和产品商业模式，细化到产品的具体功能需求，建立产品需求模型，做好产品需求的版本管理，维护产品每个版本的功能列表。

3. 项目管理

产品经理要带领来自不同团队的人员，如架构师、UI 设计师、市场调研人员、客服人员等，在预算内按时开发并发布产品。产品经理需要组织协调市场、研发等部门，对需求进行评估及确认开发周期，跟踪项目进度，协调项目各方，推动项目进度，确保项目按计划完成，并配合测试部门完成相关的产品测试工作，负责 BUG 管理等。

4. 产品运营

产品经理要负责组织客服、运营维护部门，建立客户问题投诉、意见反馈及其他产品相关的工作流程、分工、响应时间要求，解答或协调解决客户提出的产品问题，并与公司领导、相关部门协调资源，沟通产品发展规划、现状及存在的问题，对产品运营过程中出现的故障、问题进行总结、分析，制定出解决方案并将其纳入产品改进计划中。

1.4.2 必备技能

1. 领导能力

产品经理应该首先具备领导团队的能力。他应该为团队确定正确的目标、总体规划和阶段性计划。同时，产品经理应该具有很强的凝聚力和亲和力，使团队成为一个有机的整体，相互配合，相互协作，共同做好工作。

2．项目管理能力

产品经理应该具备优秀的项目管理能力。首先，产品经理要领导整个项目团队，指导产品从概念设计到市场接受，保证实现设计、收益、市场份额和利润目标，解决项目组的冲突。其次，产品经理要管理项目，制定项目的计划和预算，确定和管理参与项目的人员和资源，与职能部门之间相协调，跟踪相对于项目基线的进展。第三，产品经理要负责和管理层进行沟通，提供项目进展状况的报告，准备并且确定状态评审点；产品经理作为产品的领导需同管理层进行沟通，提供对项目组成员的工作绩效进行评审的评审材料。

3．业务经验和能力

一个成功的产品经理通常有在一个或多个职能部门从事过管理和操作方面的工作经验，并有管理项目开发的经历。业务经验对于产品经理十分重要，可以帮助产品经理更好地进行产品的管理，团队合作的经验和能力可以让产品经理在新产品的团队中能比较好地处理团队内部的人际关系和团队的其他情况。

4．技术能力

技术能力对于产品经理而言是必备的技能，技术能力让产品经理可以更好地理解产品的性能和特点，更好地进行产品的团队管理。

1.4.3　产品运营

从产品上线开始，运营工作也随之开始。运营的核心目的是让产品存活得更好，存活得更久。让产品存活得更好是指通过各种推广、渠道让产品的装机量、活跃用户数、市场占有率等数据获得提升。让产品存活得更久则是通过数据分析和用户信息反馈收集产品相关优化信息，以供产品经理进行产品功能的完善，从而获得更长的产品生命周期。根据产品运营的目的，运营工作具体来说有以下几个方面。

1．渠道管理

渠道管理对于移动互联网来说尤为重要，因为渠道资源也是有限且昂贵的，如何更加有效地利用渠道就成为渠道管理的重中之重。渠道管理包含两方面的具体工作：

(1) 渠道的扩大，即拓展商务合作伙伴。

(2) 渠道的监控，即及时了解推广渠道的用户数据与用户质量，以及时调整渠道策略。

2．市场监控

监控产品行业的发展动态，分析竞争产品的相关数据，如装机量与活跃用户数等，并提供相应的策略。

3．活动营销

策划相应产品线上或线下的推广活动方案，以达到提升装机量、活跃用户数等相关数据的目的。

4．产品分析

组织团队进行产品调研，并提供用户反馈，针对用户行为进行细致分析，提出合理的产品改进建议。需要说明的是，一切产品运营具体工作的基础都是数据，只有准确地跟踪数据，并进行有针对性的分析，才能进行其他运营工作。

思考与练习题

1. 什么是移动互联网产品？移动互联网产品可以分为哪几类？
2. 简述移动互联网产品的策划与设计工作的总体框架。
3. 产品经理的主要职责有哪些？

第二章　移动互联网产品技术基础

移动互联网产品根植于一个信息技术大爆发的时代，包括移动互联网技术、卫星定位技术、云计算技术、物联网技术、人工智能技术、虚拟现实技术等在内的各种新兴技术蓬勃发展，为移动互联网产品的开发提供了更丰富、更强大的功能。只有对这些技术有深入的了解，掌握其强大的能力，才能使自己策划和设计的产品具有先进的技术和良好的用户体验，从而带来更好的经济效益。

2.1　移动互联网技术

移动互联网涉及很宽的技术领域，包括互联网技术、移动通信技术、手机终端技术，等等，而且这些技术目前仍处于迅猛发展和相互渗透之中。

2.1.1　互联网技术

移动互联网和传统互联网一样，基础都是 TCP/IP 协议，而要理解 TCP/IP 协议，就必须先理解 OSI 模型，因为 TCP/IP 协议是参考 OSI 模型设计的。

1. OSI 模型框架

OSI 模型的全称是开放系统互连参考模型(Open System Interconnection Reference Model，OSI/RM)，它由国际标准化组织(International Standard Organization，ISO)提出，用于网络系统互连，所以又称为 ISO/OSI 模型。OSI 模型采用分层结构，它把通信过程所要完成的工作分成多个层面，每个层完成某个层次的工作内容，如物理层实现物理信号的收发，网络层实现联网等。OSI 参考模型如图 2-1 所示。

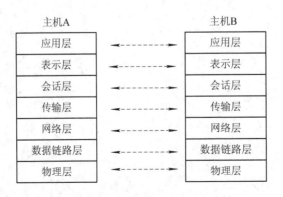

图 2-1　OSI 参考模型

(1) 每一层都为其上一层提供服务，并为其上一层提供一个访问接口或界面。

(2) 不同主机之间的相同层次称为对等层。如主机 A 中的表示层和主机 B 中的表示层互为对等层，主机 A 中的会话层和主机 B 中的会话层互为对等层。

(3) 对等层之间互相通信需要遵守一定的规则，如通信的内容、通信的方式等，称为协议。

OSI 参考模型通过将协议划分为不同的层次，简化了问题分析、处理过程以及网络系统设计的复杂性。在 OSI 参考模型中，从下至上，每一层完成不同的、目标明确的功能。

2．TCP/IP 模型

OSI 模型的提出本是为解决不同厂商、不同结构的网络产品之间互连时遇到的不兼容性问题的，但是该模型过于复杂阻碍了其在计算机网络领域的实际应用。相比之下，由技术人员自己开发的 TCP/IP 协议则获得了更为广泛的应用，成为当前通信领域的主要标准。TCP/IP 模型也是层次结构，分为四个层次：应用层、传输层、网络互连层和网络接口层。图 2-2 对 TCP/IP 模型与 OSI 模型进行了对比。

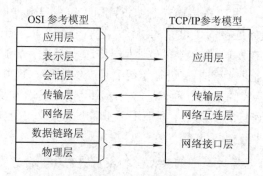

图 2-2　TCP/IP 与 OSI 模型的对比

在 TCP/IP 模型中，去掉了 OSI 模型中的会话层和表示层，这两层的功能被合并到应用层实现，同时将 OSI 模型中的数据链路层和物理层合并为网络接口层。当前在用的部分协议在 TCP/IP 模型中的位置如图 2-3 所示。

应用层	FTP、HTTP、TELNET			SNMP、TFTP、NTP
传输层	TCP			UDP
网络互连层	IP			
网络接口层	以太网	令牌环网	802.2	HDLC、PPP、帧中继
			802.3	EIA/TIA-232，V.35等

图 2-3　TCP/IP 模型层次结构

1）网络接口层

实际上，TCP/IP 模型没有真正描述这一层如何实现，只是要求能够提供给其上层网络互连层一个访问接口，以便在其上传递 IP 分组。由于这一层次未被定义，所以其具体的实现方法随着网络类型的不同而不同。

2) 网络互连层

网络互连层是整个 TCP/IP 协议的核心，其功能是把分组发往目标网络或主机。同时，为了尽快发送分组，可能需要沿不同的路径同时进行分组传递，因此，分组到达的顺序和发送的顺序可能不同，这就需要上层必须对分组进行排序。网络互连层除了需要完成路由的功能外，也可以实现不同类型的网络(异构网)互连的任务。

网络互连层定义了分组格式和协议，即 IP 协议。TCP/IP 协议中的网络互连层功能由 IP 协议规定和实现，故又称 IP 层。这一层的协议还包括 ICMP 网际控制报文协议、ARP 地址解析协议、RARP 反向地址解析协议、RIP 协议等，以及典型设备如路由器、三层交换机等协议。

3) 传输层

传输层的功能是使源主机和目标主机上的对等实体可以进行会话。在传输层定义了两种服务质量不同的协议，即 TCP(传输控制协议)和 UDP(用户数据报协议)。

TCP 协议是一个面向连接的、可靠的协议。它将一台主机发出的字节流无差错地发往互联网上的其他主机。在发送端，它负责把上层传送下来的字节流分成报文段并传递给下层。在接收端，它负责把收到的报文进行重组后递交给上层。TCP 协议还要处理端到端的流量控制，以避免缓慢接收的接收方没有足够的缓冲区接收发送方发送的大量数据。UDP 协议是一个不可靠的、无连接的协议，主要适用于不需要对报文进行排序和流量控制的场合。

4) 应用层

TCP/IP 模型将 OSI 参考模型中的会话层和表示层的功能合并到应用层实现。应用层面向不同的网络应用引入了不同的应用层协议。其中，有基于 TCP 协议的，如文件传输协议 (File Transfer Protocol，FTP)、虚拟终端协议(TELNET)、超文本链接协议(Hyper Text Transfer Protocol，HTTP)，也有基于 UDP 协议的。

5) IP 地址

在互联网上，每一个通信实体都必须有一个唯一的地址作为身份标识，这个地址就是由 IP 协议所规范的 IP 地址。目前，绝大多数网络使用的是 IP v4，也就是 IP 协议的第四个版本，也是到目前为止互联网设备和应用采用的最主要的协议。按照 IP 协议，每个连接在互联网上的主机都应该有一个唯一的地址，这个地址就作为该主机的标志，叫做 IP 地址。为了方便使用，人们把这 32 位地址分为 4 段，每段 8 位，用十进制数字表示，每段数字范围为 0～255，段与段之间用句点隔开。比如，上面的 IP 地址可以表示为 10.0.0.1。

在实际中，数量众多的主机不是各自独立地接入互联网的，数量不一的主机先是组成一个相对独立的网络，称 IP 子网，然后再通过统一的网关设备(主要是路由器)接入互联网。大的子网下又可以分出更小的子网。与互联网这一网络结构相对应，32 位的 IP 地址由两部分组成，一部分为网络地址，也就是该子网的编号。另一部分为主机地址，代表主机在该子网中的编号。为了便于 IP 地址的分配和使用，管理机构又把 IPv4 的 IP 地址分为 A、B、C、D、E 共 5 类，其中 A、B、C 三类由 NIC 在全球范围内统一分配，D、E 类为特殊地址。一个 A 类地址第一个字节为网络地址，后三个字节为主机地址。一个 B 类地址的前两个字节为网络地址，后两个字节为主机地址。一个 C 类地址的前三个字节为网络地址，最后一个字节为主机地址。

随着互联网规模的不断扩大，主机数量呈指数增加，IPv4 协议提供的地址面临枯竭。而移动终端的互联网化和物联网的成长，对 IP 地址的需求更加巨大。为了克服这一困难，IPv6 加快了部署的步伐。IPv6 是用于替代现行版本 IPv4 的 IP 协议的第六个版本。IPv4 中规定 IP 地址长度为 32，而 IPv6 的长度为 128，因此 IPv6 中 IP 地址数量要远远大于 IPv4。我国互联网规模庞大，而申请到的 IP 地址总数相对较少，IP 地址紧缺的矛盾尤其尖锐。因此，在 IPv6 的推动方面，我国一直走在前面。目前，在工信部统一部署下，我国 IPv6 网络的大规模推广已经展开，很多新建的网络已经可以同时支持 IPv4 和 IPv6。

2.1.2　移动互联网技术

1. 移动互联网概念

工信部电信研究院认为，移动互联网是以移动网络作为网络接入方式的互联网及服务，它包括三个要素：移动终端、移动网络和应用服务。中国电信认为，移动互联网是移动通信和互联网从终端技术到业务全面融合的产物，它可以从广义和狭义两个角度来理解：从广义角度理解，移动互联网指用户使用手机、上网本、笔记本电脑等移动终端，通过移动或无线网络访问互联网并使用互联网的服务；从狭义角度理解，移动互联网是指用户使用手机通过移动网络获取访问互联网的授权并使用互联网上的服务。一般而言，电信行业所指的移动互联网主要是指狭义角度，包括通过 2G/3G/4G 网络使用互联网服务。

与移动互联网类似的概念还有无线互联网。以前，移动互联网强调使用蜂窝移动通信网接入互联网，因此常常特指手机终端采用移动通信网接入互联网并使用互联网业务。而无线互联网强调接入互联网的方式是无线接入，除了蜂窝网外还包括各种无线接入技术，如 WAN 等，随着电信网络和计算机网络在技术、业务方面的相互融合，目前业界倾向于不再区分移动互联网与无线互联网的细微差别。

移动互联网既是一种业已存在的网络和服务的实体，又是一种新的技术形态，即以 IP 网络技术、移动通信技术和计算机技术为核心的一个庞大的技术体系，是"移动宽带化"、"宽带移动化"两种趋势长期发展并以移动通信技术为纽带实现交汇融合的产物。移动互联网不是对传统桌面互联方式的完全替代，而是一个革命性的扩展。原有的 PC 在固定地点通过光纤等宽带有线线路上网的方式仍然得以保存，在原来无法上网的室外、移动状态等情形下，人们通过移动和无线方式可以上互联网了。原来的内容(指存在于互联网上的内容)，除了增加适合移动方式访问的功能外，仍然得以保留。

2. 移动互联网特点

与使用 PC 机、笔记本电脑上网的桌面互联网相比，移动互联网拥有一些可以给用户带来极大便利的特点，主要表现在以下几个方面：

(1) 终端移动性。

移动互联网业务使得用户可以在移动状态下接入和使用互联网服务，移动互联网终端也就是智能手机或者 iPAD 等，便于用户随身携带和随时使用，人们可以在任何完整或零碎的时间使用。

(2) 终端智能感知能力。

移动互联网终端因其计算机软硬件结构和丰富的传感外设，可以定位自己所处的方位，采集周围的声音、温度等信息，因而具备智能感知的能力。

(3) 个性化。

首先，移动互联网的终端完全为个人使用，相应的其操作系统和各种应用也针对个人，采用社会化网络服务、博客等 Web 2.0 技术与终端个性化和网络个性化相互结合，个性化呈现能力非常强。其次，移动网络对于反映使用者个人的行为特征、位置等信息能够精确反映和提取，并可与电子地图等技术相结合形成新的有效信息。

(4) 业务私密性。

在使用移动互联网业务时，所使用的内容和服务更私密，如手机支付业务、保密通信、手机门卡、手机水卡等。

除上述特点，移动互联网也受到来自终端和网络的局限，具体如下：

(1) 终端能力方面。

在终端能力方面，受到终端屏幕大小、电池容量等的限制。由于屏幕小，移动互联网终端显示的内容界面必须简单紧凑，便于操作。像传统互联网页面那样复杂的页面结构，大量的页面信息无法在移动互联网终端中很好地展示和浏览。由于电池容量有限，不能像桌面 PC 那样持续得到外部供电，长时间、高强度的本机处理受到制约，因此移动互联网要尽可能做到低耗能，尽量避免长时间持续操作。据对多款智能手机耗电情况的分析，智能手机相当一部分耗电用于屏幕显示，这对视频观看类的应用带来不利影响。

(2) 网络能力方面。

在网络能力方面，受到无线网络传输环境的影响，比如高速移动状态、区域内基站覆盖率不高等，将直接影响带宽稳定性，进而影响带宽敏感型应用的使用。当某个区域用户数量过大，超过基站容量时，网络产生拥塞，造成内容的延迟、停滞等。

2.1.3 C/S 与 B/S 模式

C/S 和 B/S 是互联网应用最主要的两种模式，尤其是 B/S。可以说，互联网之所以能够发展到今天的规模，是与 B/S 模式带来的巨大便利分不开的。

1. C/S 模式

C/S 是 Client/Server 的缩写，即客户/服务器模式。在 C/S 模式中，服务器是网络信息资源和计算的核心，而客户机是网络资源的消费者，客户机通过服务器获得所需要的网络信息资源。这里所说的客户和服务器都是指通信中所涉及的进程，是运行着的客户软件和服务器软件。C/S 模型的工作过程如图 2-4 所示。

(1) 首先，服务器进程启动起来以后，就一直在监听某一 TCP 端口，比如 FTP 默认为 21 端口，Web 默认为 80 端口，接收这一端口的请求信息。

(2) 如果某个客户，如客户甲，需要查询某个学生的个人信息时，它就向服务器发出请求(a)，告知这个学生的编号及要查询信息的内容。

(3) 服务器进程监听到这一请求后，启动一个线程，该线程从关联的数据库、文件等资源库中搜索到该学生的信息，经过相关处理后，把结果返回客户甲(b)。

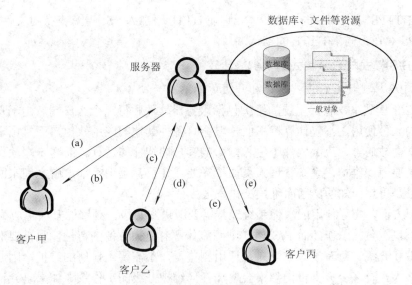

图 2-4   C/S 模型示意图

(4) 如果客户乙、客户丙也需要查询某个学生的个人信息，那么服务器则分别启动另外两个线程，处理两个客户的请求。

(5) 依次类推，如果有 N 个客户请求，服务器进程就启动 N 个线程处理客户的请求。由于计算机的 CPU 和内存等资源是有限的，因此，N 的大小是受到限制的。一般把 N 叫做该服务器能够处理的最大并发用户数。

C/S 是一种软件系统体系结构，通过它可以充分利用服务器端和客户端两方的硬件资源，将任务合理分配到两端，这样就降低了系统的通信开销。

2．B/S 模式

B/S(Browser/Server，即浏览器/服务器)是一种特殊的 C/S，它在普通 C/S 的基础上，对服务器端和客户端都进行了改造和规范。客户端就是我们熟知的 Web 浏览器，如 IE、Firefox 和 Opera 等，服务器如 IIS、Apache 等。任何一种 Web 浏览器可以完全访问任何一种服务器。这种模式统一了客户端，将系统核心功能的实现集中到服务器上，简化了系统的开发、维护和使用。

在技术文献中，也常把 C/S 结构和 B/S 结构并列起来，感觉 B/S 结构和 C/S 结构分属不同的两种结构，这样是不准确的。但是由于人们经常这样讲以至于成为业界习惯，因而当出现这样的说法时，我们应该把 C/S 理解为除 B/S 结构外其余的 C/S 结构。

在 B/S 模式下，服务器软件启动后，其进程就常驻内存中，一刻不停地监听设定的 TCP 端口，一般是 80 端口或者 8080 端口。一旦有向该端口发出的要求获得网页的请求，服务器进程就从本地文件目录或相关资源库中读取 HTML 网页文件，发送给请求者。大部分浏览器也支持许多 HTML 以外的文件格式，例如 JPEG、PNG 和 GIF 图像格式，还可以利用插件来支持更多文件类型。网页设计者便可以把图像、动画、视频、声音和流媒体包含在网页中，或让人们透过网页而取得它们。

浏览器和服务器之间的通信采用 HTTP(Hypertext Transport Protocol，超文本传送协议)，当需要更高的安全性时，需要采用 HTTPS(HyperText Transfer Protocol over Secure Socket

Layer)。HTTPS 是 HTTP 的安全版本，它在 HTTP 下加入 SSL 层，支持对文件内容的加密，但 HTTPS 存在不同于 HTTP 的默认端口。

3．B/S 模式与 C/S 模式的优劣势比较

(1) B/S 模式比 C/S 模式维护和升级更简单。

在 C/S 模式下，软件系统的维护包括服务器软件和每一个客户端。由于每个客户端都由不同的人员使用，不仅计算机里面一般会有各种其他的应用软件，而且由于使用者的原因，经常会被病毒、流氓软件等侵入，影响客户端软件的运行。而客户端软件因为是专用的，都需要专门维护，系统管理人员如果需要在几百甚至上千部电脑之间来回奔跑，效率和工作量是可想而知的，因而维护工作量很大。

另一方面，实际使用的软件系统经常需要改进和升级，频繁的升级也成为 C/S 模式软件一项不堪重负的工作。而 B/S 模式则明显体现着更为方便的特性，只需要对服务器软件进行修改和升级，所有的客户端只是通用浏览器，不需要做任何的维护。因此无论用户的规模有多大，有多少分支机构都不会增加任何维护升级的工作量。如果是异地，还可以实现远程升级和共享。"瘦"客户机和"胖"服务器越来越成为业界的主流，这对用户人力、物力、时间和费用的节省可以说是革命性的。

(2) B/S 模式比 C/S 模式成本更低。

在 C/S 模式下，软件不具有通用性，无论是服务器端软件还是客户端软件，都需要软件提供商进行全面开发。而在 B/S 模式下，客户端是通用的免费软件，一般无需开发，个别情况下只需要安装一个插件即可；服务器端有成熟的软件如 IIS 和 Apache 等，基本的通信功能和文件管理功能已经非常完善，只需要开发相对简单得多的网页和 CGI 程序等，因而开发成本要低得多。

(3) B/S 模式服务器负载更重。

由于 B/S 模式下绝大多数任务都要服务器端完成，因而服务器端负载较重，一旦发生服务器网络拥塞或者因 CPU 或内存占用过度而瘫痪，将严重影响系统的使用。因此，通常情况下要采取一些措施，如采用双机热备、网络存储服务器、服务器集群等。

(4) B/S 模式客户端不如 C/S 模式功能强大。

B/S 模式下客户端软件采用 Web 浏览器带来的方便性和低成本，在一定程度上是以牺牲了客户端的功能为代价的，尽管在 Web 浏览器上可以运行诸如 Java Script、Vb Script 等脚本程序，但这些程序对客户端资源的访问是受到严格限制的，因此很多和硬件以及本地文件系统资源相关的功能并不能实现。

(5) B/S 模式与 C/S 模式在实际中的使用现状。

由于上述 B/S 模式与 C/S 模式各自优劣势的特点，绝大多数应用系统采用了 B/S 模式。目前不仅互联网上广泛采用 B/S 模式，而且在绝大多数企业内部网上也采用了 B/S 模式，比如公司内部 OA 系统、专用业务管理系统等。另一方面，由于 B/S 模式在本地资源访问方面的限制，在一些特殊情况下还必须采用 C/S 模式。

2.1.4　网页技术

目前，手机网页存在着几个不同的标准，包括 HTML、WML、XHTML MP、HTML5

等，其中 HTML 是最具影响力的网页标准，而 HTML5 则是 HTML 当前最新的版本。

1. HTML

HTML(HyperText Markup Language，超文本标记语言)是用于描述网页文档的一种标记语言，它通过标记符号来标记所显示网页中的各个元素。网页文件本身是一种文本文件，通过在文本文件中添加标记符，可以告诉浏览器如何显示其中的内容，如文字如何处理、画面如何安排、图片如何显示等。浏览器按顺序阅读网页文件，然后根据标记符解释和显示其标记的内容，对书写出错的标记将不指出其错误，且不停止其解释执行过程。

下面是一个简单的 HTML 文件 Test1.html：

```
<!doctype html>

<html>

<head>

<meta charset = "utf-8">

<title>Hello, This is a HTML page!</title>

<style type = "text/css">

Body, td, th {

        font-size: 36px;

        color: #900;

        font-family: Arial, Helvetica, sans-serif;

}

</style>

</head>

<body>

<p align="center"><strong>Hello，This is a HTML page! </strong></p>

 <p>  </p>

</body>

</html>
```

文件中的"<!doctype html>"说明该文件的类型是 HTML，<html>和</html>表示文件的开始和结束。<body>和</body>表示文件正文的开始和结束。这些符号就是标记符号，用来代表一定含义。该文件用 IE 浏览器打开后的显示效果如图 2-5 所示。

HTML 文档制作简单，但功能强大，支持不同数据格式的文件嵌入，其主要特点是：

(1) 简易性：HTML 的版本升级采用超集方式，即新版本完全包含老版本，因而用老版本编写的网页可以被新版本完全接受，版本升级过程更加方便平滑。

(2) 可扩展性：HTML 的广泛应用带来了增强功能、增加标识符等要求。对此，HTML 采取子类元素方式，为系统扩展提供了保证；

(3) 平台无关性：虽然计算机种类很多，如 PC 机、服务器、笔记本、智能手机，还有不同形态的嵌入式设备等，但 HTML 都可以运行在这些平台上。

(4) HTML 支持以 Java Script、Vb Script 为代表的动态网页技术，丰富了网页的功能。

图 2-5　Test1.html 的浏览器展示

2．HTML5

继 HTML 之后，还出现过很多不同的版本，如 XHTML1、XHTML2、HTML3、HTML4 等，但这些版本的影响力一直没能超越 HTML，直到 HTML5 的出现。HTML5 利用 Web 开发人员的需求，对 HTML4 进行了继承、扩展和简化，大幅提升了 Web 应用在交互、系统能力调用、多媒体、语义化等方面的功能。在 HTML 5 平台上，视频、音频、图像、动画以及同电脑的交互都被标准化，用户无需安装纷繁的插件就可以获得丰富的 Web 应用。HTML5 技术族主要包括 HTML5、CSS3、Java Script、Web Application API、SVG 等，具有以下新特性：

(1) 丰富的结构化、语义化标签。

HTML5 新增加了一些结构化标签，主要包括<header>、<footer>、<nav>、<section>、<article>、<hgroup>、<aside>等，从而使网页结构更加简洁和严谨。新标签语义化更强，便于开发者理解和灵活使用，也利于计算机对语义化的 Web 应用进行理解、索引和利用。

(2) 面向应用的功能增强。

HTML5 面向移动应用不断进行功能增强，包括多线程并发、离线数据缓存、数据存储、跨域资源共享等。其中，WebWorkers 标准使 Web 应用弥补了以往只能单线程运行的短板，能够支持多线程的 Web 操作，并能将资源消耗较大的操作放到后台执行，从而提高 Web 应用的响应速度，降低终端资源消耗。Offline App Cache 能够将 Web 应用相关的资源文件缓存到本地，使用户在离线状态下也能使用 Web 应用，为开发离线的移动 Web 应用奠定了基础。Web Storage 规范为简单的网页数据存储提供了 LocalStorage 和 SessionStorage 两个基本方法，而 LocalStorage 可将数据永久保存在本地，SessionStorage 可在浏览器会话保持期间保存数据。IndexedDB 是 HTML5 另一种数据存储方式，能够帮助 Web 应用存储复杂结构的数据。Cross-Origin Resource Sharing 使 Web 应用突破以往无法跨域名访问其他

Web 应用的限制，增强了 Web 应用服务之间的交互能力。

(3) 系统能力调用。

HTML5 纳入 W3C DAP 工作组制定的一系列设备 API，极大提升了 Web 应用对终端设备能力的访问和调用能力，主要包括终端系统信息 API、日历 API、通信录 API、触摸 API、通信 API、多媒体捕捉 API 等。同时，W3C 还制定了位置 API 和视频通信 API。位置 API 标准，使基于位置的 Web 应用能够访问所持设备的地理位置信息。位置 API 与底层位置信息源无关，来源可包括 GPS、从网络信号(如 IP 地址、WiFi、基站号等)推测的位置，以及用户输入位置。视频通信 API 通过 API 接口提供视频会议核心技术能力，包括音视频采集、编解码、网络传输、显示等，使浏览器能够直接进行实时视频和音频通信。

(4) 富媒体支持。

HTML5 技术极大增强了 Web 应用在绘图、音/视频、字体、数学公式、表单等方面的能力。Canvas 特性提供 2D、3D 图片的移动、旋转、缩放等常规操作以及强大的绘图渲染能力。SVG 基于 XML 描述二维矢量图形，可根据用户的需求进行无失真缩放，适合移动设备图片显示。HTML5 标准增加了音/视频标签<audio>、<video>，可在网页中直接播放音/视频文件，以取代 Adobe Flash、微软 Silverlight、QuickTime 等多媒体插件及私有协议。WOFF 通过样式库为 Web 应用中自动提供各种字体，并且能根据实际需要调整字体的大小。MathML 使用户能够在网页文本中直接输入复杂的数学公式符号。

(5) 提供连接特性。

Web Sockets 允许在 Web 应用前端与后端之间通过指定的端口打开一个持久连接，极大地提高了 Web 应用的效率，使得基于页面的实时聊天、更快速的网页游戏体验、更优化的在线交流得到了实现。同时，HTML5 拥有更有效的服务器推送技术，使得基于推送技术的应用更容易实现。

2.1.5　手机操作系统

智能手机是一种嵌入式计算机系统，同样需要操作系统的支持。操作系统是智能手机软件体系的核心，它向下管理硬件系统各种资源，向上为各种应用软件提供服务和支撑。操作系统的功能和性能进一步影响到用户的最终体验，目前，很多有实力的公司和机构相继推出自己的移动操作系统，并以其为战略支点打造有利于自身的产业生态体系。不同的操作系统在开放性、开源性以及运行和开发效率方面各有优劣势。

1. Android 和 iOS

Android 是 Google 公司于 2007 年 11 月 5 日宣布的基于 Linux 平台的开源手机操作系统，由操作系统、中间件、用户界面和应用软件组成，同年制造出第一款 Google 手机 HTC G1。到 2010 年，Android 系统就发展成为最具潜力智能操作系统。Android 系统架构为四层结构，从下到上分别是 Linux 内核层、系统运行库层、应用程序框架层和应用程序层。

iOS 是由苹果公司为自有的 iPhone、iPod touch 及 iPad 开发的专用操作系统，具有封闭性的特点。iOS 的系统架构从下到上也分为四个层次：核心操作系统层、核心服务层、媒体层和触摸层。

2. Android 与 iOS 的对比

作为当前最重要的两个移动智能终端操作系统，Android 与 iOS 在多个方面的差异都非常显著。

Android 采用的是 Java 技术，所有应用在 Dalvik 虚拟机中运行，Dalvik 是 Google 专门为移动设备优化的 Java 虚拟机。因此 Android 既具有成熟、存在大量可重用代码的优点，也有占内存大、运行速度略低的缺点。

iOS 的体系架构相对较为传统，但运行效率高，对硬件的要求低，成本优势大，在现有的硬件条件下，应用运行具有最好的顺畅感，也更加省电。iOS 系统架构朴实无华，干净清晰，是目前最有效率的移动智能终端操作系统。

2.2 卫星定位与 GIS 技术

通过对手机定位，确定手机携带者的位置，提供位置数据给移动用户本人、他人或应用系统，能够实现各种与位置相关的应用。而当手机定位功能与 GIS 地图结合起来以后，就会支持更加具有直观性的强大功能，可以把用户的地理位置实时动态地展示在 GIS 地图上，可以实现相关联的数据查询、数据录入及视频调用等操作，为移动互联网产品实现各种丰富的功能提供强大的技术支撑。

2.2.1 卫星定位技术

1. 卫星定位

卫星定位系统由绕地球运行的多颗卫星组成，能连续发射一定频率的无线电信号。只要持有便携式信号接收设备，无论身处陆地、海上还是空中，都能接收到卫星发出的特定信号。这就是卫星定位的原理。接收设备通常选取 4 颗卫星发出的信号进行计算，就能确定接收设备持有者的位置。目前的智能手机基本上都配有卫星定位模块，该模块实际上就是卫星定位信号的接收设备。

目前，世界上已经建成或部分建成并对外提供服务的卫星定位系统有美国的 GPS(Global Positioning System，全球定位系统)、俄罗斯的 GLONASS(Global Navigation Satelite System，全球卫星导航系统)、中国的北斗卫星导航系统以及欧洲的伽利略定位系统。

GPS 是美国历时 20 多年，耗资 200 多亿美元建立起来的卫星导航系统，其功能目前最为完备。GPS 系统对外国只提供低精度的卫星导航信号，一旦发生威胁自身安全的军事冲突，美国会马上切断卫星导航服务。GLONASS 是由俄罗斯建立的卫星导航系统，该项目于 1976 年启动，由 21 颗工作星和 3 颗备份星组成。GLONASS 系统完成全部卫星部署后，其卫星导航范围可覆盖整个地球表面和近地空间，定位精度将达到 1.5 m 之内。现在常见的绝大多数智能手机上都配置有 GPS 定位模块。也有相当多的智能手机配置有 GPS 和 GLONASS 双定位模块。

北斗卫星导航系统是我国自行研制的全球卫星定位与通信系统，是继美国 GPS 和俄罗斯 GLONASS 之后第三个成熟的卫星导航系统。2013 年，北斗卫星正式投入商用，这不仅使我国摆脱了对 GPS 的依赖，也衍生出了惊人的卫星定位产业。

2．混合定位

混合定位是指采用两种或两种以上系统用于定位，比如混合使用 GPS 和移动通信基站，或者混合使用 GPS 和 WiFi，或者同时使用 GPS 和北斗卫星，等等。

采用两种或两种以上系统定位有利于克服某一种单独的定位系统定位不准的难题。比如，在城市密集的建筑群区域，由于多路径反射造成的信号干扰，或者由于大楼对信号的吸收造成信号严重衰减等，不仅移动通信的基站信号会受到影响，卫星信号也可能会受到影响。

同时，采用混合定位可以进一步提高定位精度。WiFi 和 4G 基站的覆盖范围相比于 2G、3G 的更小，但也就意味着它们的基站如果用于定位则精度更高。目前，GPS + 基站、GPS + 北斗卫星系统以及 GPS 与 WiFi 等定位技术融合已是大势所趋。为了更方便地实现混合定位，有的公司已经设计了多种具备混合定位功能的芯片。

2.2.2　北斗卫星导航系统

1．北斗卫星导航系统介绍

北斗卫星导航系统由空间段、地面段和用户段三部分组成。空间段是由若干地球静止轨道卫星、倾斜地球同步轨道卫星和中圆地球轨道卫星三种轨道卫星组成的混合导航星座。地面段包括主控站、时间同步/注入站和监测站等若干地面站。用户段包括北斗兼容其他卫星导航系统的芯片、模块、天线等基础产品，以及终端产品、应用系统与应用服务等。

目前，我国正在实施北斗三号系统建设。根据系统建设总体规划，计划 2018 年，面向"一带一路"沿线及周边国家提供基本服务；2020 年前后，完成 35 颗卫星发射组网，为全球用户提供服务。正在运行的北斗二号系统发播 B1I 和 B2I 公开服务信号，免费向亚太地区提供公开服务。服务区为南北纬 55 度、东经 55 度到 180 度区域，定位精度优于 10 米，测速精度优于 0.2 米/秒，授时精度优于 50 纳秒。

北斗卫星导航系统的建设与发展，以应用推广和产业发展为根本目标，要求不仅要建成系统，更要善用系统，强调质量、安全、应用、效益，并遵循以下建设原则：

1）开放性

北斗卫星导航系统的建设、发展和应用将对全世界开放，为全球用户提供高质量的免费服务，积极与世界各国开展广泛而深入的交流与合作，促进各卫星导航系统间的兼容与互操作，推动卫星导航技术与产业的发展。

2）自主性

中国将自主建设和运行北斗卫星导航系统，北斗卫星导航系统可独立为全球用户提供服务。

3）兼容性

在全球卫星导航系统国际委员会(ICG)和国际电联(ITU)框架下，使北斗卫星导航系统与世界各卫星导航系统实现兼容与互操作，使所有用户都能享受到卫星导航发展的成果。

4）渐进性

中国将积极稳妥地推进北斗卫星导航系统的建设与发展，不断完善服务质量，并实现各阶段的无缝衔接。

2. 北斗卫星导航系统与 GPS 的对比

GPS 是当前国内民间使用最多的卫星定位系统，目前，北斗卫星导航系统与 GPS 相比，优势和劣势都比较明显。

1）北斗卫星导航系统的劣势

跟 GPS 相比，北斗卫星导航系统因为发展较晚，因而应用普及性较低，当前支持北斗卫星导航系统的模块厂家相对较少，模块价格较高。不过，随着北斗卫星导航系统在国内和附近国家、友好国家的不断推广，这一劣势势必会越来越减小。

其次，北斗卫星导航系统目前覆盖的范围还不如 GPS，GPS 已经是覆盖全球的系统，而北斗还处于发展之中，只能覆盖全球部分地区。

2）北斗卫星导航系统的优势

作为后起的北斗卫星导航系统，也有其显著的后发优势，在很多功能和性能方面超过了 GPS，具体对比如下：

(1) 安全：对国内而言，安全是北斗卫星导航系统最大的优势。GPS 是美国的，信号可以加密或关闭。因此在国防方面，使用北斗卫星导航系统有着天然的安全优势。即使在民用领域，安全性也是非常重要的。

(2) 三频信号：GPS 使用的是双频信号，而北斗卫星导航系统使用的是三频信号，是全球第一个提供三频信号服务的卫星导航系统。三频信号可以更好地消除高阶电离层延迟影响，提高定位可靠性，增强数据预处理能力。而且如果一个频率信号出现问题，可使用传统方法利用另外两个频率进行定位，从而提高了定位的可靠性和抗干扰能力。虽然 GPS 在 2010 年 5 月 28 发射了第一颗三频卫星，但要等到 GPS 卫星全部老化报废更换为三频卫星还需要好些年，这就是北斗的优势期。

(3) 有源定位及无源定位：有源定位就是接收机自己需要发射信息与卫星通信，无源定位不需要。北斗卫星导航定位系统二代使用的是无源定位，即当能观测到的卫星质量很差、且数量较少时(至少要 4 颗卫星)，仍然可以实现定位。

(4) 短报文通信服务：短报文通信服务提供了传统通信方式难以覆盖的地区或者紧急情况下的一种通信能力。基于这个功能，北斗卫星导航定位系统还有一个好处，即不但能知道自己的位置，还能让别人知道你自己的位置信息。当然，这个功能也是有容量限制的，所以并不适合作为日常通信功能，而是作为紧急情况通信。

2.2.3 GIS 技术

1. GIS 概念和原理

GIS(Geographic Information System，地理信息系统)是在计算机软硬件系统支持下，对现实世界各类空间数据及描述这些空间数据特性的属性进行采集、储存、管理、运算、分析、显示和描述的技术系统。GIS 作为集计算机科学、地理学、测绘遥感学、环境科学、城市科学、空间科学、信息科学和管理科学为一体的新兴边缘学科，其应用正在由专业领域迅速向个人领域扩散。

通俗地说，GIS 系统就是把描述"在什么地方"的信息，与描述"这里有什么，具体情况如何"的信息以数据库方式相关联，并以电子地图方式呈现出来。与画在纸上的地图不同，一个 GIS 地图能够关联许多不同的图层信息。一幅画在纸上的地图，你所能做的就是打开它，而展现在你面前的是关于城市、道路、山峦、河流、铁道和行政区划的一些表现。城市在这些地图上只能用一个点或一个圈来表示，道路是一条黑线，山峰是一个很小的三角，湖泊是一个蓝色的块。同纸质地图一样，GIS 产生的数字地图也是通过像素或点来表示诸如城市这样的信息的，用线表示道路这样的信息，用小块表示湖泊等信息。但不同的是，这些信息都来自数据库，并且只有在用户选择显示它们的时候才被显示。数据库中存储着诸如这个点的位置、道路的长度，甚至湖泊的面积等信息。

2．GIS 优势

在实际中，使用 GIS 技术会带来很多好处，主要包括下述三个方面：

(1) 提高管理资源的能力。

GIS 系统能够通过一些基于位置的数据(如地址等)将数据集关联在一起，帮助各个相关部门共享数据。通过建立共享数据库，一个部门可以从其他部门的工作中获利，数据只需被收集和整理一次，但可以被不同部门多次使用。

(2) 为决策提供直观依据。

GIS 以地图形式把所有数据都简洁而清晰地显示出来，使得决策者不必在分析和理解数据上浪费精力，而直接关注真实的结果，为决策提供更直观的依据。

(3) 灵活地绘制地图。

用 GIS 技术绘制地图比用传统的手工操作或自动制图工具更加灵活。GIS 系统从数据库中提取数据创建地图，现有的纸质地图也同样可以数字化并转化成 GIS 系统。基于 GIS 的绘图数据库可以是连续的，也可以以任意比例尺显示。也就是说，可以生产以任意地段为中心，任意比例尺的地图产品，并且可以有效地选择各种符号高亮显示某些特征。只要拥有一定的数据，就可以用任意比例尺多次创建某地图。

3．GIS 使用模式

GIS 的功能非常强大，一般来说，GIS 的使用模式有下面几种类型：

1) 对"在什么地方"绘图

绘制"在什么地方"的地图既可以帮人们确定所查询特征的正确位置，还可以了解下一步在什么地方采取行动。具体而言，一是可以发现某些特征，人们经常用地图对这些特征进行"在什么地方"或者"是什么"的查询；二是可以发现模式，通过在地图上对某一特征分布进行查询，可以帮助发现这一类特征的模式。例如，地图可以显示可能会对飞行器在离开或靠近机场时造成危害的人为目标(建筑物、天线和塔楼等)和地形特征的位置。

2) 对数量绘图

人们对数量绘制地图，找到那些符合他们标准和需要采取行动的最大量或最小量的地方，或者了解它们之间的关系。这需要在简单的位置特征的地图基础上，加上更多的附加信息。

比如，童装公司不仅需要知道在他们商店附近都有哪些邮政编码区，还需要知道那些有孩子的、高收入家庭所在的邮政编码区。再比如，公共卫生机构不仅要对医生的分布绘图，也许还要对在每个人口普查区内每 1000 人的平均医生数进行绘图，以了解什么地方可以得到良好的医疗服务，什么地方没有医疗服务。

3) 对密度绘图

当人们在简单的位置特征地图上查看密度信息时，如果地图上显示有很多不同的特征，人们就很难在上面发现那些事件发生频率较高的地区。密度图可以衡量单位面积的特征物的数量，以便清楚地了解特征的分布情况。在对某一区域绘图时，密度图非常有用。地图可以显示人口普查区的人口数量，大区比小区有更多的人口数，但是某些小区域内单位面积的人口数可能会比某些大区域高，它们有更高的人口密度。

4) 查询某区域里面或者紧邻有什么

用 GIS 可以监控哪些事件正在发生，并通过对特殊区域内部情况绘图，来确定是否采取特殊行动。比如，可以查询在重要政府机构 500 米范围内是否有人群聚集，或者在中小学大门口 100 米范围内是否有可疑人员，等等。如果有，安保人员就可以及时了解情况，必要时采取相应行动。

通过对相邻事务绘制地图，同样也可以了解在离特征物一定范围内所发生的情况。比如，通过绘制针对性的 GIS 地图，当某一化工厂发生化学物品泄漏或者某个社区发生火灾时，有关部门可以迅速对一定范围内的所有居民进行情况通报，减少事故发生后的进一步损失。

5) 对变化绘图

对一个区域的变化绘图，可以对特征的状态进行预测，判定行为的方向，对行为和政策的结果进行评估。首先，通过对过去一段时间经过的事务位置和行为绘图，可以对它们的行为有更深刻的理解。比如气象学家通过研究飓风的经过轨迹，可以对未来可能发生情况的时间、地点进行预报。第二，变化趋势图可以对未来的需求提供参考。比如公安局需要对每个月的犯罪模式进行分析，以帮助他们决定哪个分局的警力需要加强。第三，对一个行为或事件前后的情况绘图，可以了解行为或事件所产生的影响。比如在商业分析中，对地区广告投入之前和之后的销售情况进行绘图，可以了解在什么地方的广告投入最为有效。

2.3 云计算技术

云计算是近几年迅猛发展起来的一项新技术，云计算与移动互联网的结合，将计算和智能带到任意的地方。如果没有移动互联网，数量庞大的移动用户将无法受益于云计算技术强大的能力和优势；同样，如果没有云计算，移动互联网产品的功能和性能则要大打折扣，因为移动智能终端在计算能力上的不足，需要云端强大的计算能力来弥补。

2.3.1 云计算的定义及特征

云计算(Cloud Computing)的概念是由谷歌公司最先提出的。按谷歌公司的观点，从技术角度来看，云计算是一种以按需、可扩展方式获得所需要资源的架构；从商业角度来看，云计算是一种按需付费的商业方式。

　　"云"是对云计算服务模式的形象比喻。"云"概念最早起源于互联网，网络工程师常用一团云来表示一个网络，其含义是尽管实际网络具有非常庞大和复杂的构成，但对于网络终端的个人电脑来说，并"看不见"构成实际网络的这些设备及其复杂的相互连接方式。个人电脑能够透过网络设备直接"看见"服务器，就好像个人电脑和服务器之间只有透明的空气。因此，有时人们也用"透明"来表述这种意思，比如说，网络对于个人电脑和服务器来说是"透明"的。"透明"的本质是通信协议的层次性和下层协议内部对上层协议的不可见性。

　　云计算则是谷歌公司受到"云"这个网络界术语的深刻影响，在总结和概括自己的搜索服务基础上最早提出来的概念，而谷歌搜索服务本身就是一种典型的云计算，只要输入关键字或者关键词，同时就有成千上万台分布于世界各地的服务器协同工作并返回搜索到的内容，用户除了能看到返回的结果，并不能"看见"后台有多少服务器以及它们是如何协同工作得到搜索结果的，因此是"透明"的。

　　微软公司认为，未来的互联网世界将会是"云 + 端"的组合，其中"端"指各种终端设备。在这个以"云"为中心的世界里，用户可以便捷地使用各种终端设备访问云中的数据和应用，这些设备可以是电脑或手机，甚至是电视等大家熟悉的各种电子产品，同时用户在使用各种设备访问云服务时，得到的是完全相同的无缝体验。Sun 公司认为，云的类型有很多种，有很多不同的应用程序可以采用云来构建。由于云计算有助于提高应用程序部署速度，有助于加快创新步伐，因而云计算可能还会出现我们现在还无法想象到的形式。作为提出"网络就是计算机"这一理念的公司，Sun 公司同时认为云计算就是下一代的网络计算。

　　工业和信息化部电信研究院认为，云计算具备四个方面的核心特征，一是宽带网络连接，"云"不在用户本地，用户要通过宽带网络接入"云"并使用服务，"云"内节点之间也通过内部的高速网络相连；二是对 ICT 资源的共享，"云"内的 ICT 资源并不为某一用户所专有；三是快速、按需、弹性的服务，用户可以按照实际需求迅速获取或释放资源，并可以根据需求对资源进行动态扩展；四是服务可测量，服务提供者按照用户对资源的使用量进行计费。

　　按工业和信息化部电信研究院的定义，云计算是一种通过网络统一组织和灵活调用各种 ICT 信息资源，实现大规模计算的信息处理方式。云计算利用分布式计算和虚拟资源管理等技术，通过网络将分散的 ICT 资源(包括计算与存储、应用运行平台、软件等)集中起来形成共享的资源池，并以动态按需和可度量的方式向用户提供服务。用户可以使用各种形式的终端(如个人电脑、平板电脑、智能手机甚至智能电视等)通过网络获取 ICT 资源服务。

2.3.2　传统应用系统体系结构及其存在的问题

　　传统应用系统体系结构是"烟囱式"的，或者叫做"专机专用"系统，如图 2-6 所示，在这种架构中，新应用系统上线的时候需要分析该应用系统对于资源的需求，确定基础架构所需的计算、存储、网络等设备规格和数量。

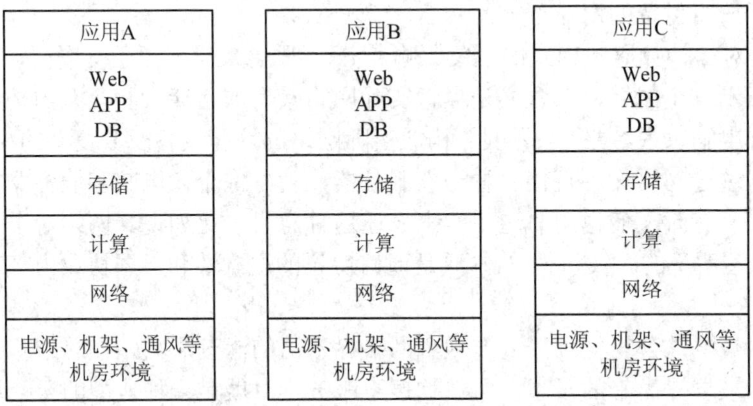

应用A	应用B	应用C
Web APP DB	Web APP DB	Web APP DB
存储	存储	存储
计算	计算	计算
网络	网络	网络
电源、机架、通风等 机房环境	电源、机架、通风等 机房环境	电源、机架、通风等 机房环境

图 2-6 传统应用系统体系结构

这种传统部署模式主要存在以下两个方面的问题:

1. 硬件高配低用

考虑到应用系统未来 3~5 年的业务发展,以及业务突发的需求,为满足应用系统的性能、容量承载需求,往往在选择计算、存储和网络等硬件设备的配置时会留有一定比例的余量。但硬件资源上线后,应用系统在一定时间内的负载并不会太高,使得较高配置的硬件设备利用率不高。

2. 整合困难

用户在实际使用中也注意到了资源利用率不高的情形,当需要上线新的应用系统时,会优先考虑部署在既有的基础架构上。但因为不同的应用系统所需的运行环境、对资源的抢占会有很大的差异,更重要的是考虑到可靠性、稳定性、运维管理问题,将新、旧应用系统整合在一套基础架构上的难度非常大,更多的用户往往选择新增与应用系统配套的计算、存储和网络等硬件设备。在这种部署模式下,每套硬件与所承载应用系统的"专机专用",多套硬件和应用系统构成了"烟囱式"部署架构,使得整体资源利用率不高,占用过多的机房空间和能源。随着应用系统的增多,IT 资源的效率、扩展性、可管理性都面临很大的挑战。

2.3.3 云计算服务类型及体系结构

为了解决传统应用系统在体系结构方面日益突出的问题,云计算体系结构应运而生。它在传统体系结构计算、存储、网络硬件层的基础上,增加了虚拟化层、云层,并且广泛采用虚拟化技术,包括计算虚拟化、存储虚拟化、网络虚拟化等,屏蔽了硬件层自身的差异和复杂度,向上呈现为标准化、可灵活扩展和收缩、弹性的虚拟化资源池。在虚拟化基础上,对资源池进行调配、组合,根据应用系统的需要自动生成、扩展所需的硬件资源,将更多的应用系统通过流程化、自动化部署和管理,提升 IT 效率。相对于传统应用,在云计算体系结构下,应用系统共享资源池,实现高利用率、高可用性、低成本、低能耗,可以实现快速部署,易于扩展。目前,主要云服务类型包括四类,即 IaaS、PaaS、SaaS 和 DaaS。而 IDC 尽管从严格意义上说不属于云计算,但也具有共享、弹性提供的特点。

1. IaaS

IaaS(Infrastructure as a Service)，即把基础设施作为服务，是指企业或个人可以使用云计算技术来远程访问计算资源，这包括计算、存储以及应用虚拟化技术所提供的相关功能。IaaS 的体系结构如图 2-7 所示。

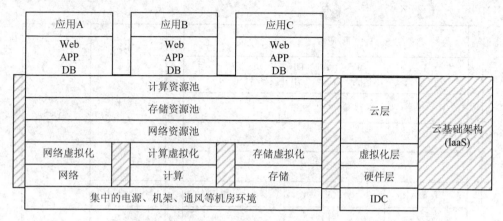

图 2-7 IaaS 体系结构

无论是最终用户、SaaS 提供商，还是 PaaS 提供商，都可以从 IaaS 服务中获得应用所需的计算能力，但却无需对支持这一计算能力的基础 IT 软硬件付出相应的原始投资成本。服务器、存储系统、交换机、路由器和其他系统都是共用的，并且可用来处理从应用程序组件到高性能计算应用程序的工作负荷。

2. PaaS

PaaS(Platform as a Service)，即把平台作为服务，是将一个完整的应用系统平台，包括应用设计、应用开发、应用测试和应用托管，都作为一种服务提供给客户。在这种模式下，客户不需要购买硬件和软件，只需要利用 PaaS 平台，就能够创建、测试和部署自己的应用和服务。有的平台还提供某一类应用的共用模块，开发者利用平台提供的共用模块和公共服务，可以大大节省开发时间，提高开发质量。

PaaS 的体系结构如图 2-8 所示，不同开发者开发的应用可运行在 PaaS 平台之上。

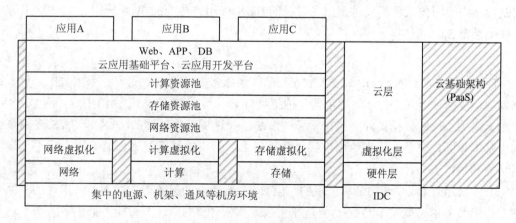

图 2-8 PaaS 体系结构

3. SaaS

SaaS(Software as a Service)，即把软件作为服务，是用户获取软件服务的一种新形式，其体系结构如图 2-9 所示。

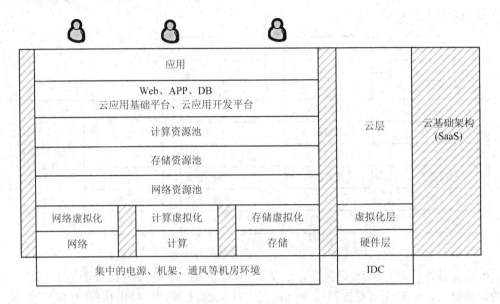

图 2-9　SaaS 体系结构

在这种模式下，客户不需要将软件产品安装在自己的电脑或服务器上，而是按某种服务水平协议直接通过网络向专门的提供商获取自己所需要的、带有相应软件功能的服务。本质上，SaaS 就是软件服务提供商为满足用户某种特定需求而提供其消费的软件的功能和计算能力。该软件的单个实例运行于云上，并为多个最终用户或客户机构提供服务。

SaaS 有各种典型的应用，如在线邮件服务、网络会议、网络传真、在线杀毒等各种工具型服务，还有在线 CRM、在线 HR、在线进销存、在线项目管理等各种管理型服务。SaaS 是未来软件业的发展趋势，不仅微软、Salesforce 等国外软件巨头推出了自己的 SaaS 应用，用友、金蝶等国内软件巨头也推出了自己的 SaaS 应用。传统的 Web 应用、APP 应用等，实质上都是 SaaS 应用。

4. DaaS

DaaS(Data as a Service)，即把数据(信息)作为服务，是指服务提供者承担数据采集、数据处理、数据分析等工作，然后集约化地把处理后的数据(或信息)提供给用户，而 DaaS 用户则无需关心这些数据实际上来自于哪些系统、经过了哪些处理。DaaS 和 SaaS 在体系结构上基本相同，只是在提供给用户的服务接口上，提供的是经过处理的数据，而不是集应用功能和数据于一体。

其实，尽管 DaaS 名词是新出现的，但 DaaS 所代表的服务形式并不是新出现的，原有很多检索服务本来就属于 DaaS。但是在大数据和云计算背景下，有能力把更多的跨平台数据、更大量的数据，经过 DaaS 的分析处理后，以更通用化的方式提供给用户。

5. IDC

电源、机架、通风等机房环境本身是比计算机与网络设施更底层的基础设施，不能归于云计算体系结构。但在具体形态上，这些机房设施也和计算机与网络系统一样，可以集约化地提供给用户，减少用户自行建设机房环境设施的成本。这一业务也早已开展了十多年，称为IDC(Internet Data Center，互联网数据中心)，其理念和云计算是完全一致的，因此，在本节，我们也把IDC作为一类特殊的云服务。

2.3.4 云计算优势

相比于传统的方式，云计算技术不仅给信息系统的运行和维护带来了巨大便利，节省了成本、提高了效益，还降低了企业信息化的门槛，助推企业加快创新发展的步伐。

1. 缩短运行时间和响应时间

对于弹性地运行批量作业的应用程序来说，云计算技术使得该应用程序可以很方便地临时使用大量服务器(比如1000台)的计算能力，在相当于单个服务器所需的千分之一的时间里完成一项任务。对于需要向其客户提供良好响应时间的应用程序来说，重构应用程序以便把任何CPU密集型的任务外包给云计算所提供的虚拟机，有助于缩短响应时间，同时还能根据需求进行伸缩，从而满足客户需求。

2. 最大限度地减小基础设施投资风险

IT机构可以利用云计算技术来降低购置物理服务器所固有的风险。新的应用程序是否会成功？如果成功，需要多少台服务器？部署这些服务器的步骤能否跟得上工作负荷增加速度？如果不能，投入服务器中的大量资金会不会付之东流？如果该应用程序的成功非常短命，IT机构是否还会对在多数时间处于空闲状态的大量基础设施进行投资？凡此种种，都存在很大的不确定性，而这种不确定性也就意味着投资风险。

当把一个应用程序部署到云上时，可扩展性和购买多少基础设施的问题就转移给了云提供商。云提供商的基础设施规模相当大，足以容忍各个客户的业务量增长和工作负荷尖峰情况，从而减轻了这些客户所面临的经济风险。云计算最大限度地减轻基础设施风险的另一条途径是实现超负荷计算，企业数据中心(也许是实现专用云的数据中心)可以通过向公用云发送超负荷工作来扩大其处理工作负荷尖峰情况的能力。

3. 降低入市成本

云计算的许多属性有助于降低进入新市场的成本。由于基础设施是租用而不是购买的，因而成本得以有效控制。同时，云提供商基础设施的巨大规模，也有助于因集约化而最大限度地降低成本，进而有助于降低租用成本。在云计算模式下，应用程序可以快速开发，有助于缩短入市时间，使在云环境中部署应用程序的机构先于竞争者入市。

4. 加快创新步伐

降低进入新兴市场的成本有助于使竞争各方处于同一起跑线，使新创企业可以快速而低成本地部署新的产品。小公司可以更有效地与在企业数据中心领域里所经历的部署过程长得多的传统机构进行竞争。增强竞争能力有助于加快创新步伐，而且由于许多创新是通过利用开放源软件实现的，整个行业都会从云计算技术所促成的创新步伐加快中受益。

2.4　大数据技术

2.4.1　大数据的概念与意义

与云计算一样，大数据也是近年来非常热门的一项技术，并且成为很多地方进行产业转型升级的重要依托。

1．大数据的概念

百度百科提出，大数据(Big Data)是指无法在一定时间范围内用常规软件工具进行捕捉、管理和处理的数据集合，是需要通过新的处理模式才能使其具有更强决策力、洞察发现力和流程优化能力的海量、高增长率和多样化的信息资产。

在维克托·迈尔·舍恩伯格及肯尼斯·库克耶编写的《大数据时代》中，大数据是指不采用随机分析法(抽样调查)这种捷径，而是采用所有数据进行分析处理。IBM 提出，大数据具有 5V 特点，即 Volume(大量)、Velocity(高速)、Variety(多样)、Value(低价值密度)和Veracity(真实性)。麦肯锡全球研究所给出的定义则是：一种规模大到在获取、存储、管理、分析方面大大超出了传统数据库软件工具能力范围的数据集合，具有海量的数据规模、快速的数据流转、多样的数据类型和价值密度低四大特征。

实际上，上述关于大数据的概念地或多或少地存在着互联网的烙印，有其合理性的一面，但又过分强调了"大"和"高速"的一面，把很多现实生活中的应用场景排除在外，如数据量没那么大的场合，数据产生没有那么高速的场合，等等。因此，在实际工作中，我们应该参考这些概念，但也不要安全被这些概念束缚住。

2．大数据的意义

阿里巴巴创始人马云提到，未来的时代将不是 IT 时代，而是 DT 的时代。大数据的价值并不在"大"，而在于"有用"，价值含量、挖掘成本比数量更为重要。对很多行业而言，如何利用这些大规模数据是赢得竞争的关键。

1) 大数据对经济的意义

目前物联网正在飞速发展之中，借助条形码、二维码、RFID 等即能够唯一标识产品，传感器、可穿戴设备、智能感知、视频采集、增强现实等技术可实现实时的信息采集和分析。当物联网达到一定规模时，这些数据即可完全支撑智慧城市、智慧交通、智慧能源、智慧医疗，智慧环保的理念需要。

2) 大数据对人类本身的意义

未来的大数据除了更好地解决社会问题、商业营销问题、科学技术问题外，还有一个可预见的趋势是以人为本的大数据方针。大部分的数据都与人类有关，通过大数据解决人的问题，如建立个人的数据中心，记录每个人的日常生活习惯、身体体征、社会网络、知识能力、爱好性情、疾病嗜好、情绪波动，等等，换言之就是记录人从出生那一刻起的每一分每一秒，将除了思维外的一切都储存下来，这些数据都可以被用于解决人类的问题，提高人类自身的生活质量。

不过，"大数据"在经济发展中的巨大意义并不代表其能取代一切对于社会问题的理性思考，科学发展的逻辑不能被湮没在海量数据中。著名经济学家路德维希·冯·米塞斯曾提醒过："就今日言，有很多人忙碌于资料之无益累积，以致对问题之说明与解决，丧失了其对特殊的经济意义的了解。"

2.4.2　大数据的主要分类

从数据结构角度分，大数据可以分为结构化数据、半结构化数据和非结构化数据。从内容来源角度分，大数据可以分为互联网大数据、政务大数据、企业大数据和个人大数据。

1.　互联网大数据

互联网上的数据每年增长 50%，每两年便翻一番。据有关机构预测，到 2020 年全球将总共拥有 35 ZB 的数据量。随着 Web 2.0 时代的发展，人们似乎都习惯了将自己的生活通过网络进行数据化，方便分享以及记录并回忆。

百度公司拥有两种类型的大数据，一是用户搜索表征的需求数据，二是爬虫获取的公共数据。百度公司围绕数据而生。它对网页数据的爬取、网页内容的组织和解析，通过语义分析对搜索需求的精准理解进而从海量数据中找准结果，以及精准的搜索引擎关键字广告，实质上就是一个数据的获取、组织、分析和挖掘的过程。

阿里巴巴拥有交易数据和信用数据。这两种数据更容易变现，从而挖掘出商业价值。除此之外阿里巴巴还通过投资等方式掌握了部分社交数据和移动数据。

腾讯拥有用户关系数据和基于此产生的社交数据。这些数据可以分析人们的生活和行为，从里面挖掘出政治、社会、文化、商业、健康等领域的信息，甚至预测未来。

高德地图和百度地图则拥有各种交通大数据，包括细至每条小街道、每栋楼房的地图大数据，数亿人口的交通出行大数据，道路畅通状况实时大数据，等等。

2.　政务大数据

政务大数据是政府部门在对整个社会活动进行管理过程中产生并使用的各类巨量数据，包括工业数据、农业数据、工商数据、纳税数据、环保数据、海关数据、土地数据、房地产数据、气象数据、金融数据、信用数据、电力数据、电信数据、天然气数据、自来水数据、道路交通数据等各种数据，针对个人的人口、教育、收入、安全刑事案件、出入境数据、旅游数据、医疗数据、教育数据、数据等各种数据，这些数据通过平台互联互通，形成有内在关系的大数据，可以用于政府宏观管理、企业和个人征信查询等各种场合。

这些数据在每个政府部门里面看起来是单一的、静态的，但是，如果政府可以将这些数据关联起来，并对这些数据进行有效的关联分析和统一管理，这些数据必定将获得新生，其价值是无法估量的。智能电网、智慧交通、智慧医疗、智慧环保、智慧城市，这些都依托于大数据，大数据为智慧城市的各个领域提供决策支持。

在城市规划方面，通过对城市地理、气象等自然信息和经济、社会、文化、人口等人文社会信息的挖掘，可以为城市规划提供决策，强化城市管理服务的科学性和前瞻性。在交通管理方面，通过对道路交通信息的实时挖掘，能有效缓解交通拥堵，并快速响应突发状况，为城市交通的良性运转提供科学的决策依据。在舆情监控方面，通过网络关键词搜索及语义智能分析，能提高舆情分析的及时性、全面性，全面掌握社情民意，提高公共服务能力，应对网络突发的公共事件，打击违法犯罪。在安防与防灾领域，通过大数据的挖掘，可以及时发现人为或自然灾害、恐怖事件，提高应急处理能力和安全防范能力。

3. 企业大数据

企业大数据是企业在业务管理和运营当中产生和使用的各类巨量数据，一些大型企业因其在行业的主导地位，其数据具有两重性，既是企业数据也是政府关注的数据。比如电力企业、电信运营商、银行、主流电商等大型企业，作为企业，有自己庞大的运营数据、设备数据等，是企业自己的数据。但同时，这些企业面向宏观层面的数据，也是该行业的政务大数据。

普通企业也有自己的大数据，比如大型制造企业、大型连锁企业等，甚至一些中小企业也会产生可观的数据，再比如机床、汽车、电器等产品在长期使用中积累的数据等。在工业领域，德国提出的工业 4.0 战略和我国提出的智能制造战略，主张从产品的设计到生产，到使用，再把使用中的信息实时反馈到设计环节，实现个性化定制。在这一过程中会产生各类巨量数据。对于智慧农业、智慧医疗、智慧环保等领域的很多企业，这一概念同样成立，也会产生各类巨量数据。

这些数据经过深入分析和挖掘，既可以用于自身的生产和经营活动，也可以提供给第三方使用。对于企业的大数据，有一种预测：随着数据逐渐成为企业的一种资产，数据产业会向传统企业的供应链模式发展，最终形成数据供应链。这里尤其有两个明显的现象：① 外部数据的重要性日益超过内部数据。在互联互通的互联网时代，单一企业的内部数据与整个互联网数据比较起来只是沧海一粟；② 能提供包括数据供应、数据整合与加工、数据应用等多环节服务的公司会有明显的综合竞争优势。

4. 个人大数据

个人大数据是指与个人相关联的各种数据。个人信息被有效采集后，可由本人授权提供第三方进行处理和使用。目前，个人信息分散在各个系统中，比如派出所有个人身份信息，淘宝有很多人的购物记录，教育机构有每个人的学习记录，等等。未来，每个用户可以在互联网上注册个人的数据中心，以存储个人大数据信息。通过可穿戴设备或植入芯片等感知技术，还可以采集个人的健康大数据，比如，牙齿监控数据、心率数据、体温数据、视力数据、记忆能力、地理位置信息、社会关系数据、运动数据、饮食数据、购物数据等。

个人大数据的特点是：数据仅留存在个人中心，其他第三方机构只被授权使用，且数据使用授权有一定期限；采集个人数据应该明确分类，除了国家立法明确要求接受监控的数据外，其他类型数据都由用户自己决定是否被采集。

2.4.3　大数据应用总体框架

大数据应用开发的完整过程可以由图 2-10 来表示，分为需求分析、数据采集、数据处理、数据分析与挖掘、数据应用等前后贯通的五个环节。在这一过程中，除了需要相关技术人员的参与外，绝大多数环节都需要行业专家的参与。大数据应用系统具有比较复杂的架构，但由于所需要解决的问题、系统所处环境及所采用技术的不同，不同的大数据应用系统又具有个性化特点。

図 2-10　大数据应用开发过程

需求分析是所有系统开发的出发点，通过技术专家与行业专家及未来使用者的深入交流，全面掌握对于系统所需要实现的功能和性能。在此基础上，由技术专家对需求进行细化和规范化，以便为下一步的开发提供依据。

相比于普通软件开发，对于大数据应用系统的需求分析要复杂得多。普通软件开发的数据源基本上由用户方提供或者提出采集方法，而对于大数据系统，行业专家一般只能提出对于系统能实现功能的需求，具体采集什么数据以及如何采集，需要由技术专家和行业专家在交流基础上共同确定。行业专家主要负责确认所要采集数据对于系统是否合理，所要采用数据采集方式在用户场景是否可行；技术专家主要负责确认数据的采集方法和技术是否可行。

2.4.4　大数据存储与处理技术

1．大数据存储技术路线

大数据存储技术路线有以下三种：

第一种采用 MPP 架构的新型数据库集群，重点面向行业大数据，采用 Shared Nothing 架构，通过列存储、粗粒度索引等多项大数据处理技术，再结合 MPP 架构高效的分布式计算模式，完成对分析类应用的支撑，运行环境多为低成本 PC Server，具有高性能和高扩展性的特点，在企业分析类应用领域获得极其广泛的应用。这类 MPP 产品可以有效支撑 PB 级别的结构化数据分析，这是传统数据库技术无法胜任的。对于企业新一代的数据仓库和结构化数据分析，目前最佳选择是 MPP 数据库。

第二种基于 Hadoop 的技术扩展和封装，围绕 Hadoop 衍生出相关的大数据技术，应对传统关系型数据库较难处理的数据和场景，例如针对非结构化数据的存储和计算等，充分利用 Hadoop 开源的优势，伴随相关技术的不断进步，其应用场景也将逐步扩大，目前最为典型的应用场景就是通过扩展和封装 Hadoop 来实现对互联网大数据存储、分析的支撑。这里面有几十种 NoSQL 技术，也可进一步细分。对于非结构、半结构化数据处理、复杂的 ETL 流程、复杂的数据挖掘和计算模型，Hadoop 平台更擅长。

第三种是大数据一体机，这是一种专为大数据的分析处理而设计的软、硬件结合的产品，由一组集成的服务器、存储设备、操作系统、数据库管理系统以及为数据查询、处理、分析用途而特别预先安装及优化的软件组成，高性能大数据一体机具有良好的稳定性和纵向扩展。

2．Hadoop 与 Spark

Hadoop 和 Spark 是目前大数据处理领域主流的技术，都是大数据框架，但是各自存在的目的不尽相同，二者既有密切联系，又有着本质区别，主要体现在下述几个方面：

1) 作用不同

Hadoop 更多是一个分布式数据基础设施：它将巨大的数据集分派到一个由多台普通计算机组成的集群中的多个节点进行存储，意味着不需要购买和维护昂贵的服务器硬件。同时，Hadoop 还会索引和跟踪这些数据，让大数据处理和分析效率达到前所未有的高度。Spark 则是一个专门用来对那些分布式存储的大数据进行处理的工具，它并不会进行分布式数据的存储。

2) 两者可合可分

Hadoop 除了提供 HDFS 分布式数据存储功能之外，还提供了名为 MapReduce 的数据处理功能。所以使用 Hadoop 时完全可以抛开 Spark，使用 Hadoop 自身的 MapReduce 来完成数据的处理。相反，Spark 也不是非要依附在 Hadoop 身上才能生存，但它毕竟没有提供文件管理系统，所以，必须和其他的分布式文件系统进行集成才能运作。当然 Spark 可以选择 Hadoop 的 HDFS，也可以选择其他的基于云的数据系统平台。但 Spark 默认地还是被用在 Hadoop 上面的，毕竟，大家都认为它们的结合是最好的。

3) 数据处理速度迥异

Spark 因为其处理数据的方式不一样，比 MapReduce 要快得多。MapReduce 是分步对数据进行处理的：从集群中读取数据，进行一次处理，将结果写到集群；从集群中读取更新后的数据，进行下一次的处理，将结果写到集群，如此反复。反观 Spark，它会在内存中以接近实时的时间完成所有的数据分析：从集群中读取数据，完成所有必须的分析处理，将结果写回集群，完成。Spark 的批处理速度比 MapReduce 快近 10 倍，内存中的数据分析速度则快近 100 倍。

如果需要处理的数据和结果需求大部分情况下是静态的，且用户也有耐心等待批处理的完成的话，MapReduce 的处理方式也是完全可以接受的。但如果用户需要对流数据进行分析，比如那些来自于工厂的传感器收集回来的数据，或者用户的应用是需要多重数据处理的，那么更应该使用 Spark 进行处理。大部分机器学习算法都是需要多重数据处理的，通常，会在以下几种场景中使用到 Spark：实时的市场活动，在线产品推荐，网络安全分析，机器日记监控等。

4) 灾难恢复

两者的灾难恢复方式迥异，但效果都很不错。Hadoop 将每次处理后的数据都写入到磁盘中，所以其天生能很有弹性地处理系统错误。Spark 的数据对象存储在弹性分布式数据集(Resilient Distributed Dataset，RDD)中。这些数据对象既可以存入内存，也可以存入磁盘，所以 RDD 同样也可以提供完整的灾难恢复功能。

2.4.5 传统数据分析与挖掘技术

1. 传统数据分析

传统分析对已知的数据范围中容易理解的数据进行分析。大多数数据仓库都有一个精准的提取、转换和加载(ETL)的流程和数据库限制，这意味着加载进数据仓库的数据是容易理解且清晰的，并符合业务的元数据。

传统分析是建立在关系数据模型之上的，主题之间的关系在系统内就已经被创立，而分析也在此基础上进行。同时，传统分析是定向的批处理，需要每晚等待提取、转换和加载(ETL)以及转换工作的完成。在一个传统的分析系统中，并行是通过昂贵的硬件，如大规模并行处理(MPP)系统和/或对称多处理(SMP)系统来实现的。

传统分析主要通过联机分析处理(OLAP，Online Analytical PrOocessing)方式来实现。OLAP 技术基于用户的一系列假设，在多维数据集上进行交互式的数据查询、关联操作(一般使用 SQL 语句)来验证这些假设，代表了演绎推理的思想方法。

在典型的世界里，很难在所有的信息间以一种正式的方式建立关系，因此数据以图片、视频、移动产生的信息、无线射频识别(RFID)等非结构化的形式存在，则需要用到新的分析技术。

2．传统数据挖掘

数据挖掘技术，是在海量数据中主动寻找模型，自动发现隐藏在数据中的模式，代表了归纳的思想方法。传统数据挖掘算法主要有聚类、分类和回归三种。

1) 聚类

聚类又称群分析，是研究(样品或指标)分类问题的一种统计分析方法，针对数据的相似性和差异性将一组数据分为几个类别。属于同一类别的数据间的相似性很大，但不同类别之间数据的相似性很小跨类的数据关联性很低。企业通过使用聚类分析算法可以进行客户分群，再对分群客户进行特征提取和分析，从而抓住客户特点推荐相应的产品和服务。

2) 分类

分类类似于聚类，但是目的不同，分类可以使用聚类预先生成的模型，也可以通过经验数据找出一组数据对象的共同特点，将数据分成不同的类，其目的是通过分类模型将数据项映射到某个给定的类别中，代表算法是 CART(分类与回归树)。企业可以将用户、产品、服务等各业务数据进行分类，构建分类模型，再对新的数据进行预测分析，使之归于已有类中。分类算法比较成熟，分类准确率也比较高，对于客户精准定位、营销和服务有着非常好的预测能力帮助企业进行决策。

3) 回归

回归反映了数据的属性值的特征，通过函数表达数据映射的关系来发现属性值之间的一般依赖关系。它可以应用到对数据序列的预测和相关关系的研究中。企业可以利用回归模型对市场销售情况进行分析和预测，及时作出对应的策略调整。在风险防范、反欺诈等方面也可以通过回归模型进行预警。

3．传统数据分析与挖掘技术的局限性

传统数据方法，不管是传统的 OLAP 技术还是数据挖掘技术，都难以应付大数据的挑战。首先是执行效率低，传统数据挖掘技术都是基于集中式的底层软件架构开发，难以并行化，因而处理 TB 级以上数据的效率低。其次是数据分析精度难以随着数据量的提升而得到改进，特别是难以应对非结构化数据。在人类全部数字化数据中，仅有非常小的一部分数值型数据得到了深入分析和挖掘(如回归、分类、聚类)，大型互联网企业对网页索引、

网页数据等半结构化数据进行了浅层分析(如排序),而占总量 60%的语言、图片、视频等非结构化数据还难以进行有效分析。

所以,大数据分析技术需要在两个方面取得突破,一是对体量庞大的结构化和半结构化数据进行高效率的深度分析,挖掘隐性知识,如从自然语言构成的文本网页中理解和识别语义、情感、意图等;二是对非结构化数据进行分析,将海量复杂多源的语音、图像和视频数据转化为机器可识别的、具有明确语义的信息,进而从中提取有用的知识。目前看来,以深度神经网络等新兴技术为代表的大数据分析技术已经得到了一定发展。

2.4.6　大数据分析技术

1．神经网络

神经网络是一种先进的人工智能技术,具有自身自行处理、分布式存储和高容错等特性,非常适合处理非线性的以及那些模糊、不完整、不严密的知识或数据,十分适合解决大数据挖掘问题。典型的神经网络主要分为三大类:第一类是用于分类预测和模式识别的前馈式神经网络模型,其主要代表为函数型网络、感知机;第二类是用于联想记忆和优化算法的反馈式神经网络,以 Hopfield 的离散型和连续型为代表;第三类是用于聚类的自组织映射方法,以 ART 模型为代表。不过,虽然神经网络有多种模型及算法,但在特定领域的数据挖掘中使用何种模型及算法并没有统一的规则,而且人们很难理解网络的学习及决策过程。

2．深度学习

深度学习是近年来机器学习领域最令人瞩目的方向。自 2006 年深度学习泰斗 Geoffrey Hinton 在《Science》杂志上发表"Deep Belief Networks"的论文后,开启了深度神经网络的新时代。经学术界和业界的不懈努力,深度学习已在语音识别、图像识别、自然语言处理等领域获得了突破性的进展。在语音识别领域,深度学习的准确率提升了 20%到 30%,突破了近十年的瓶颈;在图像识别领域,深度学习的准确率提升了 85%到 89%。目前,谷歌、Facebook、微软、IBM 等国际巨头,以及国内的百度、阿里巴巴和腾讯等互联网巨头争相布局深度学习。

3．Web 数据的挖掘和分析

随着互联网与传统行业融合程度日益加深,对 Web 数据的挖掘和分析成为需求分析和市场预测的重要手段。Web 数据挖掘是一项综合性技术,可以从文档结构和使用集合中发现隐藏的从输入到输出的映射过程。

目前较为常用的 Web 数据挖掘算法主要有 PageRank、HITS 和 LOGSOM 三种。三种算法所涉及的用户主要都是较为笼统的用户,没有较为鲜明的界限对用户进行详细、谨慎得划分。然而当前 Web 数据挖掘法正迎来了一些挑战,比如用户分类层面、网站公布内容的有效层面、用户停留页面时间长短的层面等。

三种算法中,目前研究和应用比较多的是 PageRank 算法。PageRank 根据网站外部链接和内部链接的数量和质量衡量网站的价值。这个概念的灵感,来自于学术研究中这样一个现象,即一篇论文被引述频度越高,一般会判断其权威性和质量越高。在互联网场景中,每个到页面的链接都是对该页面的一次"投票"，被链接的次数越多，就意味着被其他网站"投票"的机会越多。这就是所谓的链接流行度，可以衡量多少人愿意将他们的网站和你的网站挂钩。让机器自动学习和理解人类语言中的近百万种语义，并从海量用户行为数据总结归纳出用户兴趣是一项持续 20 多年的研究方向。腾讯公司研发的 Peacock 大规模主题模型机器学习系统，通过并行计算可以高效地对 10 亿×1 亿的大规模矩阵进行分解，从海量样本中学习 100 万量级的隐含语义。这对于挖掘用户兴趣、扩展相似用户，精准推荐具有重大意义。

需要指出的是，数据挖掘与分析的行业与企业特点强，除了一些最基本的数据分析工具如 SAS 外，目前还缺乏针对性的、一般化的建模与分析工具。各个行业需要根据自身业务构建特定数据模型。数据分析模型构建能力的强弱，成为不同企业在大数据竞争中取胜的关键。

2.5 物 联 网 技 术

物联网是继计算机、互联网之后信息产业发展的第三次浪潮，它通过各种传感器和电子标签技术把互联网从个人电脑或手机终端延伸到各种"物"的世界，使千千万万的各类设备有机连接起来，实现万物互联，形成各种丰富多彩的智能化应用。

2.5.1 物联网概念

物联网(Internet of things，Iot)是物与物相连的网络。这有两层意思：其一，物联网的核心和基础仍然是互联网，是在互联网基础上延伸和扩展的网络；其二，其用户端延伸和扩展到了任何物品与物品之间。物联网通过智能感知、识别技术与普适计算等技术，广泛应用于众多领域。物联网是互联网的扩展，与其说物联网是网络，不如说物联网是业务和应用，应用创新是物联网发展的核心，以用户体验为核心的创新是物联网发展的灵魂。

国际电信联盟(ITU)对物联网做了如下定义：通过二维码识读设备、射频识别(RFID)装置、红外感应器、全球定位系统和激光扫描器等信息传感设备，按约定的协议，把任何物品与互联网相连接，进行信息交换和通信，以实现智能化识别、定位、跟踪、监控和管理的一种网络。

物联网主要解决物与物、人与物及人与人之间的互联。人与物的互联是指人利用通用装置与物品之间的连接，从而使得物品连接更加简化；而人与人之间的互联是指人之间不依赖于个人电脑而进行的互联。还有人在讨论物联网时，别出心裁地提出了一个 M2M 的概念，可以解释为人到人(Man to Man)、人到机器(Man to Machine)、机器到机器(Machine to Machine)。从本质上而言，人与机器、机器与机器的交互，大部分是为了实现人与人之间的信息交互。

2.5.2 物联网体系结构

物联网作为一个网络系统，与其他网络一样，也有其内部特有的架构。物联网的体系结构如图 2-11 所示，自下而上分为感知层、网络层和应用层三个层次。也有人把物联网分为五个层级，即支撑层、感知层、传输层、平台层、应用层。两种分层方式没有本质区别，只是后一种分得更细而已。

- 感知层：即利用 RFID、传感器、二维码等感知设备随时随地获取物体的信息；
- 网络层：通过各种电信网络与互联网的融合，将物体的信息实时准确地传递出去；
- 应用层：将感知层得到的信息进行处理，实现智能化识别、定位、跟踪、监控和管理等实际应用。

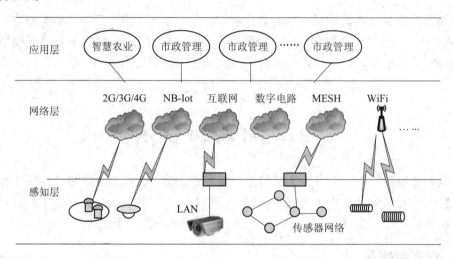

图 2-11　物联网体系结构

2.5.3　物联网应用分类

物联网应用按照其用途，可以归结为以下三种基本模式。

1. 用于对象的身份识别、位置定位和管理

通过 RFID、二维码等技术标识特定的对象，识别设备通过对这些标识的识别，来实现对对象身份的识别。例如在生活中我们使用的各种智能卡和条码标签，其基本用途就是用来获得对象的识别信息。此外，通过智能标签还可以用于获得对象物品所包含的扩展信息，如智能卡上的金额余额，二维码中所包含的网址和名称等。

2. 用于对现场环境进行监控

利用多种类型的传感器和分布广泛的传感器网络，实现对某个对象的实时状态的获取和特定对象行为的监控。如使用分布在市区的各个噪音探头监测噪声污染；通过二氧化碳传感器监控大气中二氧化碳的浓度；通过 GPS 标签跟踪车辆位置，通过交通路口的摄像头捕捉实时交通流量等。

3. 用于对象的智能控制

物联网基于云计算平台和智能网络，可以依据传感器网络获取的数据进行决策，改变对象的行为，或进行控制和反馈。例如根据光线的强弱调整路灯的亮度，根据车辆的流量自动调整红绿灯的时间间隔等。

2.5.4　物联网关键技术

构成物联网的技术非常庞杂，是一个结合了多种技术的复杂体系，限于篇幅，下面仅简要介绍其部分关键技术。

1. 感知层主要技术

1) 传感器技术

国家标准 GB7665—87 对传感器的定义是："能够感受规定的被测量(信号)并按照一定的规律转换成可用输出信号的器件或装置，通常由敏感元件和转换元件组成"。这里所说的"可用输出信号"是指便于加工处理、便于传输利用的信号。传感器是一种检测装置，能测量监测对象信息，并转换为电信号或其他形式的信息输出，以满足信息的传输、处理、存储、显示、记录和控制等需要。

传感器是实现自动检测和自动控制的首要环节，按其原理，主要分为物理传感器和化学传感器。物理传感器应用的是物理效应，诸如：压电效应，磁致伸缩现象，离化、极化、热电、光电、磁电等效应，被测信号量的微小变化都将转换成电信号。大多数传感器是以物理原理为基础运作的。化学传感器包括那些以化学吸附、电化学反应等现象为因果关系的传感器，被测信号量的微小变化也将转换成电信号。化学传感器技术问题较多，例如可靠性问题，规模生产的可能性，价格问题等，解决了这类难题，化学传感器的应用将会有巨大增长。

2) 射频识别技术

射频识别(Radio Frequency Identification，RFID)是一种非接触式的自动识别技术，它通过射频信号自动识别目标对象并获取相关数据，识别工作无需人工干预，可工作于各种恶劣环境。具有射频识别功能的卡又称电子标签、感应卡、非接触卡、电子条码等。

射频识别技术可识别高速运动物体并可同时识别多个标签，操作快捷方便。短距离射频产品不怕油渍、灰尘污染等恶劣的环境，可在这样的环境中替代条码，例如用在工厂的流水线上跟踪物体。长距离射频产品多用于交通上，识别距离可达几十米，如自动收费或识别车辆身份等。作为物联网感知层重要技术，射频识别充当了让物品"开口应答"甚至"抢答"的角色。

射频识别技术的工作原理是，通过射频信号把数据从附着在物品上的标签传送出去，以自动辨识与追踪该物品。标签包含了电子存储的信息，数米之内都可以识别。与条形码不同的是，射频标签不需要处在识别器视线之内，也可以嵌入被追踪物体之内。当电子标签进入磁场后，接收读卡器发出的射频信号，凭借感应电流所获得的能量发送出存储在芯片中的产品信息，或者由电子标签主动发送某一频率的信号，读卡器读取信息并解码后，送至中央信息系统进行有关数据处理。

在实际中，射频识别技术通常利用射频信号及其空间耦合和传输特性，对静止或移动物体进行自动识别。一个完整的射频识别系统的硬件通常由电子标签、读写器、读写器天线和计算机等组成。电子标签是 RFID 系统的信息载体，目前电子标签大多是由耦合原件(线圈、微带天线等)和微芯片组成的无源单元，它是一个微型的无线收发装置，主要由内置天线和芯片组成。读写器是 RFID 系统信息的控制和处理中心，分为"只读"和"读/写"两种。读卡器通常由耦合模块、收发模块、控制模块和接口单元组成。读卡器和电子标签之间一般采用半双工通信方式进行信息交换，同时读卡器通过耦合给无源电子标签提供能量和时序。在实际应用中，可进一步通过以太网或 WLAN 等实现对物体识别信息的采集、处理及远程传送等功能。读写器天线是一种以电磁波形式把前端射频信号功率接收或辐射出去的设备，是电路与空间的界面器件，用来实现导行波与自由空间波能量的转化。在 RFID 系统中，天线分为电子标签天线和读写器天线两大类，分别承担接收能量和发射能量的作用。

2．嵌入式系统

嵌入式系统(Embedded System)，是一种完全嵌入受控器件内部，为特定应用而设计的专用计算机系统。根据英国电气工程师协会的定义，嵌入式系统是控制、监视或辅助设备、机器或用于工厂运作的设备。与个人计算机这样的通用计算机系统不同，嵌入式系统通常执行的是带有特定要求的预先定义的任务。由于嵌入式系统只针对一项特殊的任务，设计人员能够对它进行裁剪、优化，减小内存占用。

国内普遍认同的嵌入式系统定义为：以应用为中心，以计算机技术为基础，软硬件可裁剪，适应应用系统对功能、可靠性、成本、体积、功耗等严格要求的专用计算机系统。通常，嵌入式系统是一个控制程序存储在 ROM 中的嵌入式处理器控制板。事实上，所有带有数字接口的设备，如手表、微波炉、录像机、汽车等，都使用嵌入式系统，有些嵌入式系统还包含操作系统，但大多数嵌入式系统都是由单个程序实现整个控制逻辑。

嵌入式系统的出现最初是基于单片机的。20 世纪 70 年代单片机的出现，使得汽车、家电、工业机器、通信装置以及成千上万种产品可以通过内嵌电子装置来获得更佳的使用性能：更容易使用、更快、更便宜。这些装置已经初步具备了嵌入式的应用特点，但是这时的应用只是使用 8 位的芯片，执行一些单线程的程序，还谈不上"系统"的概念。最早的单片机是 Intel 公司的 8048，它出现在 1976 年。Motorola 同时推出了 68HC05，Zilog 公司推出了 Z80 系列。这些早期的单片机均含有 256 字节的 RAM、4K 的 ROM、4 个 8 位并口、1 个全双工串行口、两个 16 位定时器。20 世纪 80 年代初，Intel 又进一步完善了 8048，在它的基础上研制成功了 8051，这在单片机的历史上是值得纪念的一页，迄今为止，8051 系列的单片机仍然是最为成功的单片机芯片，在各种产品中有着非常广泛的应用。

从 20 世纪 80 年代早期开始，嵌入式系统的程序员开始用商业级的"操作系统"编写嵌入式应用软件，这样可以获取更短的开发周期、更低的开发资金和更高的开发效率，"嵌入式系统"真正出现了。确切点说，这个时候的操作系统是一个实时核，这个实时核包含了许多传统操作系统的特征，包括任务管理、任务间通信、同步与相互排斥、中断支持、内存管理等功能。其中比较著名的有 Ready System 公司的 VRTX、Integrated System Incorporation (ISI)的 PSOS 和 IMG 的 VxWorks、QNX 公司的 QNX 等。这些嵌入式操作系统都具有嵌入式的典型特点：它们均采用占先式的调度，响应的时间很短，任务执行的时间可以确定；系统内核很小，具有可裁剪，可扩充和可移植性，可以移植到各种处理器上；较强的实时和可靠性，适合嵌入式应用。这些嵌入式实时多任务操作系统的出现，使得应用开发人员得以从小范围的开发解放出来，同时也促使嵌入式有了更为广阔的应用空间。

20 世纪 90 年代以后，随着对实时性要求的提高，软件规模不断上升，实时核逐渐发展为实时多任务操作系统(RTOS)，并作为一种软件平台逐步成为目前国际嵌入式系统的主流。这时候更多的公司看到了嵌入式系统的广阔发展前景，开始大力发展自己的嵌入式操作系统。除了上面的几家老牌公司以外，还出现了 Palm OS、WinCE、嵌入式 Linux、Lynx、Nucleux，以及国内的 Hopen、Delta Os 等嵌入式操作系统。

3. 网络层主要技术

物联网网络层技术可以分为本地组网技术和广域组网技术。本地组网实现传感器信息到本地中心节点的网络连接，主要技术包括 WiFi、LAN、2G/3G/4G、NB-IoT、Zigbee、LoRa、Ad hoc、Mesh 等。

1) WiFi、LAN

WiFi 是一种短程无线传输技术，通常有效距离不超过一百米，当然也有提高功率使传输距离更远的。随着 IEEE 802.11a 及 IEEE 802.11g 等标准的相继出现，IEEE 802.11 这个标准族已被统称为 WiFi。当 WiFi 工作在 2.4 GHz 频段时，所支持的速度最高可达 54 Mb/s。

能够访问 WiFi 网络的地方被称为热点。WiFi 热点是通过在互联网连接上安装访问点来创建的，当一台支持 WiFi 的设备遇到一个热点时，这个设备就可以用无线方式连接到那个网络。

无线网络最基本使用方式是一个无线网卡接入一台 AP(Access Point，接入点设备)，配合既有的有线架构来分享网络资源，其架设费用和复杂程度远远低于传统的有线网络。如果只是几台电脑组成对等网，也可不要 AP，只需要每台电脑配备无线网卡即可。现在的智能手机也都配备了 WiFi 功能模块，在有 WiFi 热点的地方可以替代移动通信功能上网。

至于 LAN，也就是通常我们在办公室、实验室等场合使用的局域网技术。原来局域网有很多种技术，包括以太网、令牌环网等，但目前，以太网(Ethernet)已经成为局域网绝对的主流。以太网由 Xerox 公司创建并由 Xerox、Intel 和 DEC 公司联合开发，使用 CSMA/CD(载波监听多路访问及冲突检测)技术，并以 10 M/S 的速率运行在多种类型的电缆上。以太网与 IEEE802.3 系列标准相类似。以太网包括标准的以太网(10 Mb/s)、快速以太网(100 Mb/s)和 10G(10 Gb/s)以太网。

2) 2G、3G、4G

目前，互联网是世界上最庞大的网络，覆盖范围从城市到农村，从办公室到家庭，从工厂到山林、江河，为物联网的组建提供了最为强大的网络层支撑。物联网利用现有互联网作为网络层，能够为方便实施和降低成本带来极大便利，特别是 2G、3G、4G 移动通信技术提供的互联网接入能力，更加方便了物联网的广域组网。

3) NB-IoT

NB-IoT(Narrow Band Internet of Things)即基于蜂窝的窄带物联网，是物联网领域一项非常热门的新兴技术。NB-IoT 只消耗大约 180 kHz 的带宽，可直接部署于当前的移动通信网络，以降低部署成本、实现平滑升级。NB-IoT 支持低功耗设备的数据连接，也被叫做低功耗广域网(LPWA)。据说 NB-IoT 设备电池寿命可以提高至至少 10 年，同时还能提供非常全面的室内蜂窝数据连接覆盖。

NB-IoT 具备四大特点：一是广覆盖，将提供改进的室内覆盖，在同样的频段下，NB-IoT 比现有的网络增益 20 dB，覆盖面积扩大 100 倍；二是具备支撑海量连接的能力，NB-IoT

一个扇区能够支持 10 万个连接，支持低延时敏感度、超低的设备成本、低设备功耗和优化的网络架构；三是更低功耗，NB-IoT 终端模块的待机时间可长达 10 年；四是更低的模块成本，企业预期的单个接连模块不超过 5 美元。

覆盖广、连接多、速率低、成本低、功耗低、架构优等特点，使得 NB-IoT 拥有巨大的应用前景，如远程抄表、资产跟踪、智能停车、智慧农业等。目前，我国电信运营商已经开展 NB-IoT 试点，2017 年将会成为 NB-IoT 商用化试水的元年。

4) LoRa 技术

LoRa 是美国 Semtech 公司采用和推广的一种基于扩频技术的超远距离无线传输方案，作为低功耗广域网(LPWAN)的一种长距离通信技术，近些年受到越来越多的关注。

许多传统的无线系统使用频移键控(FSK)调制作为物理层，因为它是一种实现低功耗的非常有效的调制方式。LoRa 基于线性调频扩频调制，它保持了与 FSK 调制相同的低功耗特性，但明显地增加了通信距离。LoRa 技术本身拥有超高的接收灵敏度(RSSI)和超强信噪比(SNR)。此外使用跳频技术，通过伪随机码序列进行频移键控，使载波频率不断跳变而扩展频谱，防止定频干扰。目前，LoRa 主要在全球免费频段运行，包括 433 MHz、868 MHz、915 MHz 等。

LoRa 通常采用星型组网。在网状网络中，个别终端节点转发其他节点的信息，以增加网络的覆盖范围。这样虽增加了范围，却也增加了复杂性，降低了网络容量，并降低了电池寿命，因为节点需要接受和转发来自其他节点的与其不相关的信息。而且，当实现长距离连接时，长距离星型架构有效延长了电池寿命。如果把网关安装在现有移动通信基站的位置，发射功率 20 dBm(100 mW)，那么在高建筑密集的城市环境可以覆盖 2 公里左右，而在密度较低的郊区，覆盖范围可达 10 公里。

5) Zigbee

Zigbee 是基于网络底层 802.15.4 的短距离数据通信网络协议，主要用于距离短、功耗低且传输速率不高的各种电子设备之间进行数据传输以及典型的有周期性数据、间歇性数据和低反应时间数据传输的应用。

Zigbee 的特点：一是自动组网，网络中的任意节点之间都可进行数据通信，在有模块加入和撤出时，网络具有自动修复功能。二是网络时延短。Zigbee 的响应速度较快，一般从睡眠状态转入工作状态只需 15 ms，节点连接进网络只需 30 ms，进一步节省了电能。相比较，蓝牙需要 3~10 s、WiFi 需要约 3 s。三是模块功耗低，通信速率低。模块具有较小的发送接收电流，支持多种睡眠模式。一个 10 A 的电池，在 Zigbee 水表中可使用 8 年。Zigbee 通信速度最高可达 250 Kb/s，适合用于设备间的数据通信，但不太适合用于声音、图像的传送。四是成本低。Zigbee 模块工作于 2.4 GHz 全球免费频段，故只需要先期的模块费用，无需持续支付频段占用费用。

2.6　人工智能技术

人工智能自诞生以来，理论和技术日益成熟，应用范围也不断扩大，包括机器人、深度学习、语音识别等领域，同时也日益成为移动互联网发展的强大动力和支撑。目前人工智能已经成为中、美、欧进行战略性竞争的焦点。

2.6.1　人工智能概念

人工智能(Artificial Intelligence，AI)，是研究、开发用于模拟、延伸和扩展人的智能的理论、方法、技术及应用系统的一门新的技术科学。人工智能是计算机科学的一个分支，也是自动化技术的自然演进，它力图揭示智能的本质，并生产出一种新的能以人类智能相似的方式做出反应的智能系统。

除了计算机科学以外，人工智能还涉及信息论、控制论、自动化、仿生学、生物学、心理学、数理逻辑、语言学、医学和哲学等多门学科。人工智能研究的主要内容包括知识表示、自动推理和搜索方法、机器学习和知识获取、知识处理系统、自然语言理解、计算机视觉、智能机器人、自动程序设计等方面。

人工智能涵盖的技术领域非常广泛，包括语言识别、图像识别、自然语言处理、专家系统、机器人、智能设备等。而单是机器人又可以分为很多种类，如服务机器人、教学机器人、飞行机器人(无人机)、水下无人机、自动驾驶汽车等。人们认为，继互联网之后的下一个信息化浪潮将是人工智能。

2.6.2　人工智能原理

人工智能是模拟人的智能而来的，因此弄清楚了人类智能的机制，就能很容易地理解人工智能的原理了。

1. 人类智能

人类智能本质上是以记忆为基础，以复杂的数据处理方法为手段，对外界输入信息做出复杂的神经反应，并以这种反应信号来控制身体的动作，从而构成一个复杂的反馈控制系统。如图 2-12 所示，在这一系统中，各种感觉器官如眼、耳、鼻、舌、皮肤等作为外界信息的获取途径，而口、四肢、头、脸等则作为实施大脑指令的器官。

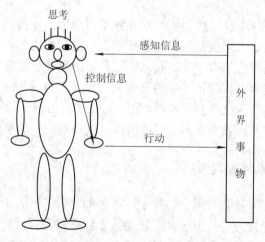

图 2-12　人类智能模式

记忆的内容既包括抽象化的事物的映像，又包括这些事物映像之间的因果关系，记忆的内容和其因果关系构成了人类智能的基础。人类大脑有一套非常复杂的信息处理系统，它既可以对新接收的信息进行处理，能动性地与原有知识体系融为一体，形成新的记忆，又可以通过复杂的运算处理，产生一整套用于控制行为的指令序列。

2. 人工智能

人工智能是对人类智能的模仿，其原理与人类智能基本相同。根据人工智能所实现智能水平的不同，本书将其分为机巧设计、自动控制、智慧系统三种类型，这三种类型的技术水平依次提高。

1) 机巧设计

人类在蒙昧时期就已经学会制作人工智能系统了，如捕捉野兽的夹子。后来，随着人类知识水平和制造技术的提高，不断制作出更多机巧型的设备，如用于导航的罗盘，用于计时的沙漏，用于室内安全防范的各种机关，等等。机巧型设计是机械时代的产物，是人类智能与机械装置的结合体，其对于外界信息的获取依赖的是机械力，对外界做出反应的算法融汇在机械系统设计之中，执行反应动作的能量以机械能形式储藏在系统中。

2) 自动控制

当人类社会进入自动化时代后，人工智能也随之进入一个新的阶段。自动控制所依赖的核心技术是电子、电器和计算机技术。机床、仪器、仪表、飞机、轮船、汽车、冰箱、空调等等，都属于自动控制型的人工智能系统。

自动控制型的特点是，系统通过各种传感器获取外界信息，系统的控制算法存储在电子系统(嵌入式计算机自然属于电子系统)中，执行反应动作的能量来自自身所带电池或外接电力系统。

3) 智慧系统

自动控制系统进一步具有了知识学习能力，也就是机器具备学习能力后，便演进为智慧系统。智慧系统利用既有知识和新学习知识，对外界刺激做出响应。智慧系统一个最新的具有轰动效果的例子是 AlphaGo，它已经战胜了围棋界最顶级的选手，体现出超强的围棋博弈能力。

当前，有些自动控制系统正在逐步增加知识学习能力，使得自动控制系统与智慧系统的界限越来越模糊，而这本来就是一个很正常的演进过程。当然，对于当前的大多数自动控制系统来说，其控制算法基本上还是固化的知识，尚没有形成新知识的学习能力。

在上节中，我们把人工智能体系化地分为机巧设计、自动控制和智慧系统，其中机巧设计和自动控制采用的技术已经非常成熟，因此，在当前语境下，我们所说的"人工智能"，一般专指智慧系统。本节，我们对人工智能所涉及的技术做一简单介绍。

2.6.3　人工智能技术体系架构

人工智能是一门非常复杂的综合性技术，为帮助读者了解人工智能的技术体系，笔者在中国信通院徐贵宝先生所写关于《人工智能技术体系架构探讨》一文的基础上，对人工智能技术体系架构做了进一步分析，如图 2-13 所示。具体分析如下：

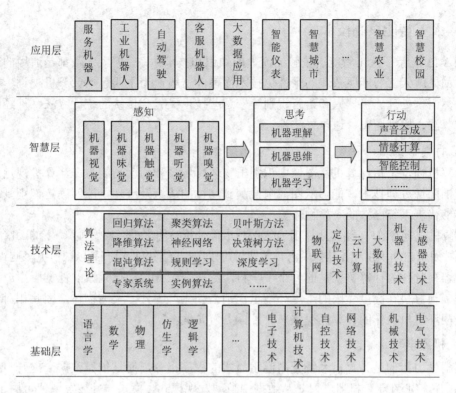

图 2-13　人工智能技术体系架构

1．基础层

基础层是整个人工智能技术的理论和技术基础，包括了语言学、数学、物理学、逻辑学、认知科学等基础理论，以及电子技术、计算机技术、自控技术、网络技术、机械技术和电气技术等。

2．技术层

技术层是在基础层技术上，实现的功能化的技术领域，如用于数据分析和处理的各种算法，物联网、云计算、定位技术、机器人技术、传感器技术等。技术层是人工智能应用层得以实现的直接基础。

3．智慧层

智慧层是人工智能之智能的实现形式。与人类智能相仿，人工智能整体上也分为感知、思考和行动三个单元。感知单元主要实现机器视觉、听觉、味觉、嗅觉、触觉等，其实就是来自各种传感器的信号。传感器信号经适当处理后提交给系统的思考单元，思考单元运用技术层所提供的各种算法，实现机器理解、机器思维和机器学习，为进一步行动做好准备。行动单元则是在思考单元工作结果基础上，执行语音合成、情感计算和智能控制等动作。

4．应用层

应用层是人工智能系统向外界提供服务的界面。目前，人工智能技术植入各种实体机器人、纯软件形态的客服机器人、自动驾驶、大数据应用、智慧城市系统、智慧校园系统、智慧农业系统等之中，实现智慧化应用。

2.6.4 人工智能核心技术

图 2-13 展示了人工智能所依赖的庞大的知识和技术体系，但大多数都是通用的理论和技术。如果就人工智能所依赖的个性化技术而言，一般认为主要包括计算机视觉、机器学习、自然语言处理、机器人和语音识别等。这些技术又包含传统的统计方法、神经网络、启发式算法、模糊逻辑、遗传算法等。

1. 计算机视觉

计算机视觉是指计算机从图像中识别出物体、场景和活动的能力。计算机视觉技术运用先进的图像处理技术，能够从图像中检测到物体的边缘及纹理，能够确定识别到的特征是否能够代表系统已知的一类物体等。

计算机视觉有着广泛的应用。比如，医疗成像分析被用来提高疾病预测、诊断和治疗，人脸识别被用来自动识别和指认嫌疑人，消费者可以用智能手机拍摄产品以获得更多购买选择。

机器视觉作为计算机视觉的一个子学科，泛指在工业自动化领域的视觉应用。在这些应用里，计算机在高度受限的工厂环境里识别诸如生产零件一类的物体，因此相对于寻求在非受限环境里操作的计算机视觉来说目标更为简单。

2. 机器学习

机器学习指的是计算机系统无需遵照显式的程序指令，而只依靠数据来提升自身性能的能力，其核心在于，机器学习是从数据中自动发现模式，模式一旦被发现便可用于预测。比如，给予机器学习系统一个关于交易时间、商家、地点、价格及交易是否正当等信用卡交易信息的数据库，系统就会学习到可用来预测信用卡欺诈的模式。处理的交易数据越多，预测就会越准确。

机器学习的应用范围非常广泛，针对那些产生庞大数据的活动，它几乎拥有改进一切性能的潜力。除了欺诈甄别之外，这些活动还包括销售预测、库存管理、石油和天然气勘探，以及公共卫生等。机器学习技术在其他的认知技术领域也扮演着重要角色，比如计算机视觉，它能在海量图像中通过不断训练和改进视觉模型来提高其识别对象的能力。

目前，机器学习已经成为认知技术中最炙手可热的研究领域之一，在 2011—2014 年这段时间内就已吸引了近 10 亿美元的风险投资。谷歌也在 2014 年斥资 4 亿美元收购 Deepmind 这家研究机器学习技术的公司。

3. 自然语言处理

自然语言处理是指计算机拥有的人类般的文本处理的能力。比如，从文本中提取意义，甚至从那些可读的、风格自然、语法正确的文本中自主解读出含义。一个自然语言处理系统并不了解人类处理文本的方式，但是它却可以用非常复杂与成熟的手段巧妙处理文本。例如，自动识别一份文档中所有被提及的人与地点；识别文档的核心议题；在一堆仅人类可读的合同中，将各种条款与条件提取出来并制作成表。以上这些任务通过传统的文本处理软件根本不可能完成，后者仅针对简单的文本匹配与模式就能进行操作。

自然语言处理像计算机视觉技术一样，将有助于实现目标的多种技术进行了融合，建立语言模型来预测语言表达的概率分布，如用某一串给定字符或单词表达某一特定语义的最大可能性。选定的特征可以和文中的某些元素结合来识别一段文字，通过识别这些元素可以把某类文字同其他文字区别开来，比如垃圾邮件同正常邮件。

4．机器人

将机器视觉、自动规划等认知技术整合至极小却高性能的传感器、制动器以及设计巧妙的硬件中，便催生了新一代的机器人，它有能力与人类一起工作，能在各种未知环境中灵活处理不同的任务。

从应用层面上可以粗略地将机器人分为以下几个类别。第一类是工业机器人，因为人工成本越来越高，用工风险越来越高，而机器人在很大程度上可以解决这一问题。第二类是监护机器人，它们可以在家里和医院里对病人、老人或孩子进行护理及帮助。随着老龄化问题的不断加剧，人们对护理机器人的需求也越来越迫切。第三类是探险机器人，主要让它们从事采矿或者探险等高危工作，大大避免了人所要经历的危险。此外还有用于打仗的军事机器人等。

网络媒体 Business Insider 预测，机器人以后将在许多岗位上取代人类：电话营销员、校对员、手工裁缝师、数学家、保险核保人、钟表修理师、货运代理商、报税员、图像处理人员、银行开户员、图书馆员、打字员等。麦肯锡全球研究院的研究表明，当中国制造业工资每年增长 10%～20%时，全球机器人的价格每年下调 10%，一台最便宜的低价机器人只需花费美国人年平均工资的一半。国际研究机构预测，到 2020 年机器人将导致全球新一波失业潮。

5．语音识别

语音识别系统使用一些与自然语言处理系统相同的技术，再辅以其他技术，如描述声音和其出现在特定序列与语言中概率的声学模型等。语音识别主要关注自动且准确地转录人类的语音技术。该技术必须面对一些与自然语言处理类似的问题，例如在不同口音的处理、背景噪声、区分同音异形/异义词方面存在一些困难，同时还需要具有跟上正常语速的工作速度。语音识别的主要应用包括医疗听写、语音书写、电脑系统声控、电话客服等。目前，科大讯飞的语音识别技术不仅可以实现各种复杂的基于语音识别的应用，还可以容易地识别各地方言。

2.7 虚拟现实(VR)技术

2.7.1 VR 的概念及特征

1．VR 的概念

VR(Virtual Reality)技术是一种可以创建和体验虚拟世界的计算机仿真系统，它利用计算机生成一种模拟环境，是一种多源信息融合且交互式的三维动态视景和实体行为的系统仿真，并使用户沉浸到该环境中。

VR 是仿真技术与计算机图形学、人机接口技术、多媒体技术、传感技术及网络技术等多种技术的集合，主要包括模拟环境、感知、自然技能和传感设备等方面技术。模拟环境是由计算机生成的、实时动态的三维立体逼真图像。感知是指理想的 VR 应该具有一切人类所具有的感知。除计算机图形技术所生成的视觉感知外，还具有听觉、触觉、力觉、运动等感知，甚至包括嗅觉和味觉等，也称为多感知。自然技能是指人的头部转动，眼睛、手势或其他人体行为动作，由计算机来处理与参与者的动作相适应的数据，并对用户的输入作出实时响应，并分别反馈到用户的五官。传感设备是指三维交互设备。

2. VR 的特征

VR 的技术特征较为鲜明，有人把 VR 的特征归结为"3I"，在这里我们将其特征归结为四个方面。

(1) 多感知性。VR 的多感知性指除一般计算机所具有的视觉感知外，还具有听觉感知、触觉感知、运动感知，甚至还包括味觉、嗅觉等感知。理想的虚拟现实应该具有一切人所具有的感知功能。

(2) 存在感。VR 的存在感指用户感到作为主角存在于模拟环境中的真实程度。理想的模拟环境应该达到使用户难辨真假的程度。

(3) 交互性。VR 的交互性指用户对模拟环境内物体的可操作程度和从环境得到反馈的自然程度。

(4) 自主性。VR 的自主性指虚拟环境中的物体依据现实世界物理运动定律动作的程度。

2.7.2 VR 技术体系

VR 涉及诸多技术，具体而言包括实时三维计算机图形技术，广角(宽视野)立体显示技术，对观察者头、眼和手的跟踪技术，以及触觉/力觉反馈、立体声、网络传输、语音输入/输出技术等。

1. 实时三维计算机图形

利用计算机模型产生图形图像并不是太难的事情，如果有足够准确的模型，又有足够的时间，就可以生成不同光照条件下各种物体的精确图像，但是对 VR 来说关键是实时性。比如在飞行模拟系统中，图像的刷新相当重要，同时对图像质量的要求也很高，再加上非常复杂的虚拟环境，问题就变得相当困难。实时性的实现一是有赖于图形图像生成算法，二是具有足够处理能力的计算机。

2. 显示

人在看周围的世界时，由于两只眼睛的位置不同，得到的图像略有不同，这些图像在大脑中融合起来，就形成了一个关于周围世界的整体景象，这个景象中包括了距离远近的信息。此外，距离信息也可以通过其他方法获得，例如眼睛焦距的远近、物体大小的比较等。

在 VR 系统中，双目立体视觉起了很大作用。用户的两只眼睛看到的不同图像是分别产生的，并显示在不同的显示器上。有的系统采用单个显示器，当用户戴上特殊的眼镜后，一只眼睛只能看到奇数帧图像，另一只眼睛只能看到偶数帧图像，奇、偶帧之间的不同使视差产生了立体感。

3. 用户(头、眼)的跟踪

在人造环境中，每个物体相对于系统的坐标系都有一个位置与姿态，用户也是如此。用户看到的景象是由用户的位置和头、眼的方向来确定的。

4．跟踪头部运动的虚拟现实头套

在传统的计算机图形技术中，视场的改变是通过鼠标或键盘来实现的，用户的视觉系统和运动感知系统是分离的，而利用头部跟踪来改变图像的视角，用户的视觉系统和运动感知系统之间就可以联系起来，感觉更逼真。这样，用户不但可以通过双目立体视觉去认识环境，而且可以通过头部的运动去观察环境。

5．用户与计算机的交互

在用户与计算机的交互中，键盘和鼠标是目前最常用的工具，但对于三维空间来说它们都不太适合。在三维空间中因为有六个自由度，我们很难找出比较直观的办法把鼠标的平面运动映射成三维空间的任意运动。不过现在已经有一些设备可以提供六个自由度，如 3Space 数字化仪和 SpaceBall 空间球等。另外还有一些性能比较优异的设备，如数据手套和数据衣等。

6．声音

通常人们能够很准确地判定声源的方向。在水平方向上，人们靠声音的相位差及强度的差别来确定声音的方向，因为声音到达两只耳朵的时间或距离有所不同。常见的立体声效果就是靠左右耳听到在不同位置录制的声音来实现的，所以会有一种方向感。现实生活里，当头部转动时，听到的声音的方向就会改变。但在目前的 VR 系统中，声音的方向与用户头部的运动无关。

7．VR 感觉反馈

在一个 VR 系统中，用户可以看到一个虚拟的物体，可以设法去抓住它，但手没有真正接触到物体的感觉，并有可能穿过虚拟物体的"表面"，这在现实生活中是不可能发生的。解决这一问题的常用装置是在手套内层安装一些可以振动的触点来模拟触觉。

8．VR 语音

在 VR 系统中，语音的输入输出也很重要。这就要求虚拟环境能听懂人的语言，并能与人实时交互。而让计算机识别人的语音是相当困难的，因为语音信号和自然语言信号有其"多边性"和复杂性。例如，连续语音中词与词之间没有明显的停顿，同一词、同一字的发音受前后词、字的影响，不仅不同人说同一词会有所不同，就是同一人发音也会受到心理、生理和环境的影响而有所不同。

使用人的自然语言作为计算机输入目前存在两个问题：一是效率问题，为便于计算机理解，输入的语音可能会相当啰唆；二是正确性问题，计算机要能够准确理解语音。

2.7.3 沉浸感和交互作用原理

VR 用沉浸感带给人们身临其境的感受。在 VR 眼镜和头盔出现以前，VR 装备基本主要是平面显示器，或者将产生的画面投影到一个弧形甚至是球形屏幕上，或者在这些屏幕上叠加左右眼分别看到的图像，从而产生更加立体的效果。这类装置往往很大型，也很昂贵。近几年发展起来的虚拟现实头戴式显示器，同时实现了更好的沉浸感和更便宜的价格。

1．沉浸感及其产生的原理

目前，VR 眼镜主要通过以下五个方面来达到沉浸感的目的：

(1) 通过经过放大的显示屏技术，能够在用户眼前显示出一个放大的局部虚拟时间景象，目前显示视场角在 90°～110°左右，在这个显示范围内，主要通过三维引擎技术，产生实时的立体图像。

(2) 通过和头部的位姿传感采集的数据配合，让三维引擎响应头部转动方向和当前头部位置变化，以很高的频率实时改变显示的三维头像，用户头部转动的角度刚好和三维引擎模拟的三维画面视觉一致，让用户觉得仿佛是通过一个大窗口在观察一个虚拟的三维世界。

(3) 通过凸透镜来放大人眼看到的即时图像范围。现在的 VR 眼镜大概会产生 90°～120°范围的图像视野，这样的视野大概和一个良好的三通道环幕投影系统产生的效果差不多，不过 VR 眼镜要更加贴近人眼一些，人眼被干扰的可能性大大降低。

(4) 通过头部的陀螺仪，当人转动头部时，陀螺仪能够及时通知图像生成引擎，及时更新画面，从而使人感觉自己是在看一个环绕的虚拟空间，从而产生 360°的三维空间感。

(5) 左右眼每一时刻看到的图像是不一样的，是两幅区别左右眼位置的不同图像，从而产生很强烈的立体纵深感。

2. 交互作用

在 VR 系统中，用户通过动作、手势、语言等人类自然的方式能够与虚拟世界进行有效的沟通。通常来讲，若用户的双手动作，双脚行走，在虚拟世界中产生用户能够理解的变化，用户就认为该虚拟世界对用户发生了反馈，那么，用户的动作和虚拟世界对用户的反馈组合在一起，就形成一次交互作用。

2.8　区块链技术

区块链是近年来兴起的一种去中心化记账式数据库技术，尽管采用区块链技术的比特币、以太币等虚拟货币的炒作给社会和个人带来极大危害，但区块链技术本身的价值却受到人们越来越清晰地认识，随着炒币日益式微，区块链迎来了真正的应用热潮。

2.8.1　区块链概念

1. 区块链定义

狭义来讲，区块链是一种按照时间顺序将数据区块以顺序相连的方式组合而成的一种链式数据结构，并以密码学方式保证的不可篡改和不可伪造的分布式账本。

广义来讲，区块链技术是利用块链式数据结构来验证与存储数据、利用分布式节点共识算法来生成和更新数据、利用密码学的方式保证数据传输和访问的安全、利用由自动化脚本代码组成的智能合约来编程和操作数据的一种全新的分布式基础架构与计算方式。

2. 区块链基础架构模型

一般说来，区块链系统由数据层、网络层、共识层、激励层、合约层和应用层组成。其中，数据层封装了底层数据区块以及相关的数据加密和时间戳等基础数据和基本算法；网络层则包括分布式组网机制、数据传播机制和数据验证机制等；共识层主要封装网络节点的各类共识算法；激励层将经济因素集成到区块链技术体系中来，主要包括经济激励的发行机制和分配机制等；合约层主要封装各类脚本、算法和智能合约，是区块链可编程特性的基础；应用层则封装了区块链的各种应用场景和案例。该模型中，基于时间戳的链式区块结构、分布式节点的共识机制、基于共识算力的经济激励和灵活可编程的智能合约是区块链技术最具代表性的创新点。

3. 发展历史

区块链的设计是一种保护措施，比如(应用于)高容错的分布式计算系统。区块链使混合一致性成为可能。这使区块链适合记录事件、标题、医疗记录和其他需要收录数据的活动、身份识别管理，交易流程管理和出处证明管理。区块链对于金融脱媒有巨大的潜能，对于引导全球贸易有着巨大的影响。

2008 年，中本聪第一次提出了区块链的概念，在随后的几年中，这成为了电子货币比特币的核心组成部分：作为所有交易的公共账簿。通过利用点对点网络和分布式时间戳服务器，区块链数据库能够进行自主管理。为比特币而发明的区块链使它成为第一个解决重复消费问题的数字货币。比特币的设计已经成为其他应用程序的灵感来源。

1991 年，Stuart Haber 和 W. Scott Stornetta 第一次提出了关于区块的加密保护链产品，随后 Ross J. Anderson 与 Bruce Schneier&John Kelsey 分别在 1996 年和 1998 年发表了该产品。与此同时，Nick Szabo 在 1998 年进行了电子货币分散化的机制研究，他称此为比特金。2000 年，Stefan Konst 发表了加密保护链的统一理论，并提出了一整套实施方案。

区块链格式作为一种使数据库安全而不需要行政机构的授信的解决方案首先被应用于比特币。2008 年 10 月，在中本聪的原始论文中，"区块"和"链"这两个字是被分开使用的，而在被广泛使用时被合称为"区块-链"，到 2016 年才被变成一个词："区块链"。2014 年 8 月，比特币的区块链文件大小达到了 20 千兆字节。

2014 年，"区块链 2.0"成为一个关于去中心化区块链数据库的术语。对这个第二代可编程区块链，经济学家们认为它的成就是"它是一种编程语言，可以允许用户写出更精密和智能的协议，因此，当利润达到一定程度的时候，就能够从完成的货运订单或者共享证书的分红中获得收益"。区块链 2.0 技术跳过了交易和"价值交换中担任金钱和信息仲裁的中介机构"。它们被用来使人们远离全球化经济，使隐私得到保护，使人们"将掌握的信息兑换成货币"，并且有能力保证知识产权的所有者得到收益。第二代区块链技术使存储个人的"永久数字 ID 和形象"成为可能，并且对"潜在的社会财富分配"不平等提供解决方案。

2016 年，俄罗斯联邦中央证券所(NSD)宣布了一个基于区块链技术的试点项目。许多在音乐产业中具有监管权的机构开始利用区块链技术建立测试模型，用来征收版税和世界范围内的版权管理。2016 年 7 月，IBM 在新加坡开设了一个区块链创新研究中心。2016 年 11 月，世界经济论坛的一个工作组举行会议，讨论了关于区块链政府治理模式的发展。据 Accenture 的一份关于创新理论发展的调查中显示，2016 年区块链在经济领域获得的 13.5% 使用率，使其达到了早期开发阶段。在 2016 年，行业贸易组织共创了全球区块链论坛，这就是电子商业商会的前身。

区块链诞生自中本聪的比特币，自 2009 年以来，出现了各种各样的类比特币的数字货币，都是基于公有区块链的。数字货币的现状是百花齐放，常见的有 bitcoin、litecoin、dogecoin、dashcoin，除了货币的应用之外，还有各种衍生应用，如 Ethereum、Asch 等底层应用开发平台以及 NXT、SIA、比特股、MaidSafe、Ripple 等行业应用。

4. 区块链分类

区块链目前分为如下三类：

1) 公有区块链(Public Block Chains)

公有区块链是指：世界上任何个体或者团体都可以发送交易，且交易能够获得该区块链的有效确认，任何人都可以参与其共识过程。公有区块链是最早的区块链，也是应用最广泛的区块链，各大 bitcoins 系列的虚拟数字货币均基于公有区块链，世界上有且仅有一条该币种对应的区块链。

2) 联合(行业)区块链(Consortium Block Chains)

联合区块链：由某个群体内部指定多个预选的节点为记账人，每个块的生成由所有的预选节点共同决定(预选节点参与共识过程)，其他接入节点可以参与交易，但不过问记账过程(本质上还是托管记账，只是变成分布式记账，预选节点的多少，如何决定每个块的记账者成为该区块链的主要风险点)，其他任何人可以通过该区块链开放的 API 进行限定查询。

3) 私有区块链(Private Block Chains)

私有区块链：仅仅使用区块链的总账技术进行记账，可以是一个公司，也可以是个人，独享该区块链的写入权限，本链与其他的分布式存储方案没有太大区别。(Dec2015)保守的巨头(传统金融)都是想实验尝试私有区块链，而公链的应用例如 bitcoin 已经工业化，私链的应用产品还在摸索当中。

5. 区块链特征

区块链的特征主要反映在下述几个方面：

1) 去中心化

由于区块链使用分布式核算和存储，不存在中心化的硬件或管理机构，因此任意节点的权利和义务都是均等的，系统中的数据块由整个系统中具有维护功能的节点来共同维护。得益于区块链的去中心化特征，比特币也拥有去中心化的特征。

2) 开放性

系统是开放的，除了交易各方的私有信息被加密外，区块链的数据对所有人公开，任何人都可以通过公开的接口查询区块链数据和开发相关应用，因此整个系统信息高度透明。

3) 自治性

由于区块链采用基于协商一致的规范和协议(比如一套公开透明的算法)，使得整个系统中的所有节点能够在去信任的环境自由安全的交换数据，也使得对"人"的信任转变成了对机器的信任，任何人为的干预不起作用。

4) 信息不可篡改

一旦信息经过验证并添加至区块链，就会永久地存储起来，除非能够同时控制住系统中超过51%的节点，否则单个节点上对数据库的修改是无效的，因此区块链的数据稳定性和可靠性极高。

5) 匿名性

由于节点之间的交换遵循固定的算法，其数据交互是无需信任的(区块链中的程序规则会自行判断活动是否有效），因此交易对手无需通过公开身份的方式让对方对自己产生信任，对信用的累积非常有帮助。

2.8.2　区块链应用领域

区块链技术有为数众多的潜在应用领域，但绝大多数都还在发展初期，其商业模式还要经历一个由试错到成熟的过程。2016 年 10 月，由工信部指导的中国区块链技术和产业发展论坛成立大会暨首届开发者大会发布了《中国区块链技术和应用发展白皮书》，促进了区块链技术在国内各领域应用蓬勃发展。目前，已有的区块链应用包括但不限于以下领域：

1. 艺术行业

Ascribe 是一个利用区块链技术给知识产权进行时间标记以及为艺术品和其他数字媒介创建可持续所有权结构的公司。若采用该公司提供的服务，艺术家们不仅可以使用区块链技术来声明所有权、发行可编号及限量版的作品，甚至可以保护任何类型数字形式的艺术品。此外，Ascribe 还提供了一个交易市场，供艺术家们在他们的网站上买卖作品，而无需任何中介服务。

2. 法律行业

Bitproof 是一家专门利用区块链技术进行文件验证的公司，它与一座专门培训软件工程师的学校(霍伯顿学校)合作，把学生们的学历证书放在区块链上，并重新定义了文凭和学生证书的处理和使用方式，使其成为世界上第一座使用区块链技术记录学历的学校。这一做法得到了一些招聘公司和绝大多数雇主的赞赏。

3. 数字资产发行行业

Colu 是首个允许其他企业发行数字资产的公司。它将各种资产“代币化”，这让许多人印象深刻。尽管免费的比特币钱包 Counerparty 也允许发行简单的代币，并且在其他钱包持有者之间进行交易，但 Colu 的代币具有更强大的功能。它可以设置各种状态和类型，能够脱离或者重新回到这个系统，并且当需要在区块链上存储的数据过大时，它还能够将数据存储在 BitTorrent 的网络上。

4. 房地产行业

在房地产行业，最常见的问题包括产权证书的有效性、交易资金的安全性、产权证书的转移等。区块链技术能够让整个产业链流程变得更加现代化，包括土地登记、代理中介、资金监管、产权证书过户等，解决人们在参与房地产交易过程产生的信任和纠纷等问题。

5. 物联网行业

将区块链用于物联网行业中，一种可能的应用场景为：通过 Transaction 产生对应的行为，为每一个设备分配地址，给该地址注入一定的费用，可以执行相关动作，从而达到物联网的应用。比如 PM2.5 监测点数据的获取，服务器的租赁，网络摄像头数据的调用，等等。另外，随着物联网设备的增多及缘计算需求的增加，需要采用分布式自组织的方式对大量设备进行管理，并且对容错性要求很高，而区块链所具有的分布式和抗攻击的特点可以很好地运用到这一场景中。

6. 物流供应链行业

物流供应链行业往往涉及诸多实体，包括物流、资金流、信息流等，这些实体之间存在大量复杂的协作和沟通。传统模式下，不同实体各自保存各自的供应链信息，严重缺乏透明度，造成了较高的时间成本和金钱成本，而且一旦出现问题，比如冒领、货物假冒等，就难以追查和处理。通过区块链各方可以建立一个透明可靠的统一信息平台，实时查看物流状态，降低物流成本，追溯物品的生产和运送整个过程，从而提高供应链管理的效率。比如，在物流运输环节，通过扫描二维码来证明货物到达指定区域，并自动收取提前约定的费用。发生纠纷时，举证和追查也变得更加清晰和容易。

7. 公共网络服务

互联网能正常运行，离不开很多近乎免费的网络服务，比如域名服务(DNS)。任何人都可以免费查询到域名，没有域名服务，各种网站就无法访问。因此，对于网络系统来说，类似的基础服务必须要能做到安全可靠，并且低成本。而区块链技术恰好具备这些特点，基于区块链打造的域名服务系统，将不再会出现各种错误的查询结果，并可以稳定可靠地提供服务。

8. 保险行业

国内多家保险公司纷纷开始介入区块链领域。人保、平安、阳光等保险公司已出手实践，新型互联网保险公司也选择先投入研究抢占先机。

区块链技术最大的技术特点是去中心化，链上的每一个节点都相互独立，在进行交易的时候不需要第三方权威机构的信任背书。区块链技术公开透明、安全可靠、智能合约的特点，可应用在保险销售、保险理赔、保险反欺诈环节，解决保险行业中欺诈猖獗、理赔效率低、销售人员道德风险等问题，为保险公司创造更大的利润空间，提高客户满意度，促进保险行业可持续健康发展。

9. 金融行业

区块链在金融行业最主要的应用是数字货币。数字货币是当前区块链技术最广泛、最成功的运用，颠覆了人类对货币的概念，可能改变人类使用货币的方式。但因为现有数字缺乏实际价值对应和国家背书，该领域也出现很多炒币乱象，引起各国央行关注。从长远来看，数字货币要发挥其优势，必须有国家或国际组织进行规范和背书，否则也是一把危险的双刃剑。除数字货币方面的应用，区块链在金融行业还可以用于支付清算、数字票据、银行征信管理、金融审计和反欺诈等很多方面。

2.8.3 区块链核心技术

区块链主要解决的是交易的信任和安全问题，因此它针对这个问题提出了以下四个技术创新：

1. 分布式账本

分布式账本是指交易记账由分布在不同地方的多个节点共同完成的，而且每一个节点都记录的是完整的账目，因此它们都可以参与监督交易，且具有合法性，同时也可以共同为其作证。

跟传统的分布式存储有所不同，区块链的分布式存储的独特性主要体现在两个方面：一是区块链每个节点都按照块链式结构存储完整的数据，传统分布式存储一般是将数据按照一定的规则分成多份进行存储的；二是区块链每个节点存储都是独立的、地位等同的，依靠共识机制保证存储的一致性，而传统分布式存储一般是通过中心节点往其他备份节点同步数据。

由于分布式账本中没有任何一个节点可以单独记录账本数据，从而避免了单一记账人被控制或者被贿赂而记假账的可能性。也由于记账节点足够多，从理论上讲，除非所有的节点都被破坏，否则，账目就不会丢失，从而保证了账目数据的安全性。

2．非对称加密和授权技术

非对称加密和授权技术，即存储在区块链上的交易信息是公开的，但是账户身份信息是高度加密的，只有在数据拥有者授权的情况下才能访问到，从而保证了数据的安全和个人的隐私。

3．共识机制

共识机制就是所有记账节点之间怎样达成共识，去认定一个记录的有效性，这既是认定的手段，也是防止篡改的手段。区块链提出了四种不同的共识机制，适用于不同的应用场景，在效率和安全性之间取得平衡。

区块链的共识机制具备"少数服从多数"以及"人人平等"的特点，其中"少数服从多数"并不完全指节点个数，也可以是计算能力、股权数或者其他的计算机可以比较的特征量。"人人平等"是当节点满足条件时，所有节点都有权优先提出共识结果、直接被其他节点认同后并最后有可能成为最终共识结果。

以比特币为例，它采用的是工作量证明，只有在控制了全网超过51%的记账节点的情况下，才有可能伪造出一条不存在的记录，即当加入区块链的节点足够多，但这基本上不可能，从而杜绝了造假的可能。

4．智能合约

智能合约是基于这些可信的不可篡改的数据，可以自动化地执行一些预先定义好的规则和条款。以保险为例，如果说每个人的信息(包括医疗信息和风险发生的信息)都是真实可信的，那就很容易地在一些标准化的保险产品中进行自动化的理赔。

思考与练习题

1．简述 TCP/IP 模型，IPv4 与 IPv6 有何区别？
2．什么是卫星定位？什么是 GIS 地图？它们对于移动互联网产品有何作用？
3．什么是云计算？云计算分哪几种类型？
4．什么是大数据？它有哪些特征？
5．什么是物联网？简述物联网的体系架构。
6．什么是人工智能？

第三章 移动互联网产品商业模式

商业模式直接关系到一个产品投入市场后能否为企业产生利润这一重大投资问题，是产品策划与设计最关键内容之一。当前社会已经全面进入移动互联网时代，各种信息技术日益普及，互联网思维已经成为共识，社会经济运转方式日新月异。随之而来，作为经济运行主体的企业，其商业模式也同时面临着空前的挑战和机遇，商业模式创新直接影响到企业发展甚至生存。

3.1 商业模式概念与原理

3.1.1 商业模式概念

商业模式是指企业对各种资源组织进行组织和管理，生产出产品或形成服务能力，以直接或间接方式提供给消费者，从而获得收入，以弥补生产或服务成本，并获得企业利润的方式。360 公司的创始人周鸿祎也对商业模式做了进一步分析，提出"没有用户价值，莫说商业模式"。他认为，商业模式至少包含了四方面的内容：产品模式、用户模式、推广模式，最后才是盈利模式。一句话，商业模式是创业者能提供一个什么样的产品，给什么样的用户创造什么样的价值，在创造用户价值的过程中，用什么样的方法获得商业价值的一整套商业管理与运作方式。

1. 产品模式

产品模式也即创业者提供了一个什么样的产品。真正能在互联网里发展起来的公司，都是产品驱动型的公司。所有的商业模式都要建立在产品模式的基础之上。没有了产品和对用户的思考，公司不可能发展起来，也走不了多远。所以，创业者提供的产品是什么？能为用户创造什么样的价值？创业者的产品解决了哪一类用户的什么问题？能不能把贵的产品变成便宜的，甚至是免费的？能不能把复杂的产品变成简单的？这是任何一个创业者在回答商业模式的时候，首先要考虑的问题。

2. 用户模式

用户模式即创业者一定要找到对自己的产品需求最强烈的目标用户，如果说自己的产品是普世的产品，是放之四海而皆准的产品，这说明创业者没有经过认真的思考。

举个例子，最近到美国纳斯达克上市的"YY"应用软件是一款语音聊天工具，刚起步的时候，它瞄准的是游戏工会，这些人要玩游戏，要对战，手忙脚乱地操作键盘和鼠标，就没有时间打字。而且，游戏对战中的沟通不是一对一聊天，是多对多的团队协作。因此，"YY"就开发出了这种语音聊天工具帮助这些游戏工会的人，这些人是产品感受最强、需求最强的一批用户。

另一个例子是 UC 手机浏览器。最初 UC 浏览器是一个 WAP 浏览器，当时手机流量的使用费很贵，网速慢、资费高，对于使用 WAP 方式上网的用户，流量是他们心中的痛。UC 浏览器主要针对这部分人群，不仅解决了这些人的上网浏览问题，还解决了节约流量上网问题。这是 UC 浏览器长期主打的诉求，而且由此建立了口碑。这就是用户模式。

3. 推广模式

推广模式也就是说创业者通过什么样的方式能够到达自己的目标用户群。在中国，永远不要相信"酒香不怕巷子深"。如果只靠自然的口碑，即使产品做得再好，还没接触到大多数目标用户，就可能已被互联网巨头模仿和捆绑，导致产品最终退出市场。

提到推广，很多人首先想到的就是花钱，但花很多钱的推广未必是好的模式。产品好，但是没有钱去推广，创业者可能就会逼着自己想很多法子，所以很多公司在推广模式上的创新都是被逼出来的。一旦有了融资，钱多了，无论换谁来做市场总监，只要给他足够多的钱，他都能想到拿钱在各种媒介作推广。而且往往这样做会给人带来错误的判断，让人产生错觉，以为"一推就灵"，从而不再研究用户需求，不再重视产品的体验，这其实是最危险的。

简单的用钱开发市场不叫推广模式，真正的推广模式是要根据创业者的用户群，根据自己的产品，去设计相应的推广方法。判断是不是真正的推广，最简单的标准是撤掉推广资源，不再投钱，看产品的用户量是不是往下掉。如果用户量迅速掉了下来，说明这个推广无效，产品肯定存在问题。

4. 盈利模式

盈利模式，就是在获得巨大用户基数的前提下考虑怎样来获取收入。商业计划书中会提到收入模式，但这并不是一成不变的，在企业的发展过程中，收入模式往往需要不断调整，有时甚至也要靠时机和运气。

比如，Google 的两个天才创始人做搜索引擎，好几年找不到赚钱的方法，只能通过给雅虎这样的门户网站提供搜索技术服务勉强赚点糊口费，直到搜索引擎付费点击模式的鼻祖——overture 横空出世。如果把 Google 看做是媒体，那么 overture 就是精细化广告代理公司。随后雅虎收购了 overture，并将其整合入雅虎搜索中，Google 的 AdWords 借鉴了 overture 的付费点击模式，形成了搜索引擎的商业模式。所以对创业者来说，只一味地谈论收入模式、谈论如何赚钱，是最没有前途和意义的。

所以，在互联网里，创业者如果志向远大，而不只是贪图眼前的利益，那他一定得知道商业模式的本质到底是什么，需要从 Google 的故事里学会一个道理，即没有用户价值，就没有商业价值。

3.1.2 商业模式原理

商业模式可以简化为如图 3-1 所示的一个由产品、销售渠道和市场三要素构成的闭环系统。

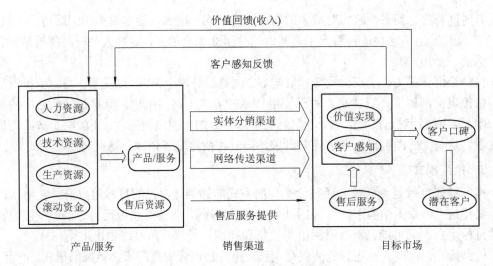

图 3-1 商业模式模型示意图

产品生产是指企业对人力资源、技术资源、生产资源、流动资金和售后等资源进行组织和管理，进而生产出产品/服务的一个过程。服务本质上是一种特殊形式的产品。

产品或服务通过分销、直销等渠道，以商品方式销售给最终客户，这样一个销售赖以实现的渠道，就是销售渠道。商品的销售过程包含了商品信息传播和商品实体流通两个前后关联的过程。

目标市场则是产品或服务所设定的目标用户集合。用户购买商品或服务，获得使用价值，并向企业支付费用，形成企业的收入，用于抵消各种生产成本及实现企业利润。

若要商业模式这一闭环系统可持续运行，必须使价值回馈(收入)大于提供产品或服务的成本加上渠道成本，否则系统很快就会因为资源枯竭而崩溃。从企业实际运营角度来看，也就意味着这一商业模式无法实现盈利，是失败的商业模式。当然，在产品研发及推广前期，阶段性的收入小于投入是合理的。

面对不断变化的环境，商业模式必须不断创新，才能保持健康持续的运行。商业模式创新，就是运用新理念、新技术，对原有商业模式中的一个或多个环节进行优化改造，降低运行成本，提高运行效率，实现最大化的投入产出比。

3.1.3 移动互联网产品商业模式特点

在当前的移动互联网时代，互联网、卫星定位、物联网、虚拟现实、云计算、大数据、人工智能、区块链等新技术全面爆发，为商业模式创新提供了全新的手段，而以开放、包容、分享、跨界、资源整合、合作共赢为特征的互联网思维，则为商业模式创新提供了全新的指向。

1. 互联网使产品得以迅速、大规模宣传

从商业模式角度来看，只有当产品信息通过各种方式宣传给用户，用户了解了产品的功能和性能后，购买行为才可能产生。传统的宣传方式包括报纸广告、广播电视广告、街面广告、宣传单页、产品推介会、上门推销等。而互联网作为一种先进的新媒体，为产品的迅速、大规模宣传推广提供了强大的新型工具。企业可以利用各种互联网入口或者微信

公众号，实现产品信息的迅速、大规模宣传。再利用大数据技术，进一步提高宣传推广的定向性和精准性。

2．互联网平台使商品和信息的交换高效便捷

传统上，商品销售以直销、分销或集市等线下方式进行。这种方式的优点是买、卖双方直接见面，互信度和对商品的可鉴别性均较高；缺点是难以摆脱对于交易场所、时间和规模的限制。而互联网平台则是对传统销售模式的革命性突破，互联网平台包括各种电商平台、视讯平台、中介平台、交流平台、设计平台、代维平台等，为设计者、生产者、消费者、仓储与物流业者之间的信息流、实物流、资金流提供了一个便捷的网络化交易场所。

3．卫星定位、物联网和大数据为深度分析市场提供强大工具

我国互联网用户当前已经达到人口数量的半数以上，通过对互联网用户上网行为特征进行深度分析，了解其兴趣爱好、消费习惯，可以极大提高产品设计的针对性，提高广告投送的精准性。卫星定位、物联网和大数据为这一分析提供了手段，如百度、高德导航、手环、车联网等，都可以精确定位用户的位置和运动轨迹。而大数据技术则是对海量互联网访问数据、购物数据等进行深度挖掘，分析其用户行为特征的强大的工具。

4．云计算助推传统业务和服务平台化

对于软件产品、影视、中介服务等非实体化的产品和服务，平台化可以极大提高企业与商家提供产品与服务的效率，降低产品或服务的提供成本，进而降低用户使用门槛。需要注意的是，影视产品、中介服务因所提供内容的重复性，平台化程度比较高，而软件产品则因用户需求个性化较强，在平台化之前需要先做充分的市场细分，使平台化产品有更多可定制、可选配的选项。

5．虚拟现实、机器人、人工智能成为产品创新的技术核心

虚拟现实、机器人、智能设备等也是当前的热点，它们不仅作为一大批创新产品的技术核心，如 3D 头盔、家庭机器人、会展机器人等，而且迅速向传统产品渗透，对传统产品进行突破性改造，如产品设计仿真、产品展示、工业机器人、智能机床、无人机、无人潜航器、自动驾驶汽车、智能仪器仪表，智能工程机械，等等。

6．互联网思维打开了思想禁锢和企业无形的围墙

互联网思维是伴随着互联网的兴起，以开放、包容、分享、跨界、资源整合、合作共赢等为核心理念的一种思维方式。互联网思维打开了传统商业模式的禁锢，推倒了传统企业架构无形却坚厚的围墙，打开了企业进入更广阔领域的大门。

"开放"是指打破原有的思想和组织架构的藩篱，打开内外部思想、知识和资源交流的通道。

"包容"是指能接纳不同思想观念、思维方式、不同见解、不同知识背景的个人或团队，兼收并蓄，取长补短，催生新的灵感。

"分享"是指把自己的知识、经验和各种资源拿出来让他人共用，更大限度地发挥其作用。

"跨界"是指发挥企业在原来领域的经验、资源等优势，进入与原有产品或业务迥然不同的行业，以在新行业取得不对等优势。

"资源整合"是指整合各家企业和个人资源，使资源发挥的作用极大化，从而在微观层面提高整个社会的资源配置效率。

"合作共赢"是指让合作伙伴分享合作中产生的利益，只有员工、上下游合作伙伴、客户、社会都受益了，合作及产生的利益才能够持久。

3.2 电商平台商业模式分类

电子商务的线上购物模式对于传统线下购物模式的大规模替代，是移动互联网时代商贸领域最令人印象深刻、影响也最为深远的事件。不仅实物形态的线上购物有赖于电商平台，而且非实物的信息形态的知识、内容以及服务也要通过电商平台来实现线上提供。目前，电商平台的形态已演化出多种形态，比较常见的商业模式有 B2B、B2C、O2O、C2C、P2P 等几种。

3.2.1 B2B 模式

B2B(Business to Business)模式是企业对企业的商业关系，其平台模式如图 3-2 所示。电子商务是现代 B2B 模式的一种重要表现形式，它将企业自身业务通过 B2B 网站与客户联结起来，通过网络的快速反应，为客户提供更好的服务，从而促进企业的业务发展。

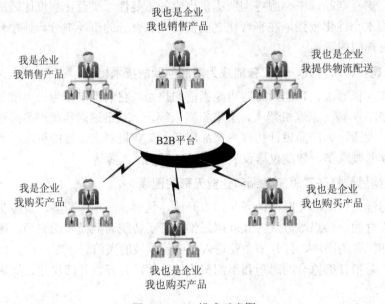

图 3-2 B2B 模式示意图

1. 类型

B2B 模式可细分为以下四种：

1) 垂直 B2B

垂直 B2B 可以分为上游和下游两个方向。生产商或商业零售商可以与上游的供应商之间建立供货关系，比如电脑制造商与上游的芯片和主板制造商就是通过这种方式进行合作的。生产商与下游的经销商可以建立销货关系，比如电脑制造商与其分销商之间进行的交易。

2) 水平 B2B

水平 B2B 将各个行业中相近的交易过程集中到一个场所，为企业的采购方和供应方提供了一个交易的机会。

3) 自建 B2B

行业龙头企业自建 B2B 模式是指大型行业龙头企业基于自身的信息化建设程度，搭建的以自身产品供应链为核心的行业化电商平台。行业龙头企业通过自身的电商平台，串联起行业整条产业链，供应链上下游企业通过该平台实现资讯、沟通、交易。

4) 关联行业 B2B

关联行业 B2B 是指相关行业为了提升电子商务交易平台信息的广泛程度和准确性，整合综合 B2B 模式和垂直 B2B 模式而建立起来的跨行业电商平台。

2．盈利模式

B2B 模式的盈利模式有以下七种：

1) 会员费

企业通过第三方电商平台参与电子商务交易，必须注册为 B2B 网站会员，每年要交纳一定的会员费，才能享受网站提供的各种服务。目前会员费已成为我国 B2B 网站最主要的收入来源。比如阿里巴巴网站收取中国供应商、诚信通两种会员费。

2) 广告费

网络广告是门户网站的主要盈利来源，同时也是 B2B 电子商务网站的主要收入来源。阿里巴巴网站的广告根据其在首页的位置及广告类型来收费。中国化工网有弹出广告、漂浮广告、BANNER 广告、文字广告等多种表现形式可供用户选择。TOXUE 外贸网也主要以出售广告位的形式来盈利。

3) 竞价排名

企业为了促进产品的销售，都希望在 B2B 网站的信息搜索平台中自己的排名能靠前，而网站在确保信息准确的基础上，根据会员交费的不同对排名顺序作相应的调整。阿里巴巴的竞价排名是诚信通会员专享的搜索排名服务，当买家在阿里巴巴搜索供应信息时，竞价企业的信息将排在搜索结果的前三位，被买家第一时间找到。中国化工网的化工搜索是建立在全球最大的化工网站上的化工专业搜索平台，对全球近 20 万个化工及化工相关网站进行搜索，搜录的网页总数达 5000 万，同时采用搜索竞价排名方式来确定企业排名顺序。

4) 增值服务

B2B 网站除了为企业提供贸易供求信息以外，还会提供一些增值服务，包括企业认证，独立域名，提供行业数据分析报告，搜索引擎优化等。像现货认证就是针对电子这个行业提供的一个特殊的增值服务，因为通常电子采购商比较重视库存这一问题。另外针对电子型号做的谷歌排名推广服务，就是搜索引擎优化的一种表现方式。

5) 线下服务

线下服务主要包括展会、期刊、研讨会等。通过展会，供应商和采购商面对面地交流，中小企业一般比较青睐这种方式。而期刊中的内容主要是关于行业资讯等信息，也可以植入广告。

6) 联盟合作

联盟合作包括广告联盟、行业协会合作、传统媒体的合作等。广告联盟通常是网络广告联盟，亚马逊通过这个方式已经取得了不错的成效，国内百度联盟在这方面也做得比较成熟。

7) 按询盘付费

尽管 B2B 市场发展势头良好，但 B2B 市场还是存在发育不成熟的一面。这种不成熟表现在 B2B 交易的许多先天性交易优势，比如在线价格协商和在线协作等还没有充分发挥出来。因此传统的按年收费模式，越来越受到按询盘付费平台的冲击。区别于传统的会员包年付费模式，按询盘付费模式是指从事国际贸易的企业不是按照时间来付费，而是按照海外推广带来的实际效果，也就是海外买家实际的有效询盘来付费的。其中询盘是否有效，主动权掌握在消费者手中，由消费者自行判断来决定是否消费。

"按询盘付费"有四大特点：零首付、零风险；主动权、消费权；免费推、针对广；及时付、便利大。因此，广大企业不用冒着"投入几万元、十几万，一年都收不回成本"的风险，零投入就可享受免费全球推广，成功获得有效询盘后，辨认询盘的真实性和有效性后，只需在线支付单条询盘价格，就可以获得与海外买家直接谈判成单的机会，主动权完全掌握在供应商手里。

3．优势

B2B 模式的优势主要体现在以下四个方面：

1) 采购成本低

企业通过与供应商建立企业间电子商务关系，实现网上自动采购，可以减少双方为进行交易投入的人力、物力和财力。另外，采购方企业可以通过整合企业内部的采购体系，统一向供应商采购，实现批量采购的优惠折扣。

2) 库存成本低

企业通过与上游的供应商和下游的顾客建立企业间电子商务系统，实现以销定产、以产定供，实现物流的高效运转和统一，最大限度控制库存。企业通过允许顾客网上订货，实现企业业务流程的高效运转，大大降低库存成本。

3) 周转时间短

企业还可以通过与供应商和顾客建立统一的电子商务系统，实现企业的供应商与企业的顾客直接沟通和交易，减少周转环节。如波音公司的零配件是从供应商采购的，而这些零配件很大一部分是满足它的顾客航空公司维修飞机时使用。为减少中间的周转环节，波音公司通过建立电子商务网站实现波音公司的供应商与顾客之间的直接沟通，大大减少了零配件的周转时间。

4) 市场机会大

企业通过与潜在的客户建立网上商务关系，可以覆盖原来难以通过传统渠道覆盖的市场，增加企业的市场机会。如 Dell 公司通过网上直销，有 20% 的新客户来自于中小企业，通过与这些企业建立企业间的电子商务，大大降低了双方的交易费用，增加了中小企业客户网上采购的利益动力。

4．存在的问题

尽管 B2B 模式优势明显，但也存在一些问题，具体体现在以下几个方面：

(1) 盈利模式和销售方式相对单一。

B2B 电商平台只有让企业加入会员、购买广告和关键词、发布信息，才能获得收益。采用线下交易，则更加真实、安全。尽管线上价格更具优势，但企业经常采用线上询价线下采购的模式。此外，由于交易批量大，企业依然担心网络交易的安全、诚信问题，比如发票、质量、售后、合同等问题。

(2) 为恶性价格战提供了更直接的战场。

国内大多 B2B 平台其供应商数量大大超过了求购商数量，各供应商竞相压低价格来获得订单。对于中小企业来说，恶性价格战导致企业利润降低。而同时，随着国内劳动力和原材料成本的增加，利润越来越低，很多中小企业开始遭遇资金问题，不得不再探索其他得以生存的途径，慢慢放弃 B2B 这个平台。

(3) 同质化竞争严重。

几乎所有的 B2B 都停留在企业建站、广告展示合作等最浅层次的商业信息交流层面，但是，面对强大的阿里巴巴，用同样的商业模式去和它竞争，简直是拿鸡蛋碰石头。同时，夸大的宣传与不负责任的承诺，并未真正给有实力的企业带来销售收入，最终让卖家客户对 B2B 失去信心和信任，彻底离开平台。

(4) 诚信缺失。

伴随着 B2B 的快速发展，合同诈骗、假冒伪劣、拖欠货款、虚假交易等信用问题不断出现，严重影响着 B2B 电子商务行业的快速、健康发展。

5．解决思路

对 B2B 模式存在问题的分析可知，可以从两个方面考虑来解决相关问题：

1) 降低线下费用

作为卖家，开展一切商业活动都是为了获得利润，利润主要来自于获得更多的订单和降低成本。在人力和原材料成本不断增长的前提下，降低成本则可以通过减少经营成本来实现。传统 B2B 平台上的交易活动，当买卖双方确认订单后，会在线下签订合同，这将会给企业带来一笔开销，从而增加交易成本。因此，探索如何可以在线有效缔约，将可以帮助企业省下这笔线下签约费用。《中华人民共和国电子签名法》明确规定："可靠的电子签名与手写签名或者盖章具有同等的法律效力"。CA 买卖网领先行业提供国内首创的在线电子合同功能，使企业用户在线可以和商业伙伴签署与线下纸质合同具有同等法律效力的网上采购和网上销售的电子合同。

2) 增强交易诚信

从法律角度上看，认证机构(CA)扮演着一个对买卖双方签约、履约的监督管理角色，买卖双方都有义务接受认证中心的监督管理。CA 数字证书用户资质都是经政府授权权威电子认证部门严格审核后签发的，用户的身份被法律所认可。在电子商务发展中，企业需要一个交易双方都认可的、有声誉、有能力和中立的第三方安全认证机构来监督管理，确保整个交易过程的安全进行。

解决诚信问题需从源头抓起，在企业认证方面把好关，务必保证平台企业用户身份、资信认定的准确、可靠。电子商务认证机构(CA)就是承担网上安全电子交易认证服务、能签发数字证书、并能确认用户身份的服务机构，在整个电子商务交易过程包括电子支付过程中，认证机构都有着不可替代的地位和作用。

3.2.2 B2C 模式

B2C(Business to Customer)是企业对消费者的电子商务模式，其平台模式如图 3-3 所示。B2C 一般以网络零售业为主，主要借助于互联网开展在线销售活动。B2C 模式是我国最早产生的电子商务模式，目前淘宝、京东开展的主要业务就是 B2C 方式。B2C 即企业通过互联网为消费者提供一个新型的购物环境，消费者通过网络在网上购物、在网上支付。

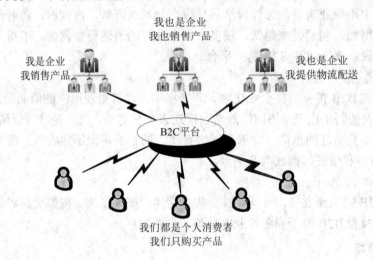

图 3-3 B2C 模式示意图

这种模式节省了客户和企业的时间和空间，大大提高了交易效率，特别是对于工作忙碌的上班族，这种模式可以为其节省宝贵的时间。目前 B2C 电子商务的付款方式是货到付款与网上支付相结合，而大多数企业的配送选择物流外包方式以节约运营成本。

随着用户消费习惯的改变以及优秀企业示范效应的促进，网上购物方式迅速普及，网购已经成为可以与线下零售并驾齐驱的销售模式，也是消费者日常采购主要的购物途径之一。淘宝、天猫、京东等这些 B2C 电商平台已经成为最重要的线上零售渠道，甚至已经将业务延伸到了境外。

1. 类型

B2C 模式又可细分为以下三种：

1) 垂直型

垂直型 B2C 主要有两大特点："专"和"深"。"专"是指集中全部力量打造专业性信息平台，包括以行业为特色或以国际服务为特色；"深"是指此类平台具备独特的专业性质，在不断探索中将会产生许多深入且独具特色的服务内容与盈利模式。据此，垂直型 B2C 主要走的将是专业化的品牌经营之路。

垂直型 B2C 的优势具体表现在以下三个方面：首先，在垂直细分领域做出自己的特色，形成品牌效应，可以满足那些看重品牌的消费者；其次，产品和服务的专业化，垂直型 B2C 在产品的划分上具有单一特性，有助于产品和服务的细分，通过精耕细作，更能抓住用户的心；再次，垂直型 B2C 的物流管理更加高效、便捷，可以满足消费者对快捷服务的要求。

随着电子商务的不断发展，物流逐渐成为电子商务的一大短板，垂直型 B2C 的高效、便捷的物流管理有助于其进一步的发展壮大。相比优势之下，垂直型 B2C 网站的劣势也是不容忽视的：过于专业化，将产品定位于某类或者某几类产品，这样就限制了网站的盈利范围；走品牌性的经营之路，虽说这样能不同程度地满足消费者的品牌爱好，但这样也往往使得目标群体过于狭窄；若产品和服务定位不精准或者没有精耕细作，很容易使网站发展限于死胡同，比如说知名度有了，但是无法形成品牌的力量。

凡客诚品、乐淘、好乐买、华为、小米的手机销售平台、一些特色农产品销售平台等都是成绩斐然的垂直 B2C 网站，其均得益于发展目标的专一，专注一行的特点。

2) 综合型

综合型 B2C 也可以称为自营百货零售型 B2C。以 360buy 京东商城为例，目前，京东商城是国内规模最大的综合型 B2C 电子商务企业，其特点是产品线结构非常丰富，拥有广泛的、忠诚的注册用户，以及众多的合作供应商，拥有更有竞争力的价格和逐渐完善的自有物流体系等优势。京东商城接连受到国际著名风险投资基金的青睐，说明了具有战略眼光的投资人对综合型 B2C 的美好前景的认可。从中国 B2C 发展趋势来看，综合型 B2C 具有更快的发展速度和更广阔的发展前景。

京东商城、卓越亚马逊、当当网等网站从垂直型成功转型为综合型网站验证了国内 B2C 电子商务发展的趋势。众多垂直型网站转型的原因无外乎以下几个方面：

(1) 经过多年的发展，垂直型网站用户规模不断扩大，已经有能力扩展到其他行业；

(2) 网站的发展在于创造用户和满足用户需求，转型为综合型网站可以更好地满足用户不同的需求，提供一站式的产品和服务，能够更好地留住用户的心、培养用户的忠诚度；

(3) 扩展到其他产品线，增加收入渠道进而打"组合拳"，可以获得更多的利润。总的来说，追求利润是垂直型 B2C 网站转型的根本原因。

综合型 B2C 网站在满足用户不同需求的优势之下，其劣势也是明显的。综合型 B2C 网站商品种类繁多，需要与众多的供应商、制造商合作，其运营成本必然要剧增，仓储能力与客服等工作压力也会随之出现，物流亦成为综合商城的一大瓶颈。目前，综合型 B2C 网站需要用更多精力来应对各种挑战。

3) 平台型

平台型 B2C，即由专业的电子商务平台开发商或运营商建设电子商务平台，多个买方和多个卖方通过这个集认证、付费、安全、客服和渠道于一体的统一平台为其提供相关服务完成交易的商业模式。平台型 B2C 在发展过程中必须做到以下几点：

第一，提升用户体验，实现无忧购物；

第二，完善商家服务体系，不仅要将商家请进来，还必须帮助商家活下来，并活得精彩；

第三，提升营销体系，从单一的打折促销提升到多样化的整合营销；

第四，帮助在平台上成长起来的自主品牌，真正地成长为网购品牌。

由"淘宝商城"更名而来的"天猫"是平台型 B2C 的一个典型代表。天猫整合数千家品牌商、生产商，为商家和消费者之间提供一站式解决方案。天猫本身不从事买卖交易业务，只是吸引企业和消费者参与，为二者的网上交易提供配套服务以支持交易安全快捷地达成。天猫作为阿里巴巴集团电子商务生态圈中重要的一环，坚持开放 B2C 平台战略，依托更好的产品和服务，提升满足消费者日益变化需求的能力，能够为商家提供高效低成本的通路和创造长期价值。天猫作为独立的第三方交易平台具有技术框架布局和系统平台维护方面的明显优势，已经成为那些没有资金和实力建设自己网上平台的中小企业"触网"的首选。

相对于垂直型 B2C 和综合型 B2C，中小企业在人力、物力、财力有限的情况下，采用第三方平台不失为一种拓宽网上销售渠道的好方法。其关键是首先中小企业要选择具有较高知名度、点击率和流量的第三方平台；其次要聘请懂得网络营销、熟悉网络应用、了解实体店运作的网店管理人员；再次是要以长远发展的眼光看待网络渠道，增加产品的类别，充分利用实体店的资源、既有的仓储系统、供应链体系以及物流配送体系发展网店。

平台型 B2C 还是存在以下两点不足：

(1) 与企业业务结合程度不深。第三方交易平台一般是从企业外部逐渐切入企业内部的，其结果必然是与企业的业务结合程度不够紧密，这是第三方交易平台的一个主要瓶颈。

(2) 信用成本高。本来交易双方就存在信用问题，而第三方介入又使得平台本身和交易方存在信用问题。

2．盈利模式

B2C 盈利模式很大程度上是由 B2C 平台商的运营模式决定的，不同的运营模式，其盈利模式是不同的。一般来说，我国 B2C 平台的盈利模式主要有以下几种：

1) 产品销售

企业 B2C 平台的商品与服务交易的收入是大多数企业 B2C 平台的主要盈利来源，一般企业 B2C 平台的运营类型可分为平台式和销售式两种：

平台式 B2C 只为各企业商家提供 B2C 平台服务，通过收取虚拟店铺出租费、交易手续费、加盟费等来实现盈利。比如典型代表淘宝商城。B2C 网站为企业通过提供 B2C 店铺平台，收取加入网站平台的店铺费用，并根据企业店铺的需求提供不同的服务，收取不同的服务费和保证金。

销售式 B2C 平台，平台运营企业直接出售产品，以在平台上销售产品为主要盈利方式，需要自行开拓采购供应商渠道，并构建完整的仓储和物流配送体系或者发展第三方物流加盟商，还要满足消费者购买产品后的物流配送服务。这种方式下，打折优惠是吸引消费者的最佳方式，低廉的价格能够吸引客户，提高点击率，使访问量持续攀升，交易也会增加。

2) 广告

网络广告盈利不仅是互联网经济的常规收益模式，也是几乎所有电商平台的主要盈利来源。B2C 平台提供弹出广告、BANNER 广告、漂浮广告、文字广告等多种表现形式的服务。相对于传统媒体来说，在 B2C 平台上投放广告其独特的优势在于：首先，投放效率较高，投放成本与实际点击效果直接勾连；其次，可以充分利用网站自身提供的产品或服务的不同来对消费群体进行分类，这一点对广告主的吸引力也是很大的。

3) 会员费

大多数电子商务平台实施会员制，收取会员费是 B2C 平台主要的一种盈利模式。平台运营商根据不同的运营方式及平台提供的服务收取会员费用。B2C 平台提供的服务有：在线加盟注册程序、购买行为跟踪记录、在线销售统计资料查询及完善的信息保证等。会员数量在一定程度上决定了网站通过会员最终获得的收益。网站收益量的大小主要取决于自身的推广努力，可以举办一些优惠活动并给予收费会员更优惠的会员价，与免费会员形成差异，以吸引更多的长期顾客。

4) 间接收益

B2C 平台除了依靠自身提供的价值来获取利润外，还可以通过价值链的其他环节实现盈利，包括支付收益和物流等。

当 B2C 平台拥有了足够的用户后，就可以开始考虑通过其他方式来获取收入的问题。以淘宝为例，有近 90% 的淘宝用户通过支付，带给淘宝巨大的利润空间。淘宝不仅可以通过支付宝收取一定的交易服务费用，而且可以充分利用用户存款和支付时间差产生的巨额资金进行其他投资盈利。

我国 B2C 平台的交易规模已经达到数百亿元，由此产生的物流市场也很大。将物流纳为自身的服务，不仅能够占有物流的利润，还使得用户创造的价值得到增值。不过，物流行业与互联网信息服务有很大的差异，需要建立实体配送系统，而这需要有强大的资金做后盾。

5) 其他模式

除以上方式外，B2C 平台还可以通过提供咨询、中介、特许加盟、拍卖、产品租赁等多种方式来实现盈利。

3. 发展策略

当前，提高 B2C 商业模式运营水平主要可以从提升用户价值和用户体验、降低物流成本、强化商品质量保证三个方面着手。

(1) 提升用户价值和用户体验。

在满足用户不同需求方面，垂直型 B2C 可能不如综合型 B2C，但是由于二者定位不同，因此并不存在孰优孰劣的问题，但是垂直型 B2C 存在着向综合型 B2C 发展的趋势。垂直型 B2C 在转型为综合型 B2C 的过程中一定要符合企业的发展方向，在迎合需求的同时也要创造需求，这需要花费大量精力应对转型过程中遇到的各种挑战。否则，很可能失去自己的特色与优势，造成品牌价值模糊甚至客户流失的尴尬。综合型 B2C 在发展壮大过程中势必要开放平台，进而走向平台型 B2C 之路，京东商城目前初步试行的自营模式和平台模式即为一个尝试。

(2) 降低物流成本。

在 B2C 模式中，"库存和物流"是除产品本身成本外最主要的成本构成。因此，降低这两部分成本有以下一些途径：

一是增加信息类产品销售。信息类产品，如影视、文学作品、文创作品、在线培训、软件等，可以通过互联网络实现产品的宣传、销售及产品送达等，不需要库存和物流，可以极大降低传统线下模式中的中间交易成本。这些中间交易成本中就包含了相当的库存和物流成本，比如传统上影视作品都是承载在 VCD、DVD 或 U 盘这种介质上的，自然需要库存和物流。

二是整合库存和物流资源。目前，专门从事物流、快递业务的公司已经非常多，比如顺丰、圆通、韵达、天天快递等。这些公司自己的主要业务不含 B2C，因此可以面向所有电商平台承担其库存和物流业务，有利于整合库存资源，提高物流快递资源的利用效率。而像阿里巴巴、京东这种大型 B2C 平台，也在各个区域中心建立了自己的仓库，以便更好地实现就近配送，降低库存和物流成本。

三是探索新的物流方式。除了传统的配送模式，目前有实力的平台公司还在积极探索新的物流配送方式，主要包括无人机配送、社区货柜等方式。还有的平台公司在探索与传统物业的合作，降低所谓"最后一百米"的成本。随着劳动力成本的不断上升及国家对快递业务的不断规范化和标准化，单纯依靠廉价劳动力进行投送的模式行之不远，物流业末端的改革创新势在必行。

(3) 强化商品质量保证。

电商不同于线下购物，用户对于产品的感知完全依靠网上的文字介绍和图片视频等来实现，缺乏对于商品质地、性能、实际外观的体验，特别是对于商品的真伪、农产品的品质等难以辨别。实际上，产品质量已经成为电商平台最受用户诟病的地方，也是电商平台存在的最大的风险。

因此，平台商一定要不断完善线上商品的质量保证，从进入门槛、产品溯源等方面建立一套强而有力的体系，不断提升质量控制水平和技术手段。

3.2.3　O2O 模式

O2O(Online To Offline)营销模式又称离线商务模式，是指线上营销线上购买带动线下经营和线下消费，其平台模式如图 3-4 所示。O2O 通过打折、提供信息、服务预订等方式，把线下商店的消息推送给互联网用户，从而将他们转换为自己的线下客户，特别适合必须到店消费的商品和服务。线下是根基，线上是驱动，相对来讲，线下企业的机会更大。

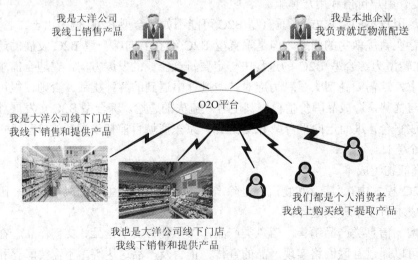

图 3-4　O2O 模式示意图

目前线上零售在社会消费品零售总额中的占比还相对较低，更大的体量在线下，且规模化零售企业绝大多数是线下企业；另一方面，线上企业在数据和流量上面虽然有优势，但是在供应链、服务、体验等方面的短板很难克服，而线下企业特别是品牌价值较高的企业，由于线下业务已经将塑造品牌的成本分摊掉，在与线上渠道融合的过程中可以获得低成本流量，成为增量业务。

1. O2O 模式产生的背景

随着互联网的快速普及，B2B、B2C 模式迅速发展起来。在 B2B、B2C 模式下，买家在线拍下商品，卖家打包商品，找物流企业把订单发出，由物流快递人员把商品派送到买家手上，完成整个交易过程。虽然目前 B2B、B2C 模式已经发展得很成熟，也被人们普遍接受，但是线上消费也存在天然的弊端：一是对商品质感、性能等缺乏直接感受，对于商品的真伪更难以把控；二是很多商品适合于线下消费，如餐饮、健身、看电影和演出、美容美发等。因此，如何同时发挥线上商品信息易于让用户获取的优势和线下用户便于消费的优势，就称为一个具有巨大市场空间的需求。在此背景下，O2O 模式应运而生。

2. O2O 营销模式的优势

1) 对 O2O 用户的优势

对于 O2O 用户而言，不用出门，可以在线便捷地了解商家的信息及所提供服务的全面介绍，还有已消费客户对自己的评价也可以借鉴；能够通过网络直接在线咨询交流，减少客户的销售成本；还有在线购买服务，客户能获得比线下消费更便宜的价格。

2) 对实体供应商的优势

对于实体供应商而言，以互联网为媒介，利用其传输速度快，用户众多的特性，通过在线营销，增加了实体商家宣传的形式与机会，为线下实体店面降低了营销成本，大大提高了营销的效率，而且减少了店家对店面地理位置的依赖性；同时，实体店面增加了争取客源的渠道，有利于实体店面经营优化，提高自身的竞争。在线预付的方式方便实体商家直接统计在线推广效果及销售额，有利于实体商家合理规划经营。

具体而言，O2O 营销模式对实体供应商的优势主要体现在下述几个方面：

(1) 能够获得更多的宣传和展示机会，吸引更多新客户到店消费。

(2) 推广效果可查，每笔交易可跟踪。

(3) 掌握用户数据，大大提升对老客户的维护与营销效果。

(4) 通过与用户的沟通、释疑，更好地了解用户心理。

(5) 通过在线有效预订等方式，合理安排经营、节约成本。

(6) 对拉动新品、新店的消费更加快捷。

(7) 降低线下实体对黄金地段旺铺的依赖，大大减少租金支出。

3) 对 O2O 平台运营商的优势

而对于 O2O 平台运营商而言，一方面可以利用网络快速、便捷的特性，为用户带来日常生活实际所需的优惠信息，因此可以快速聚集大量的线上用户；另一方面为商家提供有效的宣传效应，以及可以定量统计的营销效果，因而可以吸引大量线下实体商家。巨大的广告收入及规模经济为网站运营商带来了更多盈利模式。

3. O2O 营销模式的核心

从表面上看，O2O 的关键似乎是网络上的信息发布，因为只有互联网才能把商家信息传播得更快、更远、更广，可以瞬间聚集强大的消费能力。但实际上，O2O 的核心在于在线支付，一旦没有在线支付功能，O2O 中的 online 不过是替他人做嫁衣罢了。就拿团购而言，如果没有能力提供在线支付，仅凭网购后的自家统计结果去和商家要钱，结果双方无法就实际购买的人数达成精确的统一而陷入纠纷。

在线支付不仅是支付本身的完成，也是某次消费得以最终形成的唯一标志，更是消费数据唯一可靠的考核标准。尤其是对提供 online 服务的互联网专业公司而言，只有用户在线上完成了支付，自身才可能从中获得效益，从而把准确的消费需求信息传递给 offline 的商业伙伴。无论 B2C，还是 C2C，均是在实现消费者能够在线支付后，才形成了完整的商业形态。而在以提供服务性消费为主，且不以广告收入为盈利模式的 O2O 中，在线支付更是举足轻重。

4. O2O 模式的多元化

创新工场 CEO 李开复在提及 O2O 模式时指出，"你如果不知道 O2O 至少知道团购，但团购只是冰山一角，只是第一步。"眼下仍旧风靡的团购，便是让消费者在线支付购买线下的商品和服务，再到线下去享受服务。然而，团购其实只是 O2O 模式中的初级商业方法，二者的区别在于，O2O 是网上商城，而团购是低折扣的临时性促销，对于商家来说，团购这种营销方法没有可持续性，很难变成长期的经营方法。不过，也正是团购的如火如荼，方才拉开了 O2O 商业模式的序幕。因此，实现线上虚拟经济与线下实体经济的融合，具有广阔的市场空间，与此同时，O2O 模式的发展也正在逐步展现其多元化的一面来。

3.2.4 C2C 模式

1. C2C 模式概念

C2C(Customer to Customer)模式指消费者与消费者之间的电子商务模式，其模式如图 3-5 所示。打个比方，比如一个消费者有一台旧电脑，通过网上拍卖，他把它卖给另外一个消费者，其特点类似于现实商务世界中的跳蚤市场。C2C 的构成要素除了包括买卖双方外，还包括电子交易平台供应商，也类似于现实中的跳蚤市场场地提供者和管理员。

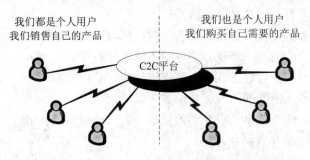

图 3-5 C2C 模式示意图

2. C2C 模式中平台供应商的作用

单纯从 C2C 模式本身来说，买卖双方只要能够进行交易，就有盈利的可能，该模式也就能够继续存在和发展。但事实上，在 C2C 模式中，平台供应商扮演着举足轻重的作用：

(1) 网络的范围如此广阔，如果没有一个知名的、受买卖双方信任的供应商提供平台，将买卖双方聚集在一起，那么双方单靠在网络上漫无目的地搜索是很难发现彼此的，并且也会失去很多的机会。

(2) 电子交易平台提供商往往还扮演监督和管理的职责，负责对买卖双方的诚信进行监督和管理，负责对交易行为进行监控，最大限度地避免欺诈等行为的发生，保障买卖双方的权益。

(3) 电子交易平台提供商还能够为买卖双方提供技术支持服务，包括帮助卖方建立个人店铺，发布产品信息，制定定价策略等；帮助买方比较和选择产品以及进行电子支付等。正是由于有了这样的技术支持，C2C 的模式才能够短时间内迅速为广大普通用户所接受。

(4) 随着 C2C 模式的不断成熟与发展，电子交易平台供应商还能够为买卖双方提供保险、借贷等金融类服务，更好地为买卖双方服务。

因此，在 C2C 模式中，电子交易平台提供商是至关重要的一个角色，它直接影响这个商务模式存在的前提和基础。

3. 中国 C2C 模式发展存在的问题

C2C 模式虽然具有很大的发展潜力，但是它仍然面临许多问题，并且，这些问题如果不能得到妥善的解决，将可能影响和制约 C2C 电子商务的发展。

1) 法律制度完善

网上交易、电子商务都是近几年才出现的新鲜事物，各国都在积极探讨制定合适的法律来规范电子商务的行为。而目前，由于法律的不完善，不仅使参与网上交易的个人、企业的权益得不到保障，更会使网上拍卖成为一种新的销赃手段。

2) 交易信用与风险控制

互联网跨越了地域的局限，把全球变成一个巨大的"地摊"，而互联网的虚拟性决定了 C2C 的交易风险更加难以控制。同样以易趣为例，根据统计，在其每二万五千件交易中就会发生一起诈骗案件。网络诈骗在 C2C 方面已经到了比较严重的地步。这时，电子交易平台提供商必须扮演主导地位，必须建立起一套合理的交易机制，一套有利于交易在线达成的机制。

3) 在线支付方式

目前，从网站上的交易来看，B2C 只有不到 20% 是通过网上支付实现的，货到付款几乎占据 80% 以上。而 C2C 的网上支付比例就更低了，就目前而言，买卖双方通过网下直接面对面交易是主流，电子交易平台供应商根本无法对交易进行控制。如果说通过网上支付进行交易，网站收取交易佣金不存在太多障碍的话，从网下交易中收取佣金的可能性就不大了。这主要是因为目前国内信用卡用户规模还不大，而且国内的金融结算体系还不能完全适应电子商务的要求，其安全性不够，没有完备的认证体系，无法消除用户对交易安全性的顾虑。

4) 国人的消费习惯有待改变和培养

电子商务在中国出现的时间毕竟只有短短数年，除了受过专业教育的白领、乐于尝试新鲜事物的年轻人，其他并非所有人都愿意接受在线购物的消费方式，并且，国人的计算机使用能力和水平也制约了 C2C 电子商务的发展。这些都需要时间来对消费者进行培训，对市场进行培养。

5) 国人的经济实力

不可否认，我国平均经济水平仍然不高，国人手中真正有较高的利用价值的二手商品并不多。纵观易趣网站，很大一部分是商家借这个平台在推销其产品，包括全新的、翻新的、水货甚至假货，等等。而由于经济水平不高，即便是二手货物，在网上的报价依然很高，完全没有体现出二手物品的价格优势。不高的性价比，让很多人对二手货物失去兴趣。这些直接影响了国内 C2C 市场的进一步健康发展。

4．中国 C2C 发展前景分析

C2C 电子商务模式在中国会有很大的发展空间，有中国庞大的用户群作基础，中国的 C2C 运营商一定能够有所作为。

(1) 国内会产生数个规模相当、具备影响力、受消费者信赖的电子交易平台提供商。通过残酷的竞争，实力不够、服务不完善、品牌建设不合理、技术能力低的提供商必然遭到淘汰。国内会产生数个规模相当、具备较大影响力、受消费者信赖的电子交易平台提供商。

(2) 多种支付手段将得到广泛的应用。伴随着信用卡使用的推广以及技术的提高，在线支付必将在 C2C 领域内得到广泛的应用。有了这样先进的支付方式，供应商能够更好地控制交易风险，评估用户信用程度，同时也能获得更多的盈利。

(3) 电子交易平台提供商将在政策允许的框架内开展有针对性的金融服务业务。信用风险问题如何解决？国人道德素质的提高、经济能力的提升固然是很重要的方面。换个角度考虑，平台供应商同样可以采用多种方式来帮助用户避免风险，如开展信用贷款、在线交易保险等金融服务类方式。相信随着电子商务的不断发展，会有更多的服务可以提供给用户。

3.2.5 P2P 模式

有多种业务都缩写为 P2P(Peer to Peer)，包括 P2P 电子商务、P2P 网络借贷、线下 P2P、P2P 债权转让、P2P 互动营销等，这里仅对 P2P 电子商务做一介绍。图 3-6 是一个 P2P 借贷平台模式示意图，其他类型的 P2P 平台与此类似。

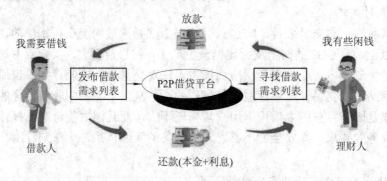

图 3-6 P2P 模式示意图

1．P2P 电子商务

P2P 电子商务又称对等电子商务，使用对等网络技术，互联网用户不需要通过中央 Web

服务器就可以直接共享文件和计算机资源。如 Napster.com，这个网站帮助 Internet 用户查找和共享网上音乐文件。

P2P 网络彻底消除了对中央服务器的需求，它可以让用户彼此之间直接共享、搜索和交换数据，被认为是给电子商务的发展带来革命性影响的技术。

2．P2P 电子商务的优势

我国的电子商务开始于 20 世纪 90 年代。从一开始的企业对个人(B2C)，到后来的企业对企业(B2B)、个人对个人(C2C)，电子商务在我国取得了良好的发展，后来又出现了企业对政府(B2G)等一些新的商业形式。这些电子商务运行模式都要求集中存储和发布相关的商务信息，以 C/S 的方式实现信息交互，完成交易过程。服务器的"瓶颈"问题制约了它们的进一步发展。P2P 技术为电子商务的发展提供了一条新的途径，基于 P2P 技术建立的电子商务，可以较好地融合安全性和易用性，促进电子商务在我国的持续发展。

在纯对等网络技术中，不需要中间媒介的参与。简单地说，P2P 直接将人们联系起来，让人们通过互联网直接交互。P2P 使得网络上的沟通变得容易、可实现用户更直接的共享和交互，真正地消除中间商。P2P 可以直接连接到其他用户的计算机，并进行文件交换，而不是像过去那样连接到服务器去浏览与下载。P2P 还改变了互联网现在的以大网站为中心的状态、重返"非中心化"，并把权力交还给用户。

P2P 给互联网的分布、共享精神带来了无限的遐想，有人认为至少有 100 种应用能被开发出来，但从目前的应用来看，P2P 的威力主要体现在大范围的共享、搜索的优势上。P2P 在这方面主要引发或者是说更好地解决了网络上四大类型的应用：对等计算、协同工作、搜索引擎、文件交换。

3.3　互联网内容类平台商业模式

内容类产品是指以互联网为送达方式，以提供的互联网化内容本身作为最终消费品的产品。承载互联网内容类产品的平台本质上也是一种电商平台，绝大多数都是面向公众的，平台商业模式主要是 B2C 模式，但这种模式与承载实物商品并通过物流方式送达顾客的电商平台又有着明显不同。

3.3.1　互联网内容产品及其特点

互联网内容产品包括视频平台、网络文学、网络游戏、在线教育培训等细分领域产品。

1．视频平台

视频平台目前国内排名靠前的有优酷、爱奇艺、腾讯视频、土豆网、乐视网、迅雷在线、梦网云播、金鹰网等，这些视频平台主要以提供视频内容为主。此外，一些主流网站也经营视频内容，如凤凰网、环球网等。

2．网络文学平台

网络文学平台主要有起点中文网、创世中文网、纵横中文网、晋江文学城、17k 小说网、小说阅读网、红袖添香、起点女生网、云起书院等，这些平台既有传统的名著、国学经典，也有时下流行的网络小说。

3. 网络游戏平台

网络游戏平台主要有 U7U8 网页游戏平台、37 游戏平台、腾讯游戏、360 中心、4399 在线休闲小游戏平台、百度游戏频道等。除了传统的游戏，目前一些基于虚拟现实的游戏也正在蓬勃发展中，有的游戏甚至风靡一时。

4. 在线教育培训平台

在线教育培训平台主要有在线新华字典、作业帮、魔方格、作文网、菜鸟教程、e 书联盟、慕课网、国家教育资源公共服务平台、小站教育、凯叔讲故事等。这些网络培训教育平台的内容涵盖幼儿教育、中小学教育、职业教育、大学教育、成人教育等多个层面。未来，针对企业市场需要，针对技术人员、营销人员、管理人员、财务人员等的在线培训内容还会不断丰富，涵盖更多的领域。

5. 百科知识库

互联网本身已经成为世界上最大的百科全书，其所能提供的知识内容几乎涵盖社会生活的方方面面。但互联网上的信息本身是缺乏管理的，用户并不容易从互联网找到权威的、经过认证或审核的知识内容。为此，互联网百科知识产品应运而生，包括百度百科、维基百科、万方数据等。这些产品一方面采用免费与收费结合的方式，如部分内容免费，要获取全部内容则要收费；另一方面，像百度百科、维基百科这样的百科产品，依靠部分用户作为词条的组织和编辑者，极大地扩展了知识编辑的规模。

3.3.2 互联网内容平台商业模式

从商业模式角度，互联网内容平台主要可分为 B2B、B2C、C2C 三类。

1. B2B 模式

三大门户百度、搜狐、新浪早期均为教育和培训机构提供信息浏览、网络游戏等入口，并通过用户导流，将普通用户转化成付费用户，就是 B2B 业务最早的原型。2015 年新东方发布 B2B 产品"新东方教育云"，整合之前布局的 B2B 在线教育产品，目前已经有很多大专院校在使用新东方的学习平台了。"洋葱数学"作为当前一个兼具了 B2B 和 B2C 商业模式的在线教育平台，在内容创新方面也取得巨大进步，感兴趣的读者可以持续关注其最新进展。

B2B 模式互联网内容平台常见的盈利模式包括：为 B 端企业提供开发工具以及相关服务，为高校及图书馆提供多媒体学习内容平台，为中小学教师提供教学辅助手段等，从而以项目或者服务的方式来获得收益。随着 B2B 平台教学内容的不断丰富和质量提升，随着 B2B 平台辅助教学能力的不断增强，未来不仅会大大提高教学效率，还会大大减少学校对普通教师的需求。

2. B2C 模式

B2C 模式的互联网内容平台主要包括在线教育平台、文献文库平台等。典型的在线教育平台有面向中小学的"洋葱数学"、面向幼儿的"凯叔讲故事"等。这些平台通常可以运用资本的巨大力量，引入强大的高端教育科研团队，对教学内容进行深入研究，在课件设计方面，要比绝大多数学校甚至教育部门的官方教学研究机构更深入、更专业。典型的文献文库平台有中国知网、万方数据等，其内容来源主要是正式期刊发表的各种论文、会议论文、研究生论文等。

B2C 模式互联网内容平台需要为内容获取投入成本，包括知识产权费用、扫描费用等。平台的盈利则主要靠向注册会员提供文献查询、下载服务从而收取服务费。在具体实现方式上，每个平台也会有不同的形式，有的按照每件文献、文档收取费用，有的采用会员制方式收取月度或年度服务费。

3. C2C 模式

C2C 模式的互联网内容平台典型的如百度文库，该平台在 B2C 模式的基础上，还利用 C2C 模式来获得平台内容，极大地降低了内容获取成本。平台允许会员自行上传文档并由此获得积分，利用该积分反过来可以查询和下载其他会员上传的文档，从而实现用户和用户之间的交易。

C2C 模式互联网内容平台的盈利也是主要来自于向会员收取的服务费。尽管少部分会员因上传文档较多可利用兑换积分来免费查询、下载文档，但绝大多数会员的积分不足以抵消查询和下载的花费，因此若要查询和下载文档仍需付费。

3.3.3 互联网内容平台商业模式的特点

1. 内容平台商业模式主要构成

互联网内容平台的商业模式主要由内容提供、平台本身运维、营销推广三个主要环节构成，涉及的市场主体有平台公司、内容提供商、平台软件开发商、基础云平台提供商、线上线下推广渠道、用户等，如图 3-7 所示。

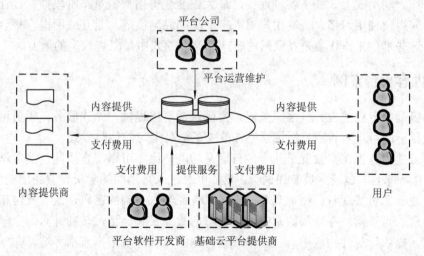

图 3-7　互联网内容平台的商业模式

2. 内容提供商

平台提供商可以是专业的内容公司、研究机构甚至个人，平台提供商向平台提供视频、课件、小说等内容产品，得到平台为其支付的费用。

一般说来，平台为内容提供商支付费用的方式有两种：一种方式是购买内容在该平台的使用权，这种方式下，市场风险是由平台承担的，不管最终销售额如何，平台公司付给内容提供商的费用是固定的；第二种方式是平台公司为内容提供商提供产品销售承载平台和销售渠道，销售收入由平台公司和内容提供商按商定比例分配。

互联网内容产品能否成功，主要取决于内容本身对用户的吸引力，取决于内容本身的质量和对用户带来的价值。用户价值可以是知识上的、精神上的或者心情上的，不一定非要用具体的价格来度量。

3. 平台软件开发商

大多数平台软件开发采用委托第三方软件公司来开发的模式，也有少数平台公司自己建立开发团队，承担平台软件开发工作。平台软件开发委托第三方软件公司开发时，平台公司需要向委托的第三方软件公司支付开发费用。费用支付方式最常见的是把平台开发、升级作为一个项目，通过招投标或议价方式确定开发厂家及开发费用。

4. 基础云平台提供商

当前，租用云平台运营商的云资源已经成为市场主流，平台公司无需购买设备、建设机房，而是以 IaaS 服务方式弹性购买所需设备，极大减少了前期投入和运营风险。

5. 平台本身运维

平台本身的运维是平台公司主要的日常工作。平台公司需要建立完善的运营团队，承担平台的日常运行、业务流程的开展、商务合作、市场营销、账务结算、知识产权事务、服务投诉受理等各方面的工作。

6. 营销推广

对于互联网内容平台来说，除了内容本身的吸引力之外，营销推广应该是另一项最为重要的工作。利用线上、线下各种途径，最大限度获得用户流量，阶段性赔钱让用户免费使用，培养用户使用习惯，提高用户对内容产品的黏附度等，是互联网内容平台营销推广的核心。这些推广工作往往是互联网内容产品商业模式中最"烧钱"的地方。

3.3.4 内容平台案例

梦网云播是专业的视频直播服务商，为微课堂直播提供一站式服务，学员可以足不出户，轻点鼠标即可进入教室直播场景中，改变了学员学习的体验方式。

梦网云播为直播课堂设置了几十种自定义功能。比如可以将直播间链接发送到微信、微博、短信等平台，邀请学员参加试听。教师可对进入直播间的学员设置相应的观看权限，比如加密观看、付费观看、免费观看，学员只有在输入正确的密码，或者支付指定的梦币后，才能进入直播间。在直播课堂中，学员可向教师发起会话，教师针对每个学员不同的学习需求，提供针对性的教学。在直播课堂答题中，教师可根据直播环境，向学员发送答题流量红包，调动课堂气氛，弥补在观看直播过程中的流量消耗。学员对教师精彩的演讲，可以在直播间向教师赠送礼品，在直播结束后，教师可在个人账号中，将在直播课堂中收到的虚拟礼品及"梦豆"提现。

当前，各大直播平台对创作用户在直播过程中收到的打赏和红包会抽取不同比例的分成，直播平台和创作用户之间的分成一般有 7∶3、6∶4、5∶5 几种。而梦网云播平台目前对创作用户所有打赏收入实行 0 分成，仅收取 6% 的手续费，创作用户所有的收入归其自身所得。

梦网云播希望彻底打破传统教育培训的瓶颈，让不同地区对学习感兴趣的个人，不再受时间、地点、空间限制。培训机构也不再受场地、人数限制，通过梦网云播提供的高清、稳定、流畅的直播，以网络为渠道，将教学资源进行分享、转发到各大平台，培训机构实现对用户的不同渠道的广泛覆盖，学员也更有效地学习相关课程。

梦网云播可以为各类事件和活动提供专业的视频直播服务，用直播与教育培训的深入融合的方式，颠覆传统受地域限制的教育模式，为教育培训行业迎来战略拐点，助力推动教育培训行业不断升级创新。

3.4　新媒体商业模式

新媒体是伴随着互联网的普及而迅速发展起来的，在移动互联网时代又有了巨大创新和发展，其商业模式既有与传统媒体相同的地方，也有不同于传统媒体的各种创新。自媒体作为新媒体的一种，更是具有个性化、涵盖领域广的特点。

3.4.1　新媒体与传统媒体

1. 新媒体的概念

新媒体是一个宽泛的概念，涵盖了所有数字化的媒体形式，包括网络媒体、移动端媒体、网络电视、数字报刊杂志、电子广告屏等，如图 3-8 所示。新媒体利用数字技术、网络技术，通过互联网、宽带局域网、无线通信网、卫星等渠道，以及电脑、手机、数字电视机等终端，向用户提供信息和娱乐服务的传播形态，在这个意义上，新媒体应该称为数字化新媒体。从产品形式来说，传统媒体的网络版(如环球网、新华网、凤凰网)、内容网站(如新浪网、网易等)、微信公众号、微博都是重要的新媒体。

图 3-8　新媒体示意图

与新媒体对应的是传统媒体，包括广播、电视、报纸等。传统媒体与新媒体之间在商业模式上最大的差别就是用户。传统媒体是内容至上，而新媒体是用户至上。出于一种先天的优势，传统媒体很长一段时间里并不是十分重视用户。由于多数传统媒体在发行和转播方面，大量依赖于政府机构的协调或补贴，用户这个概念对传统媒体来说是非常模糊的。在传统媒体的话术里，用户被"读者"或"观众"代替了，暗含的意思就是，"我负责生产内容，你看就好了"。

2. 新媒体的商业模式

新媒体的商业模式很多，且在不断演化当中。当前新媒体的商业模式可以大致分为平台模式、内容模式和"文化+"模式三种。

1) 平台模式

平台模式是指通过建立平台实现盈利。大部分企业家认为平台模式是最好的商业模式，但其实想真正做好平台很难，除了要有资本推动，还要面临激烈的竞争压力，如果不花大钱去买内容的话，平台的吸引力就会迅速降低。一个新媒体平台要在行业立足，必须至少做到两件事：

一是必须发展成生态企业。生态的核心是和自己的上游和下游企业建立一套互利互惠的合作模式，给内容生产者提供一个清晰的回馈模式，才能做到可持续发展。特别强调的是企业一定要构建良性的商业平台，让大家都在其中获利。

二是必须形成自己独特的价值观。文化类的平台需要有自身的立场和定位，以及与用户群相匹配的价值观。价值观是人们认同平台的前提，人们在某个平台上消费，是因为平台传递的价值观是他所欣赏的。因此，作为一个文化类平台来说，平台的价值诉求一定要非常清晰。

2) 内容模式

内容模式是指以内容产品的品质来赢得用户和实现盈利。内容产品的品质也是新媒体内容的核心竞争力，内容创业公司需要具备以下一些思维特质，才具备比较长久的发展能力：

一是内容要有垂直深度。很多内容创业公司为了存活，不得不做一些现金流业务，这有可能违背自己的初衷，这个并没有太大问题。但公司要能够持续发展，就需要深入一个垂直行业内，打造有核心价值和差异化优势的产品。

二是要有用户思维。在互联网平台上，内容的消费者就是用户。传统的内容生产可以与消费者无关，但在新媒体平台下，内容设计者要与消费者充分互动，真正把消费者当成用户，用服务思维制作内容。

三是要有社群思维。一个产品如果不能打造出自己的社群，也就是没有高黏附度用户群，长期经营就会存在问题。传统业务交易是一次性的，而新媒体产品是多次重复交易。传统产品的销售是客户式销售，因为是一次性交易，所以必须把单价定高，获益才最大，而新媒体产品的销售是用户式、社群式销售，是重复性交易，因此可以把单价定低甚至前期定价为零，追求用户的全生命周期收益最高。

四是要有全渠道运营思维。当前内容产品发行主流渠道是微博和微信，虽然这两个渠道已经很强大，但也要看看别的渠道是否有价值，是否有新的更有效的渠道出现。

3) "文化+"模式

"文化+"模式是指文化产业在互联网条件下升级后形成的商业模式。目前"文化+"模式的建立有两个途径：一是传统行业自我变革，通过引入各种文化衍生品和运作方式，来实现自身产品和品牌的变革；二是创业公司在文化行业发展的过程中，与传统产业进行跨界融合。

"文化+"模式的机遇在于，它除了能够提高传统行业的附加值和竞争力之外，还可以创造一些全新的商业模式，例如新型书店、网红电商等，这些都是未来消费升级的重要方面。

3.4.2 自媒体商业模式

自媒体属于新媒体范畴，不过其归属主体是个人或企业，而不是专门的媒体企业。自媒体通常采用媒体平台运营商提供的平台，而不是自行独立建立的平台。典型的自媒体有微信公众号、微博帐号等。

1. 自媒体商业模式的特点

在理解自媒体商业模式之前，需要知道几个特点：

(1) 不以服务为目的的自媒体很难做大。

很多优质的自媒体接广告，只接品牌，只接原生广告，因为担心伤害粉丝。所以哪怕接广告，都会抱着"广告对粉丝有帮助"的目的去完成。娱乐类的公众号服务是提供八卦；资讯类的公众号服务是提供新闻；干货类的公众号服务是提供知识；情感类的公众号服务是提供经验；反过来思考，我们应该提供什么服务给用户，再来决定做什么样的公众号。

(2) 商业模式决定了盈利模式。

一个团队所有人的工作都是围绕着商业模式在工作，所以领导的决策至关重要。很多新媒体编辑抱怨"涨不了粉"，可能是他们的商业模式决定了他们"涨不了粉"。盈利模式依托于商业模式，且会经过长期摸索和多次矫正才能最终确定。

(3) 阅读量和盈利多少的关系不是绝对的。

用户量越大，阅读量越高，付费人群比例越大，广告价格越高。不过如果用户量不大，但是用户黏性很高，阅读量依然可以很高，转化率也高，于是广告价格也就越高。

2. 微信公众号商业模式

目前，最有影响力的自媒体是微信公众号。微信公众号商业模式可以简单描述为：创建一个公众号，提供一些服务，用户被这些服务吸引，成为了公众号的订阅者，通过稳定持续的运营，且能解决用户长期需求，用户成为了长期粉丝。然后，通过投放广告、推广产品等，得到赢利。这里讲的服务，既可以是原创内容，新闻热点，也可以是满足粉丝的需求。

微信公众号要能够生存，必须得到持续不断的成本投入，包括公众号的维护、内容更新等。一般说来，微信公众号的商业模式主要有宣传入口、电商入口和服务入口三种模式。

1) 宣传入口

由于微信用户目前数量巨大，基于微信的群涵盖各个行业，而通过微信公众号可以很方便地向微信用户进行宣传。这种宣传的主体通常有个人、企业、机构三种：个人宣传的目的是方便别人了解自己的身份、技能、头衔、贡献等，为自己的个人发展或业务开展进行铺垫；企业则主要宣传自己的实力、业绩、产品等，为企业的业务开展服务；任何销售的实现都需要首先使潜在客户了解产品或服务的信息；机构宣传的目的和个人相似，是使更多的人了解本机构的性质、业务等。

2）电商入口

电商入口则是直接把微信公众号作为自己电商平台的入口，通过分享等方式，把潜在客户的"眼球"导流到自己的电商平台。微信公众号作为电商入口的商业模式分前向收费和后向收费两种：

(1) 前向收费。把基于手机网页版的电商平台搬到微信公众号上，就可以实现电商功能，微信上的电商除了公司的之外，还有数量庞大的个人微商。同样，把基于 HTML5 的游戏也可以引流到微信公众号，实现商业价值。通过微信公众号，还可以向客户提供 VIP 服务，如婚恋、专业知识的推送或问答等。

(2) 后向收费。后向收费方式主要有接单、品牌广告、间接投放、植入广告、软文等。接单，就是接受广告公司的广告业务，直接把广告以富媒体的方式推送出去，其风险是可能会失去原有粉丝的关注；品牌广告，是指直接在文章的最后面，附上一张图和一条链接；间接投放，是指不直接在微信官方编辑后台投放广告，而是把用户带到第三方的页面上，在这个页面上投放广告；植入广告，是在推送的富媒体内容上，植入广告内容；软文，是指通过一些吸引粉丝的文章等，隐晦地实现对广告的宣传。做后向收费，有两点要尤其注意，一是不要触犯微信官方政策的高压线，防止被停号；二是不要让粉丝厌烦，防止粉丝纷纷离去。

3）服务入口

有的微信公众号定位为给用户提供某种服务的入口。比如，通过微信公众号可以进入企业的客户服务系统、网上学习平台、交通违章查询系统、医院预约挂号系统等。由于微信公众号便于转发和扩散，服务提供者可以借助它大幅度提升自身业务和服务的推广效果及扩散速度。

3.5　门户搜索类产品商业模式

导航搜索类产品是指能够为用户提供信息入口，帮助用户方便找到需要的网站、内容、位置信息等的一类互联网产品，其商业模式具有鲜明的特点。

3.5.1　门户搜索类产品分类

门户搜索类产品可以细分为手机浏览器和搜索引擎。

1. 手机浏览器

手机浏览器是移动互联网用户访问手机网站的门户，各家手机浏览器一直在进行着激烈的市场竞争。掌握了手机网站门户，就掌握了主导权，能够最大限度把用户引导到能够给自己带来商业价值的网站。目前，国内常用手机浏览器有很多，包括 UC、QQ 浏览器、360 浏览器、百度浏览器、搜狗浏览器、Chrome 浏览器、欧朋浏览器、猎豹浏览器等。

2．搜索引擎

搜索引擎是互联网用户进行内容搜索的入口，搜索引擎平台通过爬虫方式、商务方式、知识库方式等掌握了海量的互联网数据，支持用户通过关键字、关键词等进行各种组合的查询，也支持具有一定模糊度的查询。百度、儒豹搜索、360 搜索、神马、搜狗搜索是当前国内排名靠前的搜索引擎，Google 则是国际上功能最为强大的搜索引擎。

3.5.2　手机浏览器商业模式

1．手机浏览器对互联网企业的重要性

随着云应用的日益普及，手机浏览器作为移动互联网入口正变得越来越重要。由于互联网的移动化、社交化等因素，以及用户拥有设备的多样性，云计算和云存储就显得非常重要。移动互联网应用对于本地数据存储的依赖性将越来越低，更多的计算和数据是放在 Web 端。而访问 Web 端的第一个入口就是浏览器，且浏览器应用的开发成本低，适配性强，可移植性强等优点都使得手机浏览器的地位愈加重要。

2．手机浏览器盈利模式

手机浏览器的主要盈利模式有以下几种：

1）网页导航入口

通过导航页面将用户引导至其他网站，比如网站"hao123"。有些手机浏览器已经弱化了主页(自设主页)这个概念，主页并不是用户自己设定，而是自己提供的一个导航入口，这种聪明的做法可以不断地给用户推送不同的信息。

2）广告投放

广告投放方式应该是最重要的盈利模式了。但由于手机屏幕尺寸的限制，导致手机广告较难投放。因此目前大部分广告都以文字链接的形式展示；图片广告虽也有一些，但由于其过于占用流量，因此用户体验并不好，当然如果在 WiFi 模式下，投放图片广告效果会比较好。

3）搜索入口

浏览器其实也是一个搜索入口，像百度在移动搜索的流量主要也是由 UC 浏览器、QQ 浏览器等带来的，手机浏览器也能从流量费中收入一笔。

4）游戏、电商

这一类模式也是其他互联网公司的盈利模式，手机浏览器在这类盈利方式上也没有太多优势，但是依靠其庞大的流量基础，则也会有所收获。

3．手机浏览器市场的激烈竞争

当前，传统互联网公司纷纷进入手机浏览器市场，进行激烈的市场竞争。这些公司主要分为两类：一类是防守型，如百度、淘宝、QQ 等，它们原来不做浏览器，但竞争对手或者新兴公司做了，除了自己要支付大笔的流量导入费用外，由于入口控制在别人手上，用户也就非常容易流失，所以只好自己也做浏览器；另一类是进攻型，如 360、金山、搜

狗等公司，它们通过安全等手段，改良已有浏览器操作体验来吸引用户。这种方式既可以通过流量导入盈利，又可以推广自家业务如网页游戏等，还可以通过社区等方式培养用户，催生其他商业模式。

3.5.3 搜索引擎的商业模式

1. 搜索引擎的特点

搜索引擎是高新技术行业，庞大的数据库、优化的算法和持续的技术创新是搜索引擎成功的必要条件。搜索词和结果的相关性是用户选择搜索引擎时考虑的主要因素，用户一旦满意某搜索引擎的结果，将对该网站产生长期依赖。搜索引擎是技术含量最高的行业之一，它需要建立复杂、独特的运算法则，利用数量庞大的数据处理系统，实现搜索结果与关键字的最优配对。目前，搜索引擎巨头将搜索从文字逐渐扩展至图像、声音、视频等模糊领域，具有高度的智能型和技术壁垒。

搜索引擎具有规模效应，是一家独大的垄断行业。用户一般会选择搜索质量最高的引擎，因为技术含量最高的搜索公司得到的用户浏览量也最大，其对应的广告收入就最高。有了较高的利润，搜索引擎公司在研发及硬件方面就能进行更大投入，吸引更多用户，从而形成正向反馈循环。据全球互联网数据调研公司 comScore 报告，谷歌是美国搜索引擎市场的领头羊，2014 年市场份额高达 65%，远高于排在其后的、市场份额不到 20% 的微软。在国内，百度也占据了绝大多数的搜索市场份额，超过排在其后的所有其他搜索引擎。

随着用户群结构的清晰化，各搜索引擎厂商借助大数据、云计算等技术在细分市场上不断加大耕耘力度，根据用户的不同需求，提供特色化的服务成为其努力的重点。而放眼未来，谁能颠覆搜索引擎的技术架构以实现智能应用、谁能颠覆商业模式以抢占移动流量入口，谁就有可能成为搜索市场上的佼佼者。

去中心化社交网络中，流量不再是核心，用户则成为了运营的中心。互联网用户几近饱和的当下，补贴等传统的方式逐渐失去效力，用 AI 的创新体验强化用户关系，百度的技术 DNA 效应正在凸显，而搜索体验即将迎来的质变，也为智能时代搜索产品功能的改善、商业模式的探索带来巨大的想象空间。

2. 谷歌搜索引擎商业模式解析

搜索广告的崛起，改变了传统广告商在电视、印刷媒体及门户网站上投放广告的模式。当用户利用谷歌搜索关键词时，通过复杂算法，在搜索结果网页上将展示与关键词相关的广告。于是能实现广告商针对潜在客户进行精准投放广告的目标，大大提高了广告效率。通过提供更加精准、有效的广告投放，搜索引擎巨头获得了巨额利润。谷歌一般按照广告点击次数收费，用户每次点击广告，都为谷歌带来了一定的广告收入。

如何扩大潜在客户群体，如何找到潜在相关的人以及如何按照相关度(或者说潜在点击率)来决定广告费用，是搜索引擎广告业务的核心。过去十年，在上述核心竞争领域，谷歌利用其搜索引擎不断创新，探索出一套行之有效的广告业务商业模式。这一模式可以从网站流量平台、交易撮合平台两个角度来分析。

1) 网站流量平台

这个模式相对简单，就是谷歌利用自身的搜索引擎门户网站获得广告收入。基于最优算法和数据库，谷歌获得了巨大的搜索流量信息。通过分析这些信息，谷歌能根据个人的搜索行为，在搜索结果之外的网页空间上投放对应的广告。作为谷歌最重要的收入来源，除了直接进行页面广告播放，搜索网站流量平台另外还有两种运营机制：一是网站平台与移动终端的合作机制；二是网站平台和其他搜索引擎的合作机制。这两种合作机制均在一定程度上反映了网站流量平台模式的弱点。

网站平台与移动终端的合作机制：为了提高网站平台的流量，谷歌不得不与一些移动终端提供商分享收入，其中最重要的客户就是苹果公司。苹果公司拥有自己的操作系统和大量移动端客户流量，在与谷歌的联盟中占据优势。谷歌只能获得苹果系统移动设备搜索广告的小部分收益。

下面从成本和收入两个方面来说明这一联盟的特征：

成本方面，谷歌需为在苹果浏览器中占据一席之地支付固定费用。苹果为旗下的移动电子设备提供了包括谷歌、雅虎、百度在内的几种搜索引擎，每种搜索引擎需向苹果公司支付固定的年费。搜索引擎排列的先后顺序、是否为默认搜索，均需支付不同的价格。收入方面，针对每一笔搜索广告收入，谷歌将支付流量获取成本。

2) 广告交易撮合(广告联盟)

谷歌的广告交易撮合平台叫相关广告(AdSense)，平台的客户是那些需要投放广告的企业，而平台的成员主要是企业网站。谷歌凭借其强大的数据库及搜索功能，通过向其他网站提供客户化搜索引擎的方式，吸引企业网站加入 AdSense 平台。加入谷歌的广告撮合平台后，合作网站相当于拥有了无数个以用户为单位的个人数据库，从而为这些合作网站带来精准的客户。更为重要的是，有了这些网站，谷歌就可以共享客户网站上的搜索流量，并由此带来广告收入。当用户浏览该企业网站，使用搜索引擎时，谷歌和网站运营商将按照分成协议获得广告收入。

AdSense 平台是在这些企业网站流量搜索信息的基础上，依靠谷歌建立起来的、超强的相关性算法。核定如何给这些网站上的广告位合理定价，从而提高搜索客户在广告位的点击率。用户在搜索引擎上的每一次关键词查询，都将成为精准投放广告的依据，从而改善广告投放效率，提高广告收益。

3. 百度搜索引擎商业模式解析

百度搜索引擎的盈利结构和谷歌较为相似，不过其网站流量平台的地位更强。百度在国内搜索引擎领域的地位稳固，其他搜索引擎目前还很难与其竞争，百度具有较高的自然垄断利润。随着移动互联网的发展和移动终端设备的广泛渗透，移动搜索将成为新的突破口。百度搜索引擎的盈利模式主要是通过广告来实现的，包括以下几种：

1) 竞价排名

竞价排名是一种按照效果来排名的网络广告推广方式。企业在购买该项服务后，通过注册一定数量的关键词，其推广信息就会优先出现在网民的搜索结果列表中，每吸引一次有效访问，企业就要为此向百度支付一次点击费。

竞价排名模式尽管从经济上来说效果显著，但也可能产生一些负面作用。具体来说，竞价排名会把付费的内容显示在前面，但显示在前面的并不见得是该搜索关键词对应的最好的结果，这就给搜索引擎本身的口碑带来侵蚀。比如要搜索一个"眼科医院"，搜索结果中排在前面的不见得是影响力大、在社会上口碑最好的医院，从而令互联网用户对搜索引擎产生质疑。

2) 搜索广告

搜索广告分为精准广告和整合广告。

精准广告是分析网民在百度上的历史上网行为，根据其上网行为方式及搜索内容与所投放广告的相关性，由系统自动确定是否将该用户作为投送对象。系统会从上网时间、网民行为和交互内容三个维度锁定广告的投放受众。每个维度都有相应的权重，相关性越大的维度权重越大。

整合广告是针对社区、针对事件营销的，是对百度的特殊资源进行打包售卖。每一个方案根据所使用的资源情况进行单独定价。

3) 信息流广告

信息流广告是在百度 APP、百度首页、贴吧、百度手机浏览器等平台的资讯流中穿插展现的原生广告，广告即是内容。

4) 百度联盟

百度与各种主流互联网媒体的合作伙伴建立了一个有效的网络推广联盟，该联盟一直致力于帮助合作伙伴挖掘专业流量的推广价值，为客户推介最有价值的广告投放渠道。百度联盟定位为搭建诚信、专业、可信赖的泛媒体平台，帮助合作伙伴在各自领域更好发展。

百度依托于全球最大的中文搜索，百度服务的广告主数量超几十万家，日均有数十亿的广告展现，为联盟伙伴流量的充分应用和价值的合理转化提供了巨大空间。百度基于 AI、云计算等技术的成熟应用，350＋生活品类的实际场景、融汇数亿内容，6 亿用户，日均 200 亿线上行为的数据沉淀，整合线上线下庞大数据实现精准的人群定向。

5) 图片推广

百度图片推广是一种针对特定关键词的网络推广方式，按时间段固定收费，出现在百度图片搜索第一页的结果区域，不同词汇价格不同。企业购买了图片推广关键词后，就会被主动查找这些关键词的用途。

6) 百度文库

百度文库是百度建立的文档、资料库，采用免费和收费结合的方式，不过，目前收费内容的比重呈现不断加大的趋势。百度文库的内容来自于用户，提供文库资料者可以得到一些下载券，资料被其他用户下载后提供文库资料者可以得到更多下载券。而下载别人上传的资料是需要花费下载券的，下载券本质上等同于实际的货币，用户可以在线购买下载券。一般来说，上传一个资料的只有一个用户，但下载这个资料的可以是很多用户，这样百度通过下载券就可以实现向用户收费。

3.6 撮合类平台产品

撮合类平台主要有威客网和交友婚介网两类，它们仅仅提供一个供双方相互了解、相互交流的平台，而交易或者合作能否达成则完全是双方自行决定的事。

3.6.1　威客网

当前国内影响力较大的威客网站有大大神网、猪八戒网、一品威客网、时间财富网等。

1. 大大神网

大大神网严格来说不属于威客网站，它打出的是全球专业的软件协同产业供应链平台，但是大大神平台有一个部分是和威客网站相似的，就是软件行业的服务商可以入驻平台成为产品经理，然后进行接单。而有软件开发项目的用户也是可以发布需求的。只不过由于大大神网的查找一开始就不是定位于类似威客其他交流网站，而是一个协同平台，所以大大神网站关于软件开发方面的单子没有低于十万的，导致大大神网站对入驻的产品经理审核十分严格。

2. 猪八戒网

猪八戒网属于老牌的威客网站，到目前为止，猪八戒网在威客网站当中依旧屹立不倒，与大大神网不一样，猪八戒网是一个切切实实的威客网站，它比大大神网更为全面，不会太专注于某一行业。

3. 一品威客网

一品威客网和猪八戒网的查找是很相像的，与猪八戒网一样，一品威客网也是属于威客网站的大佬之一，一品威客网一直以来打出的口号就是买东西上淘宝天猫，找服务上一品威客。这些年来它们一直在和猪八戒网竞争。

4. 时间财富网

时间财富网原名威客中国威客网，是威客行业领先的威客网。该网站汇聚数百万设计师，设计公司，网站软件开发人员及兼职从业人员为公司及大众提供设计、文案、开发、营销等全方位的创意服务。它是最早开发威客网站的，但是和一品威客网相比，其知名度小了一点，而且也没有猪八戒网和一品威客网涉及的领域全面。

3.6.2　交友婚介网

国内交友婚介类平台主要有世纪佳缘、百合网、绣球缘、有缘网、珍爱网、花田交友、58同城交友、爱真心、爱情公寓、中国红娘、缘来网等。

1. 世纪佳缘

世纪佳缘是中国领先的婚恋交友平台，致力为用户提供全方位的在线婚恋交友服务。2007年开始探索针对用户端的收费模式，2008年实现盈利。自2013年起主营业务从PC端向移动端转移，并在移动端进行多品牌的战略布局，相继推出求爱网、求约会、爱真心等。在覆盖PC和移动端的同时，世纪佳缘一对一红娘业务也保持着稳步提升，覆盖全国71个主要城市107家线下实体店，红娘经纪人人数已超过15 000人。"约会吧"是世纪佳缘继红娘一对一之后，对线下业务的又一次拓展和创新。"约会吧"相比于传统相亲模式更为自由灵活，也更加高效。首先提高了业务安全性，在"约会吧"所有会员都必须出示身份证进行实名登记，并签署单身承诺保证书，相亲地点是在"约会吧"里面，更好地提高相亲对象的安全保障；2015 年 9 月世纪佳缘还创新性地推出佳缘金融服务，利用庞大的用户规模，深度挖掘"婚恋＋金融"的婚恋场景金融服务，深受用户好评。增加了用户黏性以及付费服务性价比，最大程度的吸引和留存住用户，实现多方共赢。

2．百合网

百合网致力于婚恋全产业链布局，进入婚恋、情感、婚礼庆典、婚纱摄影、婚品、婚礼地产、互联网金融等领域，为百合用户提供婚恋领域全方位服务。百合网开通的产品和服务包括水晶会员、百合产品卡、手机包月会员服务、至尊会员、爱情来敲门、爱情直通车、爱情导航仪、金至尊服务、红娘牵线、焦点明星等。

3．绣球缘

绣球缘是由 8181 军人网转型而来的，绣球缘还是一个致力于为军人征婚交友牵线搭桥的专业性网站。军人是一个优秀的群体，由于工作的特殊性，在征婚交友、婚姻恋爱中存在着许多困难。本网站力求构建一个优质的平台，以真实的信息、专业的手段和良好的服务为军人和有这方面需求的朋友提供帮助。绣球缘除自己自行组织军民远程相亲活动外，还支持传统婚介、个人或单位组织相亲活动。此外，绣球缘还建立了婚介联盟系统，该系统专门为全国各地婚介而开发，为婚介或相亲活动的组织者提高其工作效率、经济效益，目前可以操作的功能有发布相亲活动(会员活动)、打印会员交友资料、开放婚介在绣球缘的"拉客配对"活动，允许婚介为自己的嘉宾注册资料并与绣球缘会员交流，或代替嘉宾操作。

3.6.3　撮合类平台盈利模式

各种撮合类平台盈利模式既有区别也有共性，这些共有的模式包括：

1．收取会员费

免费注册会员，收费提升会员等级，是撮合类平台最常见的盈利模式，不管用户是否能够达成目的，都需要向平台付费。尽管注册会员免费，但通常免费会员权限是非常小的，往往只具有查询简单信息的功能，无法进行实际的交流、交易，要具有实际的能力，必须向平台付费。

2．收取 VIP 服务费

在普通会员基础上，撮合平台也提供一些权限更高的服务，比如可以优先匹配平台认为是优质的资源，满足了部分用户的差异化需求。这些更高的权限，需要支付比普通会员更高的费用。

3．收取撮合费

有的撮合平台具备交易功能，尤其是威客性质的平台。匹配、撮合成功达成交易后，交易双方需要向平台支付一定比例的撮合费，撮合费收取的比例与达成交易的金额有关。

4．收取广告费

撮合平台本身也是某个领域的专业平台，比如软件开发领域、婚介领域、艺术设计领域等等，这些领域的用户非常聚焦，便于商家精准投送广告。因此，撮合平台也提供大量的界面作为广告发布空间，而广告发布的商家需要向平台支付相应的广告费。

5. 延伸产业链提高客户价值

除发布广告这种简单的提高客户价值增加盈利的方式外，撮合平台随着业务规模的发展，业务内涵进一步增加，通常会把产业链整合作为主要方向。比如，婚介平台会与婚纱摄影店、礼仪公司、珠宝首饰店、家居装修公司、家具店等与结婚有关的商家建立产业链合作关系；软件开发类撮合平台会进一步拓展上游云计算、大数据、人工智能等支撑或引擎工具厂家，为软件开发者提供上游资源，拓展销售渠道，为软件开发业主提供更宽阔的下游市场。

3.7 SaaS 云应用产品

云计算是当前信息技术发展中一个重要的领域，对于最终用户来说，可以真切感受到 SaaS 云应用产品带来的强大功能和各种便利。

3.7.1 SaaS 云应用产品

1. 云应用产品的概念

常见的云服务类型有 IaaS、PaaS、SaaS、DaaS，作为移动互联网产品，这里我们所讨论的云应用，是特指以 SaaS 形式向用户提供的具有特定应用功能的产品，是典型的云应用产品。

2. 细分类型

云计算与各个行业原有的业务软件应用系统相结合，出现了各种行业云应用产品，包括教育云、工业云、医疗云、政务云、媒体云等产品。

1) 教育云

教育云是向学校教职工和学生提供云服务的专业化云平台。教育云构建个性化教学的信息化环境，支持教师的有效教学和学生的主动学习，促进学生思维能力的培养，提高教育质量。

2) 工业云

工业云是向工业企业提供工业设计、设备配套、设备维修等方面的云服务、云软件的云平台，它使工业企业的社会资源实现共享，大大降低了制造业信息建设的门槛，同时也大大降低了该行业的软件盗版率。

3) 医疗云

医疗云是向医疗机构提供云服务的专业化云平台，使医疗机构可以低成本且便捷地使用影像存储管理、预约挂号、分级诊疗等应用，推动医院与医院、医院与社区、医院与急救中心、医院与家庭之间的服务共享，并形成一套全新的医疗健康服务系统。

4) 政府云

政府云可提供对海量数据存储、分享、挖掘、搜索、分析和服务的能力，使得数据能够作为无形资产进行统一有效的管理。通过对数据的集成和融合技术，打破政府部门间的数据堡垒，实现部门间的信息共享和业务协同。通过对数据的分析处理，将数据以更清晰直观的方式展现给决策者，为政府决策提供更好的数据支持。

5) 媒体云

媒体云是向媒体提供云应用和服务的专业化云平台。用户可以在云平台存储和处理多媒体应用数据，而不需要在计算机或终端设备上安装媒体应用软件，进而减轻了其对多媒体软件维护和升级的负担，避免了在终端设备上进行高负荷计算，延长了移动终端的续航时间。

3.7.2 SaaS 云应用产品商业模式

1. SaaS 云应用产品盈利模式

SaaS 云应用产品是一个相对较新的商业模式，其成本主要包括产品策划、软件开发、Saas 租用费和产品推广等。SaaS 云应用产品需要雇佣优秀的产品策划人员、软件开发人员、程序员和市场推广人员。一旦产品落地，并有了一定规模的用户，又需要扩大数据功能、安全和存储功能，围绕可能会在高增长阶段出现意外的任何问题展开维护和管理工作，这些都要增加新的投资。

SaaS 企业的收入来源主要是来自用户所支付的服务费。SaaS 提供商部署一套云软件运行在云基础设施上，企业按月支付费用来访问该软件。对于用户来说，SaaS 是一项令人难以置信的、极具吸引力的服务。企业只需要每月支付少量服务费，而不需要投入大量资金来单独开发一套应用产品，从而降低了企业的成本和运营风险。

SaaS 产品一般会经历三个阶段：

1) 启动阶段

首先进行商业模式策划，针对商业模式涉及的方方面面做全面、细致、深入的市场调研和分析；然后开发和部署云服务软件，以此"走向市场"，获得首批用户。

2) 高增长阶段

如果产品获得市场认可，那么产品将会经历一段快速发展时期。进入高速发展期后，则要花费更多的钱，因为需要快速增加数据、存储、带宽等各种资源，以支持新的用户。

3) 稳定阶段

经过一个阶段的高速发展后，SaaS 服务进入稳定阶段。这时，SaaS 服务已开始平缓进行，服务提供者开始获取稳健收益，新增用户数进入平稳增加阶段。

2. SaaS 云应用产品商业模式的优点

对于用户来说，SaaS 商业模式的好处是，如果 SaaS 产品代表的东西对他们的企业不可或缺的话，用户就会拥有很高的忠诚度。对于每位用户而言，只需按月租用你的软件，而不是通过一次性购买而完全拥有它，极大减轻了企业现金流压力。

对于 SaaS 云应用产品经营者来说，由于资源被集约化，可以弹性、复制性地分配给所有用户，因此极大提高了软件等资源的价值。

3.8 物联网应用产品

随着物联网时代的到来，万物互联正在迅速成为现实。基于物联网的大量应用产品如雨后春笋般发展起来，极大地提升了整个社会的信息化和智能化水平。

3.8.1 物联网应用产品的概念

物联网应用产品是我们提出的一个新概念，指的是技术上采用物联网与移动互联网相结合的方式，向用户提供的一种新型的服务产品。

物联网应用产品架构如图 3-9 所示，由物联网设备、物联网平台与用户终端三部分构成，中间的物联网、移动互联网作为网络传输层，对于应用本身是透明的，从业务模式角度可以不予过多考虑。

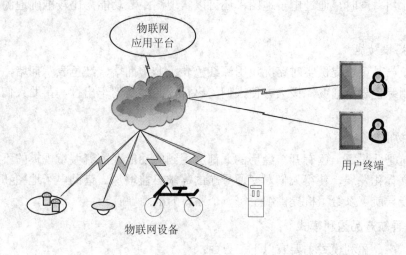

图 3-9　物联网应用产品架构示意图

物联网设备是指具有物联网远程联网能力的设备，如具有无线通信能力的烟感传感器、温湿度传感器，具有物联网远程联网能力的饮水机、共享单车、共享充电宝等。传统设备具有了物联网能力后，可以实现原来不具备的很多新的功能。

物联网应用平台接受物联网设备传回的数据，并对数据进行处理，支持用户终端实现各种不同的具体应用。同时，利用大量物联网设备所采集的大数据，物联网应用平台还可以运用大数据分析、机器学习等先进技术，实现更为智能化的应用。

用户终端通过移动互联网接入物联网应用平台，使用户可以实现在地图上查询共享单车位置、开锁等，远程接收消防报警信息，实现共享饮水机付费取水等。

目前，尽管已经出现了很多类型的物联网应用产品，但应当注意到，物联网应用其实还正处于大发展初期，未来会有更多类型的物联网应用产品涌现出来。梳理现有物联网应用产品，大致可以分为位置导航类产品、共享类产品、远程监测类产品等几大类。

3.8.2　位置导航类产品商业模式

位置导航产品为移动互联网用户提供越来越详尽的电子地图服务,结合卫星定位功能,位置导航产品提供的导航服务已经成为人们出行导航必不可少的工具。此外,位置导航产品结合用户所在位置,还提供"附近商家"分类信息,包括其位置和导航路径,方便人们在外工作或旅游生活。百度地图和高德地图是当前国内最主流的两款位置导航产品。

1. 位置导航产品的基本功能

位置导航产品以百度地图、高德地图和谷歌地图为代表,其基本功能包括三个方面:

1) 电子地图功能

随着卫星测绘技术的日益发展和普及,电子地图精度越来越高,有的地图甚至可以识别到车辆和行人,而且除了平面地图外,有的还可以提供立体的全景地图、三维的地理地图。使用百度全景地图,可以模拟人在街上行走,视野可见道路和两旁的建筑,甚至建筑上的标牌都清晰可见。使用谷歌地图,可以模拟进入人迹罕至的高山峡谷,观瞻白皑皑的珠峰雪山和冰川。同时,通过电子地图,还可以实现测距等功能,比较准确地测量一个复杂路径的距离。

2) 路况播报功能

位置导航产品可以提供实时路况,用深红色表示非常拥堵,红色表示拥堵,黄色表示比较拥堵,用绿色表示通畅,极大方便人们的出行,尤其是驾车出行,帮助人们避开拥堵路段。

3) 导航功能

语音导航是几乎每一位有开车经历的人都会用到的功能,随着城市规模的不断扩大和交通道路的立体化发展,使得人们对交通导航的需求日益增加。借助电子地图和卫星定位的结合,语音导航可以给司机提供细至每一个路口的准确导航。

2. 位置导航产品盈利模式

位置导航产品盈利模式主要有以下三方面:

1) 结合本地生活服务

位置导航产品可以结合不同行业的需求,给用户提供新的价值,比如用于打车、租房、外卖、订酒店等场景,帮助商家推广和开展业务,取得相应收入。从严格意义上说,滴滴、外卖等商业模式,都利用了位置导航产品的功能。

2) 广告服务

与手机浏览器异曲同工,位置导航产品作为地图和导航入口,也拥有大量用户流量,可以在上面实现与手机浏览器相同的一些商业模式,如搜索关键词竞价排名,挖掘数据进行定点投放、精准营销等。

3) 面向商家的增值服务

基于在线用户大数据及其实时位置,位置导航产品可以为商家提供特殊标示,提高用户购买商家产品或服务的比例,比如在地图上对某家酒店进行醒目标注,吸引外地游客优先联系入住。位置导航产品也可以开放 API 给商家,把脱敏后的数据,包括用户实时位置、用户搜索词等，提供给商家自己开发的应用。

3. 位置导航产品发展方向

(1) 往本地生活方向发展，引入垂直商户。

往生活搜索化方向发展是位置导航产品非常重要的发展方向。数据显示，手机地图上用户查询本地商户的比例明显比 PC 端高。另一方面，用户对公交的查询需求将会超过驾车需求。此外，在覆盖到更多用户后，用户对查询周边信息的要求也在提高，这对地图覆盖本地商户数和层次都有提高。

为应对这一改变，百度地图不断争取与更多垂直商合作，引入生活相关信息。在此基础上，百度地图还将提供相关的检索、推荐服务。比如以后利用百度地图查询附近餐馆可以从价格由低到高筛选，还会有附近餐馆的详细信息。百度地图的优势在于其数据整合能力，百度地图数据除传统从地图供应商那里采集数据外，还会在互联网网页库里提取，并跟垂直网站合作，把这些数据经过整合呈现给用户。

(2) 从纯粹查询路线变成生活消费决策。

用户对地图类应用印象更多的是偏导航类，就是查到位置，地图可以告诉用户怎么去。让用户改变了对地图应用的刻板印象，从纯粹查询位置和路线变成做生活消费决策。查询生活信息的转变，是位置导航产品进一步提升用户价值的重要方向。

(3) 离线地图与语音导航。

使用地图无疑会帮助用户更快找到目的地，不过，一个不可避免的问题是，手机地图在使用过程中会大量耗费手机地图流量。实际上，国内百度早已推出离线地图，这样在浏览地图时，无需在网上加载。百度地图另一个做法是将整体地图换成矢量地图，矢量地图上线后，百度离线地图包大小缩小 90% 以上。

3.8.3 共享经济与共享类产品商业模式

共享经济是当前比较热门的一个概念，很多移动互联网创新者把目光瞄准了这一领域，大量的企业在这一市场进行淘沙式竞争。共享经济的具体形式包括设备共享、工具共享、场地共享等，目前常见的设备共享类产品有共享单车、网约车、共享充电宝、共享洗衣机、共享饮水机等。

1. 共享经济

自 2012 年的出行领域开始，国内共享经济商业模式在越来越多的行业和领域涌现，从出行到短租平台，从物品的分享到技能、知识的分享，从 C2C 到 B2B，大批创业和创新者在不断探索。作为一种基于互联网技术的新的商业模式，共享经济具有独特的价值与优势，主要包括下述几个方面：

1) 挖掘充裕而稀缺的资源

共享经济使用的是闲置或盈余的资源。因此这一商业模式要成功，其所要使用的资源必须具备三个方面的条件：

首先是充裕性。只有资源总体充裕，其被闲置或能盈余的概率才会高，才能够进行分享。如果资源总体不充裕，比如在一个城市平均同时需要骑行共享单车的用户有 1 万名，而共享单车只有 5 千辆，这种情况下，再怎么优化车辆投放布局、提高平台和单车使用效率，都无法顺利实现共享。

其次是稀缺性。该资源绝对充裕，但相对稀缺，即存在流动性稀缺与信息不对称稀缺的情况。同样以共享单车为例，尽管共享单车的数量足够满足人们的需求，但是由于停放位置与人们需要使用的场地不同，那么车子还是不能用。

第三是标准化。能找到充裕而又相对稀缺的资源作为切入点，可以启动一个项目，但如果要将项目做大，对资源还有一个要求，那就是标准化程度足够高，或者能将标准化程度做高。因为我们知道，能快速扩张的一个前提是在不考虑进入新的市场前提下，流程可以标准化，这样才能迅速复制业务模式，进行快速扩张。

2) 激发网络效应的平台

互联网模式下的平台创新从 eBay 网站开始，通过 eBay 网站让买卖双方直接在网上进行交易，连接了以往缺乏完善渠道的两个用户群体。而到了共享经济时代，平台模式更是迎来了前所未有的契机，一边是海量闲置或盈余的资源，另一边是海量需要使用这些资源的人们，供需双方在平台上对接，共享平台将连接供应与需求的商机前所未有地释放出来。

成功的共享经济平台具有虹吸效应，当人们看到越来越多的朋友在上面分享人生的日常百态与快乐点滴，会吸引自己也加入其中，同时也吸引越来越多的第三方商业主体入驻。在构建平台模式的时候，一个非常重要的问题是必须先吸引供应侧提供产品的商家，先有产品后有用户，为了先期垫付产品的成本，往往需要投入大批的资金，这也是摩拜单车、ofo 单车等需要大量融资的原因。

3) 突破引爆点的用户

当平台建立之后，便需要持续地吸引用户，促进用户规模的增长。只有当用户达到一定的规模时，才能达到引爆点；此后平台自身发展的不确定性大大降低，用户从其他地方转移过来的成本也大大降低。具体而言，可以采取传统的地推方式，积累第一批种子用户，并逐步扩大用户规模。除采用口碑营销，消费者互相推荐之外，还可以利用试用、免费、激发好奇、沉浸体验、场景加速器等策略。当用户规模发展起来后，主要的挑战就转变为如何绑定用户。因此需要提高用户的转换成本，尽量封闭用户流失出口，构建良好的品牌和用户体验以及强化用户的归属感。

4) 共情的社群

用户归属感的建立，最有效的方式便是围绕平台建立社群，在用户间产生互相依存的力量，并让用户感觉到自己能在这个群体中发挥影响力。

建设社群，首先就要基于共同的志趣和价值观，构成核心用户群体，这些人具有极强的归属感，是社群的中坚力量。这部分社群中坚力量构建了一种亚文化，价值观非常明确，态度非常一致，社群规则能被友好地贯彻，他们不容易流失，还能帮助企业去获取更多的新用户。

其次，不但在线上要做好，也要做到线上与线下的结合，社群也需要线上与线下的互动，线上与线下的结合。只有这样，才能更好地增进用户与用户之间、用户与企业之间的接触与交流。

再次，社群也需要良好的管理与运营，使得社群的发展更好地与企业的整体发展相一致。缺乏管理的客户只能称为用户群，而有了管理与运营的客户才能成为社群。

5) 维护基于信任的秩序

构建共享经济中的信任感，是其商业模式的可行性基础问题。在国外，成熟的个人信用体系是确保安全的基础，比如美国的 FICO。除此之外，个人在社交平台的信息和数据，也是一个很好的参考依据。另外，共享经济企业应对运营流程上各个环节进行把控，包括事前进行把关，事中引入处理问题与争议的机制，及全程全范围的监控与分析，事后需要双方进行评价并有处理机制等。此外，还要在支付、保险等关键环节建立配套措施。

2. 共享类产品的商业模式原理

共享经济是一个大概念，具体体现为各种平台支撑下的共享产品。共享类产品的商业模式分为核心商业模式和延伸商业模式。

1) 核心商业模式

共享类产品的商业模式之所以能够成立，是因为它提高了产品的利用率，使同样多的产品产生了更大的用户价值。

在传统模式下，产品由单个用户自己购买，自己使用，自己维护。平均每位用户为产品使用承担成本为

$$\text{传统模式每位用户成本} = \text{自行购买成本} + \text{自行维护成本}$$

在共享模式下，产品由平台公司集中购买，平台公司集中维护，平台公司搭建和运营平台，供众多人付费使用。这样，平台建设运营与设备购买、维护的总成本为

$$\text{平台公司总成本} = \text{平台成本} + \text{设备集中购买成本} + \text{设备集中维护成本}$$

平均到每位用户的成本为

$$\text{共享模式每位用户成本} = \frac{\text{平台公司总成本}}{\text{总用户数}}$$

在共享模式下，因为并不是每个用户随时都要用到设备，因此所需要的设备总数要远远小于总用户数。此外，因集中采购和集中维护所具有的议价能力，每台设备的平均采购成本和维护成本也要显著低于由个人单件购买和进行维护的成本。这样，在共享模式下，所有设备的采购和维护成本要远远低于传统模式下所有用户的设备购买和维护成本的成本之和。

另一方面，在共享模式下，需要一个平台来实现设备的共享，相应地也就需要为平台建设和运营而支付成本。在传统模式下，设备归每位用户自己所有，并不需要这样一个平台实现共享，因此，也不需要支付这部分成本。

通常情况下，对于一个运营良好的平台来说，平台的建设运营成本加上设备和维护成本，也会远远小于传统模式下所有用户各自购买、各自维护设备的成本。这样，仅仅因为共享模式带来的设备集约化和维护集约化，共享模式就可以比传统模式节省可观的成本，具体如下：

$$\text{共享模式节省的成本} = \text{设备采购和维护节省的成本} - \text{平台建设运营的成本}$$

但是，共享模式节省的成本还不会全部转化为平台企业的盈利，为了让广大用户能了解和使用共享产品，平台公司需要在业务宣传、业务推广等方面投入巨大成本及给予用户一定的优惠。共享模式下平台公司的实际收益为

平台公司实际收益=共享模式节省的成本 – 宣传、推广成本 – 给予用户的优惠

如果这个收益为正值，说明企业有盈利，否则就是亏损的。在实际当中，平台用户的增加有一个过程，不是一下子就达到平稳运行后所具有的规模。因此，平台公司从开始运营到开始盈利，需要有一个或长或短的过程。如果一个平台直到花光了所有自有资金和可以融到的资金还不能实现盈利，那么就将面临关门的危险。

需要说明的是，上述计算没有考虑税收、资金成本等因素。在实际当中，税收、资金成本等因素都必须充分考虑。

2) 延伸商业模式

延伸商业模式是指在核心商业模式基础上延伸出来的一些商业模式，主要包括附加广告业务、设备众筹、产业延伸等。

附加广告商业模式比较简单，利用其用户众多的优势，在共享设备上叠加广告，从而产生新的价值。不同的共享设备用户群体不同，用户关注点也不同，因此投放广告的内容也不同。比如，使用共享单车的用户以年轻人居多，包括大学生和年轻的工薪阶层，因此适合于投放这个群体感兴趣的产品的广告。再如，放置在茶馆的共享充电宝，用户多为商务人士，就适合于投放商务人士感兴趣的产品的广告。

共享经济本质是一种资本思维，被共享的设备在商业模式中最重要的是其资本属性。正是由于这一特点，众筹成为共享商业模式的一个延伸。举例来说，共享饮水机的核心商业模式就是饮水机被多个用户共享，而饮水机是由平台公司自己提供的，为了降低设备投资，发挥更多具有线下资源的投资者的优势，现在共享饮水机、共享按摩椅延伸出一种本质为众筹的商业模式。这种模式下，共享饮水机、共享按摩椅不是由第三方投资人购买，而使用共享平台，提供给最终用户。

产业延伸则比较复杂，它把共享资源从出行、办公、房屋等实体物品向服务、兴趣爱好等其他虚拟载体渗透，形成新的共享经济形态。比如共享医疗，就是用户可以通过 APP 直接去预约签约的医生进行诊疗服务、开药，甚至手术治疗。再比如，通过共享平台，多个有共同音乐爱好的人可以订购签约艺人开展在线演艺服务。

3. 共享经济出现的问题与治理

共享经济在蓬勃发展的同时，也出现了许多新情况和新问题，需要有清醒的认识，并加以积极预防和处理。

1) 投资模式的陷阱

由于共享经济的最鲜明特点是先有产品后有用户，因此平台公司必须先提供足够多甚至超过当时市场用户数需求的产品，这就需要先期投入大量资金。很多公司由于资金有限，往往等不到用户数发展起来就发生资金链断裂。

对于资金相对雄厚的公司，也由于同质竞争而面临着巨大的资金压力，比如摩拜单车公司、酷奇单车公司、ofo 单车公司等，尽管都有比较雄厚的资金支撑，但也有公司在"比谁的车更多"的竞争中后继乏力，败下阵来。

在互联网市场，往往只有老大、老二，没有老三、老四，那么老三、老四所花费的巨额资金往往会打水漂，而老大、老二也因为竞争缘故会花费巨额投资用于推广前期的低效使用。

2) 用户权益保护

共享经济模式下，用户对于产品的使用情况完全被平台掌握，很多情况下用户对产品的这种使用信息其实也是用户的个人隐私，比如什么时候、在哪儿、用了什么设备，很多平台把这些信息大数据拿来进行二次经营。如果不注意对用户信息的脱敏处理，就会造成用户个人信息的泄露，对用户人身和财产安全构成巨大威胁。此外，很多平台采用收取用户押金的方式，一旦平台公司出现资金链断裂甚至倒闭，所收取用户的押金往往无法切实保证。

3) 共享经济的推动与监管

对于新出现的各种共享经济新模式应当大力鼓励和扶持，但也必须进行积极、有效、及时的规划和监管，不能把鼓励变为放任，也不能把扶持变为纵容。具体而言，应当做好以下两方面工作：

一是管理机构要有灵敏的产业和市场嗅觉，时时把握市场发展动态，未雨绸缪，早作规划，早划保护线，而不能保持一种先放任野蛮发展，等暴露出一大堆社会问题、经济问题时再进行治理，且美其名曰"先发展，再治理"。规划和治理滞后本质上体现的是管理能力的不足和管理机制的缺乏。

二是对共享经济发展中暴露出的问题要及时发现、及时化解，而不能任凭小问题变为大问题，应积小进步为大进步，有力保护平台经营者和平台用户双方的利益，为共享经济的茁壮发展保驾护航。

3.8.4　远程监测类产品商业模式

1. 远程监测类产品功能

远程监测类产品包括视频监控产品、生态环境远程监测产品、健康状态远程监测产品等。

视频监控产品广泛用于安防行业、交通行业、环保行业、餐饮行业等，使用户可以通过远程现场图像对现场进行监督和管理。比如公安人员可以通过视频监控及人脸识别技术，迅速发现犯罪嫌疑人，交警通过视频监控和车牌识别及时记录违章车辆，食品、药品监管人员可以通过视频监控远程监控餐馆的卫生状况，等等。

生态环境远程监测产品广泛用于环境保护、林业、水利、农业、工厂、仓库等行业，使用户可以远程对现场环境进行监测。比如对仓库内温湿度的监测，对蔬菜大棚内温湿度、土壤水分的监测，对工厂有害气体的监测，对河流污染的监测，等等。

设备健康状态远程监测产品主要用于工业设备、交通设备、建筑设施、人体等的健康管理。所谓设备健康管理，是指实时监测设备、设施的运行状况，通过对检测信号进行深度分析，及时掌握设备、设施的健康状态。比如对运行中汽车、轮船、高铁、飞机运行健康状态的监测，对机床、抽油机、变压器等设备运行健康状态的监测，对老年人血压、脉搏等的远程监测等等。

2. 远程监测类产品的盈利模式

远程监测类产品尽管技术形态上是一种物联网应用产品，但其商业模式更接近传统的产品。远程监测类产品一般通过为用户带来直接价值、用户为产品的购买和使用进行付费而实现其盈利。

随着物联网应用场景的日益丰富，也会有新的商业模式不断涌现，比如对老年人血压、脉搏等的远程监测，付费者会由老年人自己或家人，转变为政府社区服务机构、保险公司等实体，甚至在老年人血压、脉搏等的远程监测基础上，进一步实现与家政服务机构、保健品商家等的结合。

思考与练习题

1. 什么是商业模式?商业模式主要包括什么内容?
2. 简述商业模式原理，并分析商业模式闭环系统中盈利是如何实现的。
3. 电商平台主要分为哪几个类型？简述 B2C 电商平台的盈利模式。
4. 简述共享类产品的商业模式。

第四章 市场调查与目标用户定位

市场调查与用户研究是了解市场、了解用户、发现创新或改进产品的潜在机会所必需的工作，调查结果对产品未来的推广和设计方向有参考借鉴作用，帮助产品经理避免因为对市场掌握不充分而带来的问题。

4.1 市场与用户调查方法

4.1.1 利用专业机构的研究报告

相比于普通个人，专业机构拥有更强的研究能力和信息获取渠道。因此，要了解一个行业的市场发展和竞争状况，没有比找到一个最新的行业研究报告更便捷和高效的了。

1. 行业研究报告的作用

行业研究报告是指专业研究机构对某个行业的综合研究报告，是研究机构以专业的研究方法通过对特定行业的长期跟踪监测，分析行业需求、供给、经营特性、获取能力、产业链和价值链等多方面的内容，整合行业、市场、企业、用户等多层面数据和信息资源形成的。行业研究报告可以帮助客户深入的了解行业，发现投资价值和投资机会，规避经营风险，提高管理和运营能力。

同时，行业研究也是对一个行业整体情况和发展趋势进行分析，包括行业生命周期、行业的市场容量、行业成长空间和盈利空间、行业演变趋势、行业的成功关键因素、进入退出壁垒、上下游关系等。行业研究报告通过对大量一手市场调研数据的深入分析，全面客观地剖析当前行业发展的总体市场容量、市场规模、竞争格局、进出口情况和市场需求特征，以及行业重点企业的产销运营分析，并根据各行业的发展轨迹及实践经验，对各产业未来的发展趋势做出准确分析与预测，可以帮助企业了解各行业当前最新发展动向，把握市场机会，做出正确投资决策和明确企业发展方向。

2. 行业研究报告的内容

行业研究报告的内容主要包括：

(1) 行业环境分析：行业环境是对企业影响最直接、作用最大的外部环境。

(2) 行业结构分析：行业结构分析主要涉及行业的资本结构、市场结构等内容。一般来说，主要是行业进入障碍和行业内竞争程度的分析。

(3) 行业市场分析：主要内容涉及行业市场需求的性质、要求及其发展变化，行业的市场容量，行业的分销通路模式、销售方式等。

（4）行业组织分析：主要研究行业对企业生存状况的要求及现实反映，主要内容有企业内的关联性，行业内专业化、一体化程度，规模经济水平，组织变化状况等。

（5）行业成长性分析：是指分析行业所处的成长阶段和发展方向。当然，这些内容还只是常规分析中的一部分，而在这些分析中，还有不少一般内容和特定内容。例如，在行业分析中，一般应动态地进行行业生命周期的分析，尤其是结合行业周期的变化来看公司市场销售趋势与价值的变动。

（6）纵深研究：行业研究分为一般性研究和专业性研究、浅表性研究和纵深研究，只有进行纵深研究才能真正发现公司的价值形成和来源构成。进行行业的纵深研究，必须在深入调查的基础上进行大量的基础研究和实证分析。例如，不同行业间的技术传递和转移过程，是直接关系到不同行业的兴衰和转化的过程，对于这一问题的研究，就属于纵深研究。

3．行业研究报告的分类

行业研究报告分为券商编制与经济咨询机构编制两种形式的报告。券商编制的行业研究报告中，券商会关注一大批与行业相关的个股，对于中小投资者有着指导作用，一方面可以了解整个行业的具体情况，另一方面可以知道关注哪些具体的个股。相对于券商编制偏向于投资指引的报告而言，经济咨询机构编制的行业研究报告更加客观全面，一般涵盖此行业的投资分析以及未来的趋势预测。

1）常规行业研究

常规行业市场研究介于产业研究与市场研究之间，糅合两者的精华，属于企业战略研究的范畴。一般来说，行业(市场)分析报告研究的核心内容包括以下三方面：

一是研究行业的生存背景、产业政策、产业布局、产业生命周期、该行业在整体宏观产业结构中的地位以及各自的发展演变方向与成长背景；

二是研究各个行业市场内的特征、竞争态势、市场进入与退出的难度以及市场的成长性；

三是研究各个行业在不同条件下及成长阶段中的竞争策略和市场行为模式，给企业提供一些具有操作性的建议。

从全球咨询产业服务的角度来看，顶级的服务是战略咨询(国家级项目)，高级服务是顾问咨询(企业巨头项目)，普通级服务是市场研究报告(大众型研究资料)。一份标准的市场研究报告包括：行业概况，产业格局，竞争分析，历史、现状、趋势分析。数据占据 30%～45% 的价值比例，分析研究占据 50% 左右的价值比例，其他内容占据少于 10% 的价值比例)

因此，行业研究的意义不在于教导如何进行具体的营销操作，而在于为企业提供若干方向性的思路和选择依据，从而避免发生"方向性"的错误。

常规行业研究报告对于企业的价值主要体现在两方面：

第一，身为企业的经营者、管理者，平时工作的忙碌没有时间来对整个行业脉络进行一次系统的梳理，一份研究报告会对整个市场的脉络更为清晰，从而保证重大市场决策的正确性；

第二，如果要进入某个行业进行投资，阅读一份高质量的研究报告是系统快速了解一个行业最快、最好的方法。研究报告可帮助投资者掌握整个行业的发展动态、趋势以及相关信息数据，使得投资决策更为科学，避免投资失误。

2）行业监测研究

行业监测，指长期对某个行业领域利用科学的计算方法与指标评价体系，对大量的行业数据信息进行定量、定性分析研究。通过行业的内外部环境、上下游供需、经营状况、财务状况的监测与研究，反映行业的生命周期、盈利能力，并预测行业发展前景的机遇与风险。

3）行业定制研究

根据研究机构对多个产业领域的长期深入研究，结合不同产业的发展特性，专程为客户制作了定制研究框架，展示了对整体产业的研究思路与研究结构，体现了对重点产业领域的理解。客户可以根据实际需求调整与增减框架内容，定制研究成果报告。

4.1.2 咨询行业专家

行业专家是指在某一领域、某一行业具有较高造诣的专业人士，具备丰富的行业知识与行业经验，对该行业的发展现状具有比较全面和深入的了解，洞悉行业发展的脉络与趋势。向行业专家咨询，是迅速而较准确了解某一行业市场竞争格局的一个高效而便捷的途径。行业专家大体上可以分为企业家、行业高级研究人员、行业技术专家三类人：

1. 企业家

企业家拥有丰富的企业经营和产品运营经验，对自己所处行业相关产品的商业模式、资源供给情况、市场竞争情况、生产组织、技术和人力资源供给等方面具有深入而持续的了解，有能力对一个新的产品是否具有市场空间、是否具有市场竞争力进行比较准确的判断。当然，也要看到企业家自身的局限性，企业家身处该行业深处，有的人会失去从行外看行内的视角，企业家自身的成败得失，也会对其行业判断产生或悲观或乐观的影响。这是向企业家咨询时应当注意的问题。

2. 行业高级研究人员

行业高级研究人员长期致力于对某一行业的深入研究，对该行业发展现状的未来趋势认识全面深入，能够相对准确地判断新产品的市场地位、竞争优劣势及未来面对的竞争格局。相对于行内企业家，行业高级研究人员擅长于站在行业宏观角度看问题，但对于产品将面临的具体问题缺乏实践经验。

3. 行业技术专家

行业技术专家对产品将会用到的一系列技术及其最新进展非常熟悉，能够一定程度上判断产品在研发过程中会遇到的问题，提出更好的技术路线。但是对于如何策划与设计产品的商业模式、如何运营产品则相对缺乏经验。

从上面对于三类行业专家的分析可以看出，他们各自既有其优势也有其局限性。因此，应当充分利用其所长，规避其缩短，兼听则明，综合听取和吸纳三类专家的分析，用于自己对于市场的分析。

4.1.3 网络调查

网络调查既节省人力物力，还能够使该调查数据更符合市场的实际状况，因而已经成为当今市场调查最为重要的一种方法，正在逐步取代传统的电话调查、入户调查和街头调查。在互联网高度发展的今天，网民已经能够很大程度上代表民众，通过网络调查得到的结果在很大程度上能够反映民众的真实想法。在欧美等国际互联网发达国家，关于市场调查和民意调查的网上调查已经相当广泛，甚至还针对网上调查开发出一些网上调查软件。

1. 网络调查内容

网络市场调查是指在互联网上针对特定营销环境进行简单调查设计、收集资料和初步分析的活动。

利用互联网进行市场调查有两种方式：一种方式是利用互联网直接进行问卷调查等方式收集一手资料，成为网络直接调查；另一种方式是利用互联网的媒体功能，从互联网收集二手资料。由于越来越多的传统报纸、杂志、电台等媒体，还有政府机构、企业等也纷纷上网，因此网络已成为信息海洋，信息蕴藏量极其丰富，关键是如何发现和挖掘有价值信息。相对于网络直接调查，第二种方式可以称为网上间接调查。

设计调查问卷需要一定的技巧和经验，需要结合实际的业务场景，认真仔细设置问题。如果调查问卷措辞不清晰，或者给用户选择造成引导、干扰，将会影响调查结果的准确性。调查问卷的目的在于收集用户客观条件下选择的意向性。

2. 网络调查主要特点

网络市场调查可以充分利用互联网作为信息沟通渠道的开放性、自由性、平等性、广泛性和直接性的特性，具有传统的市场调查手段和方法所不具备的一些独特的特点和优势。

(1) 及时高效：网络调查是开放的，任何网民都可以进行投票和查看结果，而且在投票信息经过统计分析软件初步自动处理后，可以马上查看到阶段性的调查结果。

(2) 费用低：实施网络调查节省了传统调查中耗费的大量人力和物力。

(3) 交互性好：网络的最大好处是交互性，因此在网上调查时，被调查对象可以及时就问卷相关问题提出自己更多看法和建议，可减少因问卷设计不合理导致调查结论偏差。

(4) 相对更客观：实施网络调查，被调查者是在完全自愿的原则下参与调查，调查的针对性更强，因此问卷填写信息可靠、调查结论客观。

(5) 突破时空性：网络市场调查是 24 小时全天候的调查，这就与受区域制约和时间制约的传统调研方式有很大不同。

(6) 质量可控：利用网络调查收集信息，可以有效地对采集信息的质量实施系统的检验和控制。

3. 网络调查目标确定

互联网作为企业与顾客有效的沟通渠道，企业可以充分利用该渠道直接与顾客进行沟通，了解企业的产品和服务是否满足顾客的需求，同时了解顾客对企业潜在的期望和改进的建议。在确定网上直接调查目标时，需要考虑的是被调查对象是否上网，网民中是否存在着被调查群体，规模有多大。只有网民中的有效调查对象足够多时，网上调查才可能得出有效结论。

4. 网络调查方法

网络直接调查方法主要是问卷调查法，因此设计网络调查问卷是网络直接调查的关键。

由于因特网交互机制的特点，网络调查可以采用调查问卷分层设计。这种方式适合过滤性的调查活动，因为有些特定问题只限于一部分调查者，所以可以借助层次的过滤寻找适合的回答者。

网络直接调查时采取较多的方法是被动调查方法，将调查问卷放到网站等待被调查对象自行访问和接受调查。因此，吸引访问者参与调查是关键，为提高受众参与的积极性可提供免费礼品、调查报告等。另外，必须向被调查者承诺并且做到有关个人隐私的任何信息不会被泄露和传播。

5. 网络调查结果分析

结果分析是市场调查能否发挥作用的关键，可以说与传统调查的结果分析类似，也要尽量排除不合格的问卷，这就需要对大量回收的问卷进行综合分析和论证。调查结果只是代表用户某个场景下的选择，并非决定最终的解决方案，而是需要综合各种场景，考虑输出最优的方案。比如某场景下用户选择的是 A；但综合调研发现用户在更多的其他场景下选择的是 B。需要产品经理对调研结果背后的逻辑进行细致的分析。

4.1.4 目标用户线下调查

尽管互联网为用户调查提供了非常便捷的通道，但对目标用户进行抽样、线下拜访也是非常必要的。通过对目标用户的线下拜访，可以观察用户对于企业所描述产品的反应，收集反馈意见，了解他们的真实想法，从用户角度，审视产品的可用性，观察、记录用户的行为和反应。

对目标用户进行线下调查，分析用户需求，常用的方法有下述五种：

1. 访谈法

访谈法是通过与相关人员直接交谈来获取需求信息的方法。访谈的典型做法是向被访者提出预设和即兴问题，并记录他们的回答。访谈可以是一个访谈者和一个被访者之间的"一对一"谈话，但也可以包括多个访谈者和/或多个被访者。访谈有助于识别和定义所需产品特征和功能。

2. 问卷调查法

问卷调查法是指设计一系列书面问题，向众多受访者快速收集信息。问卷调查方法非常适用于以下情况：受众多样化，需要快速完成调查，受访者地理位置分散，并且适合开展统计分析。

3. 观察法

观察法是指直接察看个人在各自的环境中如何执行工作(或任务)和实施流程。当产品使用者难以或不愿清晰说明他们的需求时，就特别需要通过观察来了解他们的工作细节。观察也称为"工作跟踪"，通常由观察者从外部来观看业务专家如何执行工作；也可以由"参与观察者"来观察，他通过执行一个流程或程序，来体验该流程或程序是如何实施的，以便挖掘隐藏的需求。

4. 原型法

原型法是指在研发产品之前，先制造出该产品的实用模型，并依此征求对需求的早期反馈。因为原型是有形的实物，它使得干系人可以体验最终产品的模型，而不是仅限于讨论抽象的需求描述。原型法支持渐进明细的理念，需要经历从模型创建、用户体验、反馈收集到原型修改的反复循环过程。在经过足够的反馈循环之后，就可以通过原型获得足够的需求信息，从而进入设计或研发阶段。

5. 文件分析法

文件分析法就是通过分析现有文档，识别与需求相关的信息来挖掘需求。可供分析的文档很多，包括(但不限于)：商业计划、营销文献、协议、建议邀请书、现行流程、逻辑数据模型、业务规则库、应用软件文档、业务流程或接口文档、用例、其他需求文档、问题日志、政策、程序和法规文件(如法律、准则、法令等)。

4.2 行业竞争状况分析

4.2.1 行业发展阶段分析

一般说来，一个完整的行业产品的发展过程包括酝酿期、爆发期、淘汰期和稳定期四个阶段，如图 4-1 所示。

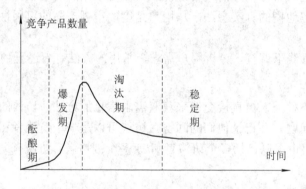

图 4-1 行业发展的完整过程

行业发展过程中的每一个阶段，伴随着竞争产品数量的变化，产品所面对的市场环境也相应产生了巨大变化。产品在不同阶段进入市场，面临的市场环境是截然不同的。作为对产品策划与设计具有决策权的人，是否上线一款产品、如何定位这款产品，需要对该产品所在的行业及其当前发展阶段进行深入研究，为自己的产品设定合适的定位和市场切入方案。

1. 酝酿期

产品的酝酿期往往发端于一项新技术或社会环境的变迁。比如，互联网这项革命性的技术于 20 世纪 60 年代出现后，首先应用于学术科研圈，出现了电子邮件(E-mail)、文件传输(FTP)、远程聊天(ICQ)等互联网产品。此后，互联网应用范围不断扩大，由美国扩大到全世界，但一直停留在美国军方和全世界学术科研圈。经过近 30 年的酝酿，到了 20 世纪 90 年代，随着通信技术的大发展，互联网才开始走向公众，互联网产品才迎来了大爆发的临界点。

电商的兴起也是经历了一个漫长的酝酿过程。随着互联网的兴起，零零星星的电子商务活动依托互联网逐渐开展起来，包括以展示厂家产品为主的网站、具有接受客户咨询和投诉功能的网页窗口等。进一步，网上商城概念开始流行起来，但大多数网民并不接受，担心产品质量和付款安全。

一个新的行业，产品之所以需要有一个酝酿期，根本原因在于产品不等同于技术，技术成熟只是产品成熟的前提而不是充分条件。在新产品形态出现后，还要不断适应并改造原有市场环境，包括产业价值链、消费者观念等。经过一个比较长的酝酿期，当市场环境进一步成熟、产品能够为足够多客户所接受时，产品才会走出酝酿期。当一个行业处于酝酿期时，企业的最佳策略应当是密切关注，

2. 爆发期

一般说来，产品酝酿期的告别是以大爆发作为终点的，当然也有的新产品一直没有走出漫长的酝酿期。

产品爆发期的来临一般有非常明显的特征。首先是媒体和社会舆论的热情关注和讨论，就如前不久有句戏言"开口不谈大数据，都不好意思说自己是做 IT 的"；其次，业内企业甚至业外企业都会积极探讨其中存在机会，甚至会跃跃欲试，准备上马相关的产品；第三，政府机构经常也会适时加入进来，推动产业的发展。

电商平台在 2000 年前后迎来了一波热潮，各行各业的企业家都在热衷于投资电商平台。由于当时社会对网络支付的接受度还不够、物流行业也还远未达到应有的水平，结果，那一波电商热潮很快被证明是个巨大的泡沫，并很快破裂。

O2O 平台产品的爆发期则来临得更加迅猛。2013 年国内 O2O 平台开始大量建设，到 2015 年左右达到高潮，各种智慧社区 APP 如雨后春笋般出现，试图占领"最后几百米"的市场。

3. 淘汰期

当新产品大量爆发之时，会吸引大量社会资源投入产品打造和业务推广之中，有意进入相关领域的企业自己会加大投资，各种风险资金也竞相进入。这一时期，也是大量泡沫集中产生之时，需要尤其谨慎。

大量同质产品的集中出现，很快引发剧烈的市场竞争，甚至是"烧钱"式的恶性竞争。对于绝大多数移动互联网产品而言，"只有第一、第二，没有第三、第四"的魔咒开始发威，只有资金实力雄厚、产业生态打造合理、产品具有足够竞争力、经营得法的少数产品才可以存活下来。这个过程就是一个大浪淘沙过程，经过激烈市场竞争洗礼的产品，其产品在产业生态、客户价值、客户感知、市场占有率等方面都具备了相当优势，从而可以进入下一个发展阶段。

4. 稳定期

进入稳定发展期的产品因其客户存量、业务存量及资金实力而摆脱了随时被淘汰出局的局面。目前，百度、阿里巴巴和腾讯(BAT)是进入稳定发展期的典型代表。百度以其强大的搜索引擎、强大的广告推广联盟、庞大的数据而占领搜索和广告推广市场龙头地位，公司业务和财务状况非常稳定。阿里巴巴以其强大的电商平台不仅稳居电商龙头地位，而且还积极涉足网络支付、互联网金融领域。腾讯以其 QQ 和微信建立了自己强大的产业生态，

以其流量优势加盟很多创新企业。

但是，进入稳定发展期的产品仍需要不断创新和变革，否则，就会面临携带更新技术、更新商业模式的新产品、新企业的颠覆。语音识别、虚拟现实、大数据、云计算、人工智能、物联网等的蓬勃发展，给 BAT 带了空前的挑战，华为、科大讯飞等更多公司携自身优势，不断与 BAT 争夺更多更新的领域。

4.2.2　企业资源禀赋分析

产品是极其依赖企业自身的资源禀赋的，移动互联网产品尤其是这样。所谓企业资源禀赋，是指企业的社会影响力、运营团队经验、资金实力、技术储备、人力资源状况、生态链合作等方面的条件。砸核桃需要合适的榔头，再好的产品创意，如果企业自身实力不足、资源禀赋不够，也不会转化为成功的产品。

1．社会影响力

社会影响力代表了企业对社会已有的影响力，具有广泛社会认知的企业在打造新产品方面，比新创企业产品更容易得到市场信任，这也就是企业品牌和商誉的价值。比如，同样是一台新型手机，如果告诉你是苹果的或者华为的，一定会比一个新设立公司的同样功能和外形的一款手机更能得到你的信任。

一般而言，著名企业、著名品牌，都代表了更强的社会影响力。这是初创企业和新创产品所面临的客观困难，产品策划和设计者应当有清醒认识。克服这一困难别无良法，只有靠自己产品的更好质量、更高客户价值、更好客户感知来弥补。假以时日，在细分市场，新创企业和产品也可以得到用户的认可。

2．运营团队经验

一个好的点子、好的创意只是一个好产品的前提，要把它变为好的产品，还需要更多的条件和大量的工作，而运营团队经验对于新产品策划设计与市场推广尤其重要。

移动互联网产品在产品设计、市场推广方面有着普通产品所不具备的特点，比如产品的用户感知、互联网推广渠道等。如何设计更好的商业模式、更人性化的用户界面、更好利用好宝贵的资金、更好利用现有互联网生态，都需要有丰富的互联网领域运营经验。

3．资金实力

互联网产品的成功是需要大量投资的，移动互联网产品尤其需要。产品策划与设计出来以后，真正困难的工作才刚刚开始。移动互联网产品需要有相当的用户数作为基础，而用户数不可能纯粹靠所谓"吸粉"和"导流"而来，必须有能使用户认可的有价值、有感知的业务，才能吸引到足够数量真实的用户。而这一过程需要进行大量的宣传，花费巨大。

即使像淘宝、京东这样已经有了很大知名度的电商平台，仍然需要持续在凤凰网、环球网等媒体做宣传推广，新创产品就更不用说了。此外，为了吸引用户，移动物联网新产品在初期推广阶段，往往还需要拿出大量补贴，以吸引更多用户。尽管有所谓"病毒式传播"、"借船出海"、"造船出海"等各种互联网化宣传推广模式，但移动物联网产品在宣传推广方面的成本仍然是巨大的。此外，当前 IT 行业人力成本相比于其他行业要高得多，新产品花在人力资源上的成本也是非常可观的。

很多公司的产品不是因为创意不好、设计不好、用户感知不好，而是没法坚持到能够独立生存的那一天。因此，策划和设计移动物联网产品，必须对企业的现有和后续资金实力有一个客观评估，谋定而后动。

4. 技术储备状况

绝大多数移动互联网产品虽然不见得需要所谓的"黑科技"、"硬科技"，但是对技术储备的要求还是比较高的。现在移动互联网市场已经非常成熟，简单的网站平台开发技术非常容易得到，但是，如果要使产品平台能够应对海量用户所带来的平台性能、平台安全性、平台功能等方面的需求，仍然需要企业有足够的技术储备。

比如摩拜单车、ofo，不仅要用到移动互联网平台的通用开发技术，还要用到 GIS、GPS、基于物联网的智能锁等技术。如果不能解决实时性问题，就会导致开锁、关锁不及时、不准确，影响用户感知。

5. 生态链合作

所谓生态链，是指产品的上游产品和技术等提供方、下游销售渠道等合作伙伴，移动互联网产品也非常依赖于生态链的合作。

在社会分工日益细分的今天，没有一个企业可以关起门完全靠自己来研发、设计或提供出一个好的移动互联网产品，让专业的公司做专业的事，仍然是移动互联网产品需要遵循的重要规则。同时，移动互联网产品的销售渠道需要通过多种渠道进行"引流"、"导流"，使更多移动互联网用户可以方便"看到"并使用。比如在微信界面中，就嵌入了一个摩拜单车，微信用户很容易就成了摩拜单车用户。

4.2.3 市场竞争态势分析

对于移动互联网产品的策划与设计而言，单是了解自己规划的产品所在行业的发展阶段以及自身的资源禀赋还不够。自己的产品一旦研发出来进入市场，马上就要面临激烈的市场竞争，因此对当前市场的竞争态势进行深入分析也是非常关键的。

1. 竞争市场的类型

韩国金伟灿等在《蓝海战略》一书中提出，"现存的市场由两种海洋所组成：即红海和蓝海。红海代表现今存在的所有产业，也就是我们已知的市场空间；蓝海则代表当今还不存在的产业，这就是未知的市场空间。"

蓝海战略打破现有产业的边界，在一片全新的无人竞争的市场中进行开拓的战略，其目的是摆脱竞争，通过创造和获得新的需求、实施差异化和低成本，获取更高利润率。因而把无人竞争的市场比作没有血腥的蓝海。

1) 蓝海市场

蓝海战略要求企业突破传统的血腥竞争所形成的"红海"，拓展新的非竞争性的市场空间，这就是蓝海市场。与已有的，通常呈收缩趋势的竞争市场需求不同，蓝海市场需要创造需求，突破竞争，在当前的已知市场空间之外，通过差异化手段得到的崭新的市场领域。

在蓝海市场，企业凭借其创新能力获得更快的增长和更高的利润，因此说价值创新是蓝海战略的基石。价值创新挑战了基于竞争的传统教条即价值和成本的权衡取舍关系，让企业将创新与效用、价格与成本整合一体，不是比照现有产业最佳实践去赶超对手，而是改变产业景框重新设定游戏规则；不是瞄准现有市场"高端"或"低端"顾客，而是面向潜在需求的买方大众；不是一味细分市场满足顾客偏好，而是合并细分市场整合需求。

2) 红海市场

红海市场是充满血腥竞争的市场，虽然我们强调蓝海市场的重要性，但很多红海市场在一个阶段内是无法通过蓝海战略来摆脱激烈的直面竞争的，这时就需要掌握红海市场的竞争方法。

很多电器如冰箱、空调、洗衣机，都经历过激烈的市场竞争，竞争取胜的法宝表面上看就是价格战，在同等质量下尽可能降低成本，把竞争对手挤出市场。但价格战的背后，其实存在着诸多深层次竞争，如技术水平、管理水平、营销水平等的竞争，没有扎实的技术、管理和营销作为支撑，价格战就缺乏可行性和可持续性。

移动互联网领域也存在激烈竞争的红海市场，争相占据热点区域的共享单车、各种订餐APP、各种交友平台，等等。尽管其形态与传统行业不同，但竞争的本质完全相同，还是要拼技术、拼服务、拼创意、拼资金实力等。

2．竞争产品的类型

1) 现有竞争产品

在策划与设计一款新的移动互联网产品时，首先要考虑的是现有竞争产品。绝大多数产品创新都是在现有产品基础上发展演化而来，现有竞争产品虽然是未来的竞争对手，但更是自己产品应当学习和借鉴的样板，是打造自己产品差异化优势的基础。只有对现有竞争产品进行深入研究和剖析，才能对自己的产品有个比较合理的市场定位。

Google 的搜索引擎显然受到 Yahoo 的影响，而百度则受到 Yahoo 和 Google 的持续影响。QQ 灵感来自于早期互联网流行的 ICQ(I Seek You)，微信则既可以看做是 QQ 的手机版演进，又是短信、彩信的升级版。

所以，不要担心有竞争产品，有时候，如果没有现有竞争对手反而更可怕。想一想，既然你觉得很好的产品，可是为什么没有竞争产品呢？如果一片街区一个饭馆都没有，你敢贸然在那儿开饭馆吗？有竞争产品，反而说明你所策划和设计的产品具有实际的市场接受度。

2) 潜在竞争产品

相比于现有竞争产品，潜在竞争产品通常会带来更激烈的竞争和威胁。这有两个原因，一是潜在竞争产品尚在暗处，可以观察并借鉴现有产品，规避其不成功之处；二是潜在竞争产品可以针对现有产品，制定更有竞争力、更有客户体验的新特性、新功能。

此外，潜在竞争产品要么由具有资源天赋的公司进行战略性投资倾力打造，后发制人，后来居上；要么由具有某一领域优势资源的团队悉心打造，凭借独有优势切入现有市场。这使得潜在竞争产品带来的威胁更具有不确定性。

因此，在进行产品策划与设计时，需要充分考虑可能的潜在竞争对手，是自己的产品具备抵御潜在竞争对手的能力。

3) 跨界与高维竞争产品

在当今的移动互联网时代，社会各学科、各技术领域、各生态圈跨界现象比比皆是，体现出显著的跨界优势。物业公司跨界做社区电商，电信运营商跨界销售和维护智能家电，手机厂家跨界制造智能锁，等等。跨界经营的产品是在新的技术条件下，聚合了原有两个或以上领域的优势，来与原来单一领域的产品进行不对等竞争，往往体现出较显著的竞争优势。

降维攻击是另一种重要的不对等竞争方式。这里所谓的"维"，是指空间维度、技术等级、资源条件等级，等等。比如冷兵器时代的陆军是无法脱离地面的(也没有导弹、高炮之类武器)，可以认为是在二维空间活动；而有了飞机后，可以在空中对地面部队进行轰炸，其实是在三维空间活动。因此，空军对于冷兵器时代的陆军作战，就是典型的降维攻击。掌握上游核心技术的厂家相比于不掌握核心技术的厂家，在产品竞争时也体现为降维攻击。掌握平台的厂家相比于不掌握平台的厂家，其竞争也呈现为降维攻击。

如果自己的产品可能遇到跨界产品或高维产品的竞争，那么就需要非常小心了。如果找不到能够克制跨界或高维产品竞争的方法，最好还是调整自己产品定位或细分市场。

3. 竞争产品分析

对于现有竞争产品的分析，可以参考表 4-1 所罗列的内容进行。之所以说是参考，是因为每一个项目下其实还可能有更多的分类。比如"产品类型"，除了"普通移动互联网应用"、"物联网应用"、"位置定位应用"，可能还有"人工智能应用"、"虚拟现实应用"等。其他项目也同样可能有其他分项，读者在进行竞争产品分析时应根据具体情况具体分析。

表 4-1 竞争产品分析

对 比 项		竞争产品 1	竞争产品 2	本企业规划产品
产品类型	单纯移动互联网应用			
	物联网应用			
	位置定位应用			
UI 类型	APP 版			
	手机网页版			
用户定位	产品适用的人群			
宣传途径	报纸、电视、广播宣传			
	互联网线上宣传			
	线下灯牌、海报宣传			
商业模式	产品研发生产方式			
	销售渠道			
	盈利模式			
产品内容	数字产品			
	电商服务			
	其他服务			
产品功能	基本功能			
	独有功能			
	功能亮点			
运营方式	运营产品的方式			
运营数据	用户数、流量、排名等			

基于表 4-1 的分析，就可以对自己规划中产品与现存竞争产品主要方面的优劣势有一个比较直观和清晰的了解，便于自己扬长避短，打造自己的竞争点。

一个产品具备竞争优势，不见得在每一个方面都要优于竞争对手，合适的才是最好的。如果不会削弱自己产品的竞争优势，在一些次要方面做出取舍是明智的。比如，有的产品用户数量十分庞大，但单个用户给产品带来的价值小；有的产品用户数量尽管小，但是抓住了少数高价值用户，同样可以给自己的产品带来可观价值。

4.2.4　当前互联网市场发展新趋势

2018 年 5 月 31 日，有"互联网女皇"之称的玛丽·米克尔发布了 2018 年的互联网趋势报告，报告全面概括了 2017 年全球互联网发展趋势，从用户、电商、广告、消费支出、数据获取和优化、经济增长驱动力、中国市场、企业软件等方面进行了具体阐述。

(1) 全球 20 大科技公司，中国占 9 席。

报告指出，中国正在成为全球最大互联网公司的中心。截至 5 月 29 日，全球 20 个市值或估值最大的互联网公司中，中国占据了 9 家，美国有 11 家。5 年前，中国只有 2 家，美国有 9 家。中国在全球互联网中的地位与美国的差距正在进一步缩小。"互联网女皇"还为独角兽企业进行了估值，其中蚂蚁金服估值 1500 亿美元，小米估值 750 亿美元，滴滴估值 560 亿美元，美团估值 300 亿美元，今日头条估值 300 亿美元。

(2) 全球云服务增速迅猛，2018 年一季度增速达 58%。

报告专门提到了云服务在互联网发展中的业务。在 2006 年时，亚马逊 AWS 还只提供 1 项服务，到 2018 年时，已经提升到了 140 多项服务。三大巨头——亚马逊、微软、谷歌在云服务上的营收逐年增长，同时保持高速增长，2018 年第一季度云服务增速同比增长 58%。

(3) 短视频和多人互动移动游戏显著增长。

短视频和多人互动移动游戏等在线娱乐，于 2017 年出现了显著快速增长。其中，中国移动互联网媒体娱乐使用时长在 2018 年 3 月份达到月均每日 32 亿小时，其中视频占 22%。2018 年的一大新趋势是在线娱乐的火热发展，短视频内容和 feed 流产品占据市场，抖音和快手成为这方面的领跑者，日活跃用户数量超过 1 亿。

(4) 技术颠覆并不新鲜，颠覆正在加速。

报告指出，近年来，新技术出现的频率在加快，计算机、互联网、手机、社交媒体、智能手机的普及在加速，普及耗费的时间在缩短。同时，计算能力越来越强，存储容量越来越便宜，连接与数据共享越来越便宜，这都成为技术颠覆的驱动力。

(5) 中国线上零售赋能，线下零售创新。

在零售创新方面，以阿里、京东为代表的中国企业纷纷提出新概念。目前中国线上零售占总零售的比例为 20%，成为全球渗透率最高、增速最快的国家。电子商务同比增长 28%，移动端占到 GMV 的 73%。其中，阿里的盒马鲜生、京东的 7FRESH、美团的小象生鲜重构了线下超市零售体验，其高质量、便利性和数字化受到大众喜爱。

(6) 中国移动支付、广告和共享出行增长迅猛。

中国共享出行、移动支付和广告业持续增长，移动支付规模同比增长超过两倍，在线广告收入增长 29%，共享出行规模增长 96%，领先全球。以支付宝和微信为代表的中国移动支付规模同比增长 209%，增幅加速。支付宝市场占有率高于微信支付的 38%，达到 54%，而二者在国内外的市场争夺战依旧在继续。

(7) 全球一半人可登录互联网，但用户增长放缓。

该报告显示，互联网设备和用户在过去一年增长持续放缓，截至 2018 年全球互联网用户已经达到 36 亿，虽然已超过全球人口的一半，但用户增长率为 7%，低于上年的 12%。

(8) 2017 年智能手机出货量首次未能实现增长。

全球网络用户已超过全球人口的一半以上，尚未接入互联网的人口变得越来越少。报告显示，全球互联网产业的人口红利正在消失殆尽，从上网设备来看，2017 年是智能手机出货量首次未能实现增长的一年。

(9) 中国消费者信心指数接近四年来最高点。

2018 年，中国宏观经济走势仍然强劲，在经历了 2016 年的短暂低迷后，消费者信心指数持续走高，接近四年来的最高点，国内消费对 GDP 的贡献比率也在大幅提升。

(10) 中国网民已超过 7.53 亿，移动数据流量消费同比上升 162%。

在宏观经济整体向好的情况下，中国的移动互联网行业也迎来了新的增长，中国网民人数已经超过 7.53 亿，占到总人口的一半以上，移动数据流量消费同比上升 162%。

4.3 目标用户确定

一个产品要取得成功，必须要准确选择合适的目标用户，必须要能为目标用户带来可以切实感受到的价值和良好的用户体验，使用户觉得值得用，喜欢用。因此，对于移动互联网产品策划与设计来说，确定目标用户和研究用户价值十分重要。

4.3.1 目标用户定位

产品是要为用户所用的，但用户是有各种分类和特点的，如男、女、老、幼，学生、老师、家长，企业家、管理人员、员工，商家与顾客，政府机构与企业，等等。因此，产品的目标用户通常以用户群方式来研究和定位。

1. 目标用户定位的切入点

定位目标用户主要有以下几个切入点：

一是根据用户自身特点细分用户群。不同群体的生活环境和支付能力差别明显，形成了不同的需求差异，这些需求的差异实际上意味着目标用户定位的精确化和产品的细分。比如同样是服装需求，富豪阶层、工薪阶层实际上是两个不同的用户群，需要的产品在档次上是完全不同的。

二是根据企业自身优势来定位用户群。每个企业会有自己优势和特点，也会有自己的主营业务和企业定位。比如有的公司主营业务就是网站建设，他们对自己的定位就是做高端网站定制，那么其目标客户就是那些想做定制网站的群体。而有的公司是专业做 OA 的，那么需要 OA 系统的企业就是他们的目标客户。

三是根据新技术带来的新能力来定位目标用户群。每项新技术的出现，都可能使原有产品增加新的功能。比如卫星定位技术的出现和商用芯片的成熟，使得智能手机本身具备了定位功能，进而激活了有导航需求的用户群。密切关注相关领域的技术进步，就可以敏锐发现新的目标用户。

四是根据社会环境变化来定位用户群。随着社会生产力的不断提高，整个社会正在从小康迈向富裕，人们对食品、服装、车辆、住宅以及其他消费品的要求不断提高。在此过程中，具有相同需求的人们就成为潜在的用户群，比如有些人愿意为吃到环保、无公害的食品支付更高费用，那么这些人就构成了绿色食品、有机食品的目标用户群。再比如，因为环境污染，雾霾严重影响人们的健康，于是对于口罩、新风系统等产品的需求随之产生。

2. 目标用户的筛选

对于产品有需求的并不都是有效用户，而产品的目标用户则必须是有效用户。在实际当中，可以根据目标用户的特点，来进一步筛选目标用户，使得目标用户群更加聚焦和明确。总体而言，产品的目标用户应当具备以下特点：

(1) 目标用户是一个群体而不是个别人；

(2) 产品能够为目标用户带来显著的用户价值；

(3) 目标用户愿意为产品支付合理的费用。

4.3.2　用户价值分析

1. 用户价值概念

第三章已经对用户价值做了一些介绍，这里对用户价值做进一步分析。首先简要介绍一下客户与用户概念的区别。在通常语境中，"客户"侧重于作为商务活动对象的用户，而"用户"则侧重于作为产品使用者的用户。比如我们给一个企业开发一款产品，这款产品可能是客户为其员工提供的，也可能是客户为其公众用户提供的。那么在这种情况下，我们把该企业就称为客户，把该企业的员工或者其公众用户称为用户就非常贴切。本书中，我们主要关注作为产品使用者的用户。

用户价值有两方面的含义：一是产品为用户提供的价值，即从用户的角度来感知产品和服务的价值；二是用户为企业提供的价值，即从企业角度出发，根据用户消费行为和消费特征等测算出的用户能够为企业创造的价值，该用户价值衡量了用户对于企业的相对重要性，是企业进行差异化决策的重要标准。在这里，为了提高我们所策划与设计的产品对于用户的吸引力，主要讨论从用户的角度来感知产品和服务的价值。

肖恩·米汉教授认为客户价值是用户从某种产品或服务中所能获得的总利益与在购买和拥有时所付出的总代价的比较，也即顾客从企业为其提供的产品和服务中所得到的满足。即

$$V_c = F_c - C_c$$

其中：V_c代表用户价值，F_c代表用户获得的总利益，C_c代表用户支付的成本。如果是用新的产品替代旧的产品，则上式又可以表达为

$$用户价值 = (新体验 - 旧体验) - 替换成本$$

要得到一个用户，最可靠的工具就是用户价值。用户得到价值足够高，他就会迁移。比如：由于既保留了即时通信的能力，又可以实现多媒体通信，还可以组建群组，用户价

值非常高，几亿用户很流畅地从短信迁移到微信上。

2. 用户获益分类

移动互联网产品能够为用户带来的利益 F_c 是多方面的，这些获益可以从人的不同层次的需求得以满足的角度进行分析。

按照马斯洛理论，把人的需求分成生理需求、安全需求、爱和归属感、尊重和自我实现五类，依次由较低层次到较高层次排列。在自我实现需求之后，还有自我超越需求，但通常不作为马斯洛需求层次理论中必要的层次，大多数会将自我超越合并至自我实现需求当中。通俗理解，假如一个人同时缺乏食物、安全、爱和尊重，通常对食物的需求量是最强烈的，其他需要则显得不那么重要。此时人的意识几乎全被饥饿所占据，所有能量都被用来获取食物。在这种极端情况下，人生的全部意义就是吃，其他什么都不重要。只有当人从生理需要的控制下解放出来时，才可能出现更高级的、社会化程度更高的需要如安全的需要。

在实际中，人的生理需求、安全需求、爱和归属感、尊重和自我实现需求可以表现为不同的形式，出现在不同的场合。下面结合我们的日常生活和工作作一分析：

1) 满足工作需要

企业为了提高工作效率，提升管理水平，通常会使用多种移动互联网办公软件，比如移动 OA、外勤助手、现场管理软件等。这些产品满足了各类员工的工作需要，企业愿意支付相应成本，包括软件开发费用和在企业内部的培训费用，甚至给还要进行配套的流程优化。

2) 满足生活需要

购物、购票、购买服务、社区服务申报、障碍投诉、网上预约挂号、约车、订餐，等等，都是为了满足某一方面生活需要而开发的产品，用户愿意为此支付相应成本。

3) 满足学习需要

现在社会是一个信息和知识大爆炸的时代，不仅在校学生，几乎各种年龄、各种身份的人群都需要学习，一大批学习类网站、APP 等应运而生，包括网上大学、某某讲故事、网络学习群组，等等。其实，各种新闻网站、微信公众号也是广义的学习资源。

4) 满足社交需要

人类是社会性动物，社交对于人类社会尤其重要。为了满足人们通过互联网、移动互联网社交的需要，出现了 QQ、微信、易信等多种及时通信产品。此外，还有一些产品满足人们结交有共同爱好、异性朋友的需要。

5) 满足娱乐需要

视频、游戏等可以给用户带来愉悦，丰富用户的生活，满足用户的娱乐需求，因此，用户愿意为此支付一定的成本。用户支付成本的方式也有多种，有的是通过购买游戏币的方式，有的是通过忍受免费广告的方式，有的是通过帮助产品提供者进行互联网化传播的方式。

3. 用户支付的成本

用户使用产品并获得其价值是要支付相应成本 C_c 的，这些成本主要有以下一些表现形式：

1) 金钱成本

金钱成本最为直观和容易理解。掏钱购买产品或者产品的使用权是最常见的方式。比如，扫码支付摩拜单车的骑行费用，扫码支付共享充电宝的充电服务费，购买游戏点数或游戏币，为一段视频直播付费，等等。

2) 时间成本

时间也是一种成本，当用户在获得产品的使用价值时，需要付出时间的成本。设计良好的产品便捷易用，节省用户的时间成本；而设计不好的产品繁琐复杂，会浪费用户大量宝贵时间。要把一个产品更换为相似功能的另一个产品，要卸载原有软件，安装新软件，熟悉新软件，都要花费大量时间。

3) 机会成本

所谓机会成本，是指当用户把时间、资金等资源用于一件事情的时候，他就丧失了把这些资源用于其他事情所能得到的收获，这也是一种成本。比如：把钱投入股市，用户就丧失了把钱存银行所能得到利息收入的机会；把时间用来进行网上学习，用户就丧失了把时间用于书本学习的机会。

4) 资源占用成本

经济学上有个前提，即资源是有限的，比如生产资料、劳动力、资金，等等，对这些资源的占用本身也是一种成本。其实对于每个人来说，资源也都是有限的，包括时间、金钱、财物等。即使对于我们常用的智能手机而言，资源也是极其有限的，包括 CPU 处理能力、存储能力、屏幕显示等，安装一个移动互联网产品会占用手机宝贵的资源。

4.3.3 确定用户价值主张

用户价值主张是指用户能从产品中得到的一切有意义的好处，既包括有形的，也包括无形的，是对用户真实需求的深入描述。用户价值可以用一个等式来表示：

$$用户价值 = \frac{产品功能 + 产品性能 + 提供的服务 + 形象}{支付的价格}$$

在实际中，用户价值主张体现在其选择产品或服务时的若干项关键指标，如质量、价格、品牌、售后服务等，他在选择产品时也将从这几个方面进行考察。把用户价值主张梳理清楚了，产品策划与设计的方向就比较清晰了。

以快餐业为例，有的顾客希望体验愉悦的用餐过程，有的对价格敏感，有的希望越方便越好，有的则想放任自己大快朵颐，还有一小部分顾客所有这些都想要，并且还希望能有利于身体健康。准确定位一个成功的用户价值主张可以凭借直觉和经验，但如果能采用井然有序的流程，成功概率就会提高。下面介绍两种定位用户价值主张的方法——三步法和 NABC 法。

1. 三步法

1) 市场回溯分析

对用户的市场研究不能只听其言，还要观其行。一种方法是调查用户的个人偏好和未来行为预期，然后将得出的数据与用户实际行为进行比较。第二种方法是利用统计技术对产品选项进行研究，具体做法是：给用户提供一系列的功能和价格的组合，然后根据其选择来推断哪些产品属性或功能对他们最重要。第三种方法是模拟用户购物体验，尽可能再现用户在真实市场环境中面临的选择。

这些分析可以成为用户群细分的基础，使你能够根据用户最看重的因素和价格敏感度，专注于特定的用户群，从而确定以下问题的答案：谁是你的目标客户？哪些属性和产品功能对他们最重要？获得用户和市场份额的最佳机会在哪里？如何才能让竞争对手的用户改用你的产品或服务？

2）竞争审查

没有哪个用户价值主张是凭空出现的。就像经过自然选择、不断进化的物种一样，所有能推向市场的创意都有自己的原始雏形，它们充其量只是应用了过去已证明成功的创意。因此，应密切观察在多个市场见效的用户价值主张，以及已经在这些领域站稳脚跟的竞争对手。模拟的商业模式不一定要来自同一个行业，也可以借鉴其他行业的经验。不妨想想看，当今世界最成功的用户价值主张有哪些？它们为何能奏效？竞争对手提供的是什么？这种主张如何因用户类型和市场而异？

3）能力前瞻评估

能力系统是流程、实践、技巧、能力、技术和文化的集合，企业可以依靠这个系统，提供具有竞争优势的独特价值主张。最具协调性的企业往往拥有三到六种差异化能力，它们组合为一个能力系统，相互加强，建立屏障阻挡竞争对手，并让公司能够在选定市场获胜。

以上三项举措既是思想启动器，为产品提供创意种子，同时也是实用的创意过滤器，能确保价值主张的成功。市场回溯分析确保市场规模足够大且顾客愿意支付适当的价格，竞争审查能帮助公司发现竞争壁垒和潜在机会，能力前瞻评估确保公司能够实现自己的意图。

2．NABC 法

NABC 法是一个测试"什么是真正的需求，什么叫真正的客户价值主张"的模型，用以较为准确地定位用户的价值主张：

第一个字母"N"是指关键需求，而不是有趣需求。比如说手机的语音通话功能，在手机整个功能份额里越来越小，因为智能手机还可以做很多很有趣的事情。但一旦手机的通话功能坏了，这个手机立即就没用了、没价值了。之所以会产生这么大的转变，是因为这里有个关键需求，玩游戏、拍照等其他功能的需求叫非关键需求，也叫有趣需求。我们生产一款新的产品服务，往往会把有趣需求当成关键需求，自认为很好，但消费者不买账，就是因为这不是关键需求。我们识别一个东西是不是有独特的客户价值主张，首先要问的是，你的产品与服务是否是关键需求而非有趣需求。

第二个字母"A"是指 Approach(手段)，即满足这种关键需求到底是通过什么样的手段。如果这个手段可以很便捷地实现关键需求，那就很好办；如果虽然可以满足关键需求，但使用起来非常不方便，那就说明有问题。尤其是电子产品，在使用中多一个步骤就大大降低产品体验和服务体验。有个词叫"容易"，一方面指的是包容性，即产品和服务的包容性很重要，像索尼的 DVD 有个优势就是包容性特别不好，碟稍稍有一点问题就卡机甚至不能播放；另一方面指使用的简易性。"容"和"易"这两点要做到，不是工程师思维，而是消费者思维。工程师思维能满足关键需求，但如果既不能做到包容性也不能做到简易性，这反映到市场上是会失败的。苹果的产品有个特点就是它不是工程师思维，乔布斯不是个技术天才，对技术知识的了解几乎是没有的。设计师在设计产品时要跟乔布斯讲道理是门都没有的，他只看结果，一个产品出来了，他觉得好就是好，觉得不好就是不好。他不想听那些原理，所以一直对设计师设计出来的产品说"No"，直到最后行了才说了句"Yes"。乔布斯是站在消费者的角度来体验一个产品的，而非从一个技术的角度。

第三个字母"B"是指 Benefit(单位成本收益)。这个产品很有用、很吸引人，操作起来很简便，消费者也很想使用，但是若价格高，也会被用户放弃。比如汉王电子书，2009 年推出市场时 3000 多元一个。因为刚开始市场上同类商品就他一家，采用的是礼品经济的销售模式，即将购买者和消费者分离，所以购买的人对价格不敏感。这种模式使得商品在初期的销售状况良好，但很快销售业绩一落千丈，原因就是电子书只有一个功能，竟卖到 3000 多元，而 iPad 那么多功能也卖 3000 多。一比较便知，汉王输在了单位成本收益，即收益很好但单位成本太高。

第四个字母"C"是指 Competition(竞争)。一个产品即便有关键需求，使用体验也很好，价格也便宜，于是一旦出现了替代的产品，势必会被淘汰出局。比如电子书的功能只不过是 iPad 中的一个小软件，况且其他公司也推出了能替代电子书的产品，所以汉王的电子书(业务)就垮了。

只有"NABC"这四个要素都满足了，才意味着完成了独特的客户价值主张。客户的需求是多种多样的，你能越好地满足他们，就越能长久的生存。

思考与练习题

1. 行业研究报告对于企业了解行业市场状况有什么作用？
2. 一个行业产品的发展要经历哪几个四个阶段？简述每个阶段的特点。
3. 企业的资源禀赋包括哪些方面？简述之。
4. 什么是用户价值主张？

第五章　商业模式策划与设计

移动互联网产品商业模式设计是一个产品能否取得市场成功的关键，而为用户提供用户价值又是一个好的商业模式的出发点和基础，产品的功能设计、销售渠道设计、推广方式设计等，都要围绕为用户提供性价比更好的价值来展开。一般说来，商业模式设计按照寻找用户痛点、定位用户价值、设计产品方案三个步骤展开。

5.1　商业模式设计原则

商业模式设计必须遵循一些基本的原则，这些原则包括：以用户为中心，健康可持续，前瞻性。

5.1.1　以用户为中心原则

任何产品都是要给其用户使用的，只有用户认可该产品的功能和性能，愿意为其支付费用，该产品才能真正变为商品，获得市场价值回馈，移动互联网产品也不例外。因此，以客户为中心是所有商业模式能够成立的基础，如图5-1所示。

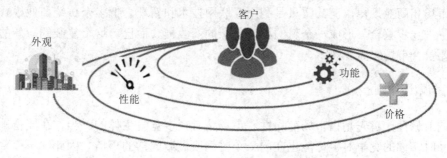

图 5-1　以客户为中心示意图

以用户为中心首先要考虑用户的真实需求，知道用户的痛点在哪儿，存在什么困难，需要解决什么问题。其次，要考虑用户承受力，知道用户能够为产品支付多少费用，愿意为产品支付多少费用。再次，要考虑如何使用户更方便使用，这包括产品本身的界面友好性、易用性、使用习惯，以及迁移成本(如果已经在使用同类其他产品的话)等。

5.1.2　健康可持续原则

一个健康的商业模式必须是能够产生正向现金流的，通俗地说，就是能够挣钱而不是一直贴钱。投入、产品、收入之间应当建立良性循环，方可行稳稳而致远，如图 5-2 所示。这个原则本来是市场经济的基本原则，但在互联网理念冲击下，很多人产生了不切实际的想法，以为只要利用一轮又一轮的融资，直到最后做大用户规模，就能够成功。这个想法其实是非常危险的，市场上的确有很多公司通过这种模式走到了盈利那一天，但他们都是在市场发展前景、竞争对手分析、自身资金实力和资源禀赋等方面进行了大量深入研究和测算的，而且也确实有更多的公司在没有看到盈利的曙光时就已经赔完本钱倒闭关门了。

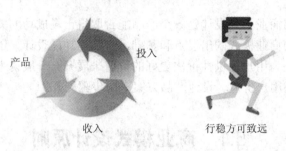

产品　投入

收入　行稳方可致远

图 5-2　健康可持续示意图

所谓的"烧钱"，其实也是有区别的。如果是为了培植市场所必需的前期投资，那本质上不叫"烧钱"，果农栽植苹果树，也需要数年才能挂果，挂果前的投资自然不能算"烧钱"，移动互联网产品市场调研，需要开发，需要推广，都需要花费资金，这肯定也不算"烧钱"。但如果产品是靠给用户免费、补贴才能维系用户，免费或补贴没了，用户就没了，且在此过程中也没有获得其他的收获，以达"堤内损失堤外补"目的，那么用在免费、补贴上的大量资金就可以说是被"烧"掉了。

互联网界流行一句"羊毛出在猪身上由狗来埋单"的戏语，这句话从浅层次来想，貌似违反市场和商业规律，但其实只是利用互联网技术和新理念把多个传统商业模式的主要要素做了进一步整合，形成一个新的更为复杂的商业模式而已。这个复杂的、新的商业模式照样要符合市场和商业规律。

5.1.3　前瞻性原则

所谓前瞻性，首先是指市场前瞻性。市场是有很多竞争主体的，当你在兴奋地策划自己的产品时，你的竞争对手可能也在同一个时间段做着同样的事情。因此，不仅要对现有的竞争产品进行分析，分析其优劣势，预测其下一步发展方向，还要分析可能的潜在竞争对手，分析哪些公司的产品会向这个方向转型。

其次是指技术的前瞻性。技术的前瞻性同样非常重要，技术决定了产品是否能够更好地满足用户的需求。如果所采用的技术不能够很好地实现产品功能，或者很快会被竞争对手的产品超越，那么产品注定是行而不远的。为了克服技术缺乏前瞻性带来的问题，后期肯定需要付出市场和资金方面巨大的代价，而且还不一定能够挽回损失。

要做到前瞻性，就需要站位足够高，能够看到市场的动向和大趋势，能够把握技术发展和升级的总体方向和节奏。就像站在山巅的老鹰一样，可以俯视远处的一举一动，如图 5-3 所示。

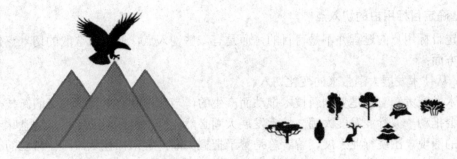

图 5-3　站位高才能看得远

5.2　商业模式方案设计

在行业竞争状况分析、目标用户需求分析基础上，按照商业模式策划与设计原则，就可以展开商业模式方案设计。商业模式方案设计是对构思中产品商业模式的明确化，说明要做什么，如何做，如何实现盈利等。其主要内容如图 5-4 所示，包括：确定主要目标，定位目标用户，寻找用户痛点、痒点和兴奋点，定位基本型、期望型和兴奋型需求，实施方案设计、资源评估和成长战略制定等。

| 确定主要目标 | 定位目标用户 | 寻找用户
• 痛点
• 痒点
• 兴奋点 | 定位需求
• 基本型
• 期望型
• 兴奋型 | 实施方案设计 | 资源评估 | 成长战略制定 |

图 5-4　商业模式方案设计示意图

5.2.1　确定主要目标

产品商业模式的设计总是有目标的，是以占领新市场为目标，还是以提升市场占有率为目标，或是以获取竞品的用户为目标，等等都需要非常明确。

这一目标会直接影响产品策略、渠道策略、定价策略等一系列方案的制订。比如，如果是以占领新市场为目标，就要求功能新颖、产品推出速度快；如果是以提升市场占有率为目标，就要在价格、渠道等方面下更大的工夫；如果是以获取竞品的用户为目标，就需要在产品功能、性能、价格方面比竞争对手的产品有显著优势。

此外，主要目标应该是可测量和评估的，并以关键目标为基准。因此，必须对目标进行指标化，并说明如何来测量各项指标。

5.2.2　定位目标用户

1. 目标用户

没有一家企业能够服务全部的市场和用户，因此，一定要想清楚自己的产品到底要面向哪些现实和潜在的客户，这个目标用户一定要划分到位。一个基本原理是，目标市场划分的维度越多，越精确，那么目标用户的划分就越准确。

2．确定目标用户的切入点

确定目标用户的过程并不是盲目的，而是有一些切入点，通常所选取的切入点包括下述几个方面：

(1) 从技术发展大潮带来的变化切入。

技术发展大潮一般是受到新技术推动而产生的，当一项具有里程碑意义的新技术出现时，就会推动一波行业发展大潮。技术发展大潮必然会产生很多新的应用，这意味着大量新用户的涌现。围绕行业发展，智者总是善于把握大潮，善于抓住风口，使自己的产品迅速发展起来。对技术发展大潮麻木迟钝者，则往往错失发展的宝贵机遇。

比如互联网大发展初期，各种电商平台风起云涌，企业上网成为潮流，从而网站和电商平台开发成为 IT 行业的大潮。如果你是一家 IT 公司，如果你能洞察这一时代大潮，就会发现需要建网站或电商平台的企业非常多，这些企业就是你的用户。

(2) 从国家政策导向变化切入。

市场热点通常是受到国家政策导向、重大事件等因素所引致。比如国家要推动乡村振兴战略，那么面向现代生态农业的产品和服务就得到了国家政策支持，国家对于示范性农业合作社、农户等都会有补贴。比如城市要治污减霾，很多直接能够推动治污减霾的移动互联网应用就有了存在的价值。再比如，随着老龄化日益加剧，社区养老就成为刚性需求，也是国家倡导的方向，那么社区健康养老类产品和服务就会有很大市场空间。

从国家政策导向切入，既符合市场的需要，又能得到国家在资金(直接或间接)、产业政策、舆论导向、宣传推广等方面的支持。

(3) 从用户消费习惯的改变切入。

随着技术进步和社会发展，人们的消费习惯是不断变化的。过去人们看电视，现在人们看手机；过去人们只求能吃饱，现在都希望能吃好，吃无公害食品，吃品质好的食品。过去人们很少有旅游的机会，现在旅游已经成为人们生活的一个重要方面。消费习惯的变化会产生新的需求，这就为能够满足这种新需求的产品和服务提供了广阔的空间。善于洞察和抓住这些新的市场，掌握先机，就可能打造成功的产品。

(4) 从用户痛点切入。

俗话说，家家都有一本难念的经，也就是每个人都有痛点。当具有同样的痛点的人很多，且形成规模，这就是一类人群，这类人群有着共同的痛点。比如小学生的家长为每天接送小孩发愁，学生家长为繁杂的家庭辅导任务发愁。再比如，子女为父母的健康问题操心，企业领导为在外施工员工的人身安全问题操心，等等。解决用户的痛点，是新产品和服务一个很直接的切入点。

5.2.3　寻找用户痛点、痒点和兴奋点

痛点、痒点和兴奋点是当前营销中比较流行的几个相关联的概念，对应于产品策划与设计中的基本型需求、期望型需求和兴奋型需求。

1．痛点

所谓痛点，其实就是人们需要及时、必须解决的问题，人们对这一问题的解决有强烈的迫切感，如果不解决，人就会很苦恼、很痛苦。比如一个人正身处沙漠中，口渴了，需

要喝水，这个时候没有水喝他就会渴死，此时口渴的生理需求就是他的痛点，这个时候你给他一瓶水就是解决了他的痛点。

商业模式设计最根本的立足点是解决用户的痛点，而不是怎么赚钱、能否上市等。用户的痛点，也可以泛化为行业的痛点和社会的痛点。比如，食品安全问题、婴儿奶粉问题、环境问题等。当很多国人到境外疯狂买奶粉、购买马桶时，体现的就是国内没有解决好食品安全问题，没有解决好产品质量问题，这就是行业痛点和社会痛点。

从用户需求角度来看，痛点就是客户的基本型需求，也就是商机，痛点有多大商机就有多大，因此产品策划与设计首先要找准用户痛点。寻找用户痛点，需要把握痛点的以下两大特点：

(1) 不同用户群体有不同的痛点。

产品都有自己特定的用户群体，不同的用户群体有不同的痛点。不同用户群体，比如应届毕业生盼望找到待遇好、有发展前景的用人单位，他们会为找不到满意的用人单位而发愁；婚龄青年盼望早日找到自己的人生伴侣，会为找不到中意的恋爱对象而焦虑万分；未成年人的父母亲会为自己小孩的升学、就学而操心，为进不了理想的学校而着急；病人期待找到医术高的医生、水平高的医院，会为挂不上这些医院的号急得团团转；等等，这就是他们的痛点。

对于移动互联网产品来说，需要寻找的痛点应该是一个有规模的群体共有的痛点，而不是只有极个别人特有的痛点。如果痛点只是几个的，就很难支撑起一款需要有大量用户的产品。当然，也有一些小众市场，虽然看似潜在用户群很小，但由于其他竞争对手，尤其是行业中大的、实力雄厚的企业，因为没有足够的体量支撑自己过多的产品，而不屑于开拓这个潜在用户群很小的细分市场，这时对于中小型企业而言也是一个机会。

(2) 痛点是不断变化的。

人的欲望是无穷的，老的迫切需求得到了满足，就会产生新的需求，这从根本上决定了人的需求也是无穷的，痛点也是不断变化的。衣食无着时，痛点是解决温饱问题；吃饱了饭、穿暖了衣，就会期待有间房子可住；有了房子后，就会盼望房子更大，厨房更大；有了房有了车，又会期待能有更多财富积累，可以使自己有能力周游世界。

外界环境也是不断变化的，为适应环境，也迫使人们的需求和痛点不断发生变化。当中国还处在发展初期时，空气是干净的，水是干净的，土壤中很少有有害金属，食品是绿色环保的，人们的痛点是如何实现温饱，走向小康。后来随着工业尤其是高耗能产业的急剧发展，随着私家车的普及，随着汽车越来越多，随着化肥、农药的大量使用，空气污染了，土壤污染了，水源污染了，人们的需求和痛点就发生了以前都难以想象的变化，人们需要干净的水、干净的空气、无公害的食品。除了自然环境，人们的家庭环境、生活环境、工作环境、经济环境等的变化，都促使人们的痛点不断变化。

2. 痒点

所谓痒点，就是用户期望想要做的事，或期望要达到某种目的，但未必会实现，也非是必需的。痒点更多的是消费者的潜在需求，给人一种在情感和心理上更好的满足感。从用户需求角度来看，痒点就是用户的期望型需求。具体来说，什么是用户的痒点呢？我们通过以下三个例子来体会：

(1) 实例一 汽车的广告语："0元购车，不是梦！"很多收入不高的工薪族都对拥有一辆汽车非常向往，因为汽车不仅带来生活的便捷，还会带来心理上的成就感和优越感，尤其是能有一台奔驰、宝马这样的高品牌车时。

(2) 实例二 卖甜瓜的在吆喝生意："香妃甜瓜，香妃的香味！"香妃的香味究竟是什么？相信看过电视剧《还球格格》对香妃留下美好印象的人都会非常有兴趣体验一下这种甜瓜的香味。

(3) 实例三 韩剧。很多人可能会说，看韩剧的女生都是花痴，就是冲着颜值去的。其实，颜值只是表面的原因，韩剧之所以吸引了无数女生，更多的是因为它满足了很多女生潜意识中的理想需求——即使长得普通，没有傲娇的颜值和身材，也可以有帅气多金又痴情的男友，收获浪漫唯美的爱情，它满足了很多女生的痒点需求，即满足对其虚拟自我的想象。

正所谓不疼不痒没感觉，想要消费者掏腰包，就要让他有"想要"的情绪，让他一听说你的品牌、你的产品，心中就痒痒的，特别向往的。在产品商业模式设计中，痒点是在基本功能、基本服务之外，附加的特别能够打动用户的额外元素。

3. 兴奋点

兴奋点也称卖点，是指产品所具备的特色与特点，既可以是产品与生俱来的特点，也可以是通过营销策划人的想象力、创造力而"无中生有"出来的特色，能够给用户带来刺激反应和产生快感，可以瞬间打动用户。从用户需求角度来看，兴奋点就是用户的兴奋性需求。

很多卖点是消费者不能立刻发现的，所以就要通过营销策划将卖点推广出去。所以，要想在激烈的市场竞争中脱颖而出，就要为消费者呈现与众不同的卖点。

5.2.4 定位基本型、期望型和兴奋型需求

营销学上的痛点、痒点、兴奋点对应在产品上就是基本型需求、期望型需求、兴奋型需求，因此，在产品策划与设计中，要合理定位三种类型的需求。

首先要做好产品的基本型功能(重要紧急的事情)来解决用户的痛点，同时要开发一部分期望型功能来满足用户的痒点，当产品稳定以后还可以策划一些兴奋型功能，来撩拨用户的兴奋感，让用户对你的产品欲罢不能。在具体产品策划设计实践中，要根据用户群的特点，对痛点、痒点、兴奋点有一个更加细致的把握。

对于决策偏理性的用户来说，他通常考虑的是未来，是重要的难点问题，是成本高低，他会利用各种逻辑推理等综合评估你的产品是否符合他的需求，不会轻易做出决策。针对这种用户，在产品策划与设计时，应更多考虑其痛点，兼顾其痒点。

对于决策偏感性的用户来说，他通常更倾向于考虑现在，考虑自己，他可能会因为感觉上的爽而购买你的产品，因而也会比较快地做出决策。针对这种用户，在产品策划与设计时，在考虑痛点的同时，可以更多地考虑其痒点和兴奋点。

5.2.5 实施方案设计

明确了用户的问题和痛点，接下来就要考虑如何来解决，也就是制定解决用户问题和痛点的方案，主要分为五个方面：

1) 方案说明

说明所要构思的解决方案如何来解决目标客户所遇到的问题、痛点和挑战。需要注意的一点是，这个方案和现有产品的差异化是方案说明中关键的信息，不痛不痒，引不起目标客户关注的方案是没有价值的。

2) 方案价值

说明方案在解决目标用户问题的时候，能够为用户带来什么样的价值。用户价值可以表现为满足工作需要、满足生活需要、满足学习需要、满足社交需要、满足娱乐需要等多个方面，也可以归纳为成本上的、收益上的、体验上的和心理上的收获。

3) 产品与服务设计

产品与服务设计，也就是用户体验设计。能不能给用户带来新的体验、更舒服的体验，让用户的痛点得到极大改善或者消失，是产品与服务设计的设计核心，是方案价值实现的关键。

4) 价格策略

价格策略即指所构思的解决方案采取何种定价方式才能够促成消费者的购买，从用户角度看，也就是用户接受你所构思的解决方案所需要花费的成本。成本是制定价格策略的下限，尽管现在很多互联网企业采用免费、补贴的形式，但是这些形式说到底都是一种阶段性的策略。如果在设计商业模式的时候，这一点没有策划好、设计好，或者两者之间的转换逻辑走不通的话，最后只能让商业模式陷入到成本无法控制的漩涡中。

5) 交易结构与盈利模式设计

商业模式的本质是交易结构，即确定和政府、供应商、渠道以及相关联企业之间的关系，构建企业生态圈。比如企业与企业之间的合作、加盟，比如外包、众包、众筹等。

盈利模式即企业的收入来源、赚钱模式，盈利模式设计是商业模式最终的落脚点。狭义的商业模式就是盈利模式。有的商业模式设计很有创新性和颠覆性，但盈利模式没有设计好，不健康，企业长期不赚钱，不断融资烧钱，最后还是死掉了。

6) 推广与销售策略

推广策略即如何让目标用户了解、理解、体验到你的方案，并对你的方案感兴趣，认为值得为之掏钱。这一点说起来容易，但做起来并不容易。很多自认为是差异化的产品特征，其实在目标用户眼里并不是。因此，尽管这里涉及的是推广策略的构思，但事实上还是基于你对目标用户是否有全面而精准的认识。

推广渠道与传播方式设计是市场营销层面的问题。在移动互联网时代，产品的渠道模式发生了极大的变化，渠道整合与共享、自媒体、病毒式传播，为推广渠道与传播方式设计提供了丰富的方法。

销售策略的核心包括渠道、销售和支持等三个方面，每个方面都需要一整套的工作，比如说在销售中，产品经理至少要做销售策略、销售工具包、销售培训、盈亏分析等工作。

5.2.6 资源评估

再好的解决方案如果没有企业资源的支持，就永远只能停留在纸面上，因此，在商业模式设计中，对于解决方案所需的资源的评估就成为一项重要工作。进行资源评估的时候，需要考虑以下三个方面的资源：

1) 技术资源

技术资源指针对所策划产品的现有技术储备、技术人员等，包括公司自有的内部资源及可以通过商业合作方式调用的外部资源。技术资源是产品能够实现的技术基础，如果技术储备不足，产品开发就会遇到重重障碍甚至无法进行下去。

2) 市场资源

市场资源指针对所策划产品的现有销售渠道、宣传途径等，包括自有销售渠道、代理渠道、互联网电商渠道、传统宣传资源、互联网宣传窗口等。市场资源是产品迅速、顺利推向市场的必备条件。

3) 企业独特资源

企业独特资源指同类企业尤其是竞争对手不具备的且对产品的功能、性能或者销售带来很大优势的资源。比如阿里巴巴已经具备庞大的个人用户群和商户群，阿里巴巴在推广他的移动办公产品"钉钉"时，这些个人用户和商户就成为"钉钉"非常容易获取的用户，这是其他办公 OA 厂家所不具备的都有资源。再比如腾讯公司原有庞大的 QQ 群，在移动互联网时代要推出微信产品时，QQ 用户叠加微信，成为腾讯公司非常高效、低成本的市场推广渠道。再比如华为公司作为世界顶尖的通信设备制造商，在芯片设计、通信模块设计等方面具有远远超出其他智能手机厂家的独特资源，因此当他开始进入智能手机市场时，就有着其他智能手机厂家不具备的优势。

5.2.7　成长战略

好的商业模式一定能够持续支持产品健康、良性的成长，并且有助于产品战略目标的实现。那种看起来很时髦，但是却没有经过产品经理认真分析和设计的商业模式，是缺乏生命力的，无法支持目标实现。因此，在设计商业模式的时候，一定要说明这种商业模式的成长路径可能是什么样的，简单地说，就是所设计的商业模式能够不断应对市场和用户价值的变化。

5.3　移动互联网产品商业模式创新

移动互联网时代，无论是技术条件还是人们的思维观念都发生了天翻地覆的变化。无论是对原有产品的升级换代，还是对完全创新的产品而言，都面临着商业模式的创新。对于移动互联网产品，商业模式的创新则更为重要。

5.3.1　商业模式创新的途径

移动互联网产品商业模式创新的途径如图 5-5 所示，包括产品与服务创新、生产组织方式创新、销售渠道创新、构建产业生态圈等。

图 5-5　移动互联网产品商业模式创新路径

1. 产品与服务创新

产品与服务的创新是企业不变的主题，顺应市场需求变化趋势，抓住用户痛点，采用新理念、新技术、新设计，开发具有创新功能和竞争力的产品与服务，或者对原有产品和服务进行大幅度升级，以新功能拉动用户需求，是产品与服务创新的重要途径。当前，绿色、健康、人性化、个性化、智能化已成为社会需求的主旋律，也为产品和服务的创新指明了方向。

1) 智能化产品

智能化产品利用计算机的记忆、学习和分析判断能力，结合传感测量、定位和自动控制技术，使产品的自动化程度更高，极大地减少人力的干预，提高用户感知和使用价值。智能化产品所涵盖的面很广，包括所有具有嵌入式系统和机电控制功能的设备、仪器仪表、家具和玩具等。

2) 平台化产品和服务

平台化产品和服务是指通过云平台向用户提供的产品和服务，如百度搜索服务、高德导航服务、微信公众号、滴滴快车、世纪佳缘红娘服务、各类网络游戏等。还有一类社区化的 O2O 平台，能提供物业交费、障碍报修、预约挂号、订餐等服务。

3) 科技型快时尚产品

科技型快时尚产品以其快速设计、快速组装为特点，它们时尚且具有一定的科技含量。目前，这类产品多数由深圳等地生产，有的还以"山寨"而闻名。科技型快时尚产品种类繁多，难以一一列举，比较典型的有可穿戴设备、玩具机器人、电子礼品、玩具无人机等。

4) 健康生态产品和服务

受生活水平提高、环境污染加重以及社会老龄化加剧等多种因素影响，人们的需求发生了很大改变。人们希望吃到没有农药残留的、没有抗生素的、没有重金属污染的食品，包括粮食、蔬菜、水果、肉类等。老年人需要健康监护，中年人需要预防三高，青少年需要健康成长。人们需要提高生活品质，增加休闲娱乐、亲子教育、异地旅游、城郊短游等。

5) 高科技产品

高科技产品是指采用领先技术，使产品具有此前产品所不具备的、具有代差甚至颠覆性的新功能。如采用基因工程，制造出可以治愈以前视为不治之症的新药；又如采用人工智能，设计出可以战胜世界冠军的围棋机器人；更如采用量子纠缠技术开发出具有绝对保密功能的量子通信系统；等等。高科技产品采用前沿技术，需要强大的基础研究作为后盾，因此多出现在人工智能、新材料、生物医学、基因工程等领域。

2. 生产组织方式创新

在移动互联网时代，企业内、外部环境都发生了根本性变化。企业为了适应新的环境，保持企业商业模式的健康和可持续，不仅需要对产品和服务进行创新，还需要对产品和服务的生产组织方式进行创新。生产组织方式创新的核心是以合作共赢为基础，最大限度地利用好企业内、外部资源，减少现金和人员投入风险，加快产品开发速度，提高产品竞争力。下面仅探讨一些常见的创新模式。

1) 外部资源内部化

外部资源内部化，是指打破企业原有组织架构束缚，以项目合作、产权股份化、收益权分成等方式，让外部科研人员、专家、科研机构、合作公司等融入本公司产品或服务的研发过程。有位企业家提出一个新理念，"我的员工是我的员工，不是我的员工但只要给我工作也是我的员工"，只有打破原有组织架构束缚，才能高效、灵活、机动地引入更多优秀人才和技术。

2) 员工持股或推行承包制

员工是企业最宝贵的资源，只有把员工尤其是高管和业务骨干的利益与企业紧密捆绑，才能最大限度地发挥员工的主动性、责任担当和开拓精神，而员工持股或推行承包制是绑定员工与企业利益行之有效的手段。

员工持股关键在于弄清楚要让哪些员工持股、原有管理和考核模式要做哪些调整。采用承包制稍微复杂些，首先要划分出具有可承包性的模块，明确工作内容和任务目标，测算出该模块的运营成本初值，再以此为基础，制定承包人收入与业绩增长或成本压降之间的挂钩政策。其次，要选择合适的承包人，选对人是能否实现承包目标的关键。

3) 众筹方式获取低成本资本

众筹是当前比较流行的一种商业模式，是通过把众多投资人以合伙方式聚集起来，短时间内获得大量低成本资本，用于新产品开发和新项目组织，分散投资风险。同时，众筹方式也能大幅度增加企业的人脉、资金、市场等外部资源。

众筹项目的发起人首先需要对产品或项目进行深入的市场调研和项目可行性分析，让参与者对预期收益有相当认可。其次，众筹项目的运作需要有一套完整的规范，各方的权利和责任都必须进行明确界定。

4) 打造新型的用户与产品关系

产品能否抓住用户痛点、获得用户认可，是决定产品市场竞争力的关键。产品的不断完善，也有赖于用户在使用过程中不断提出各种反馈意见。让现有用户或潜在用户适度参与到产品的设计和生产环节，可以使产品最大化地融入客户的真实需求。从商业模式角度来看，这种新型用户与产品的关系，改变了用户只能被动了解产品功能、企业只能通过用户是否购买来判断产品是否受认可这样一个低效的互动模式。企业和用户在设计阶段的紧密互动，能在很大程度上保证产品的市场接受度。

3. 销售渠道创新

在商业模式构成中，销售渠道受互联网影响最大，以销售为主营业务的实体商贸企业受到 B2C、O2O 等各种形态的电商的巨大冲击，因此普通企业也面临着合理利用好线上和线下两个渠道的迫切创新要求。当前，企业销售渠道的创新主要有以下一些方式：

1) 产品宣传推广的互联网化

门户网站、微信公众账号、自建网站或 APP 是通过互联网宣传推广产品的主要方式。每种方式各有优劣势，需要缜密地分析和测算，从而设计出良好的推广模式。

门户网站宣传效果好，但更好的宣传效果需要支付更高昂的费用，因此，需要对预期效果和费用之间做一权衡。为提高广告命中率，应当挑选与自己产品用户群重合度高的网站。

微信公众账号开发成本低，但推广成本高。一种节省成本的推广方式是造船出海或借船出海，把吸引人们眼球的帖子、小视频、段子等拿来作载体，让公众账号做病毒式传播。当然，公众账号能否黏附住用户，根本上还在于其本身的吸引力。

企业自建网站或 APP 费用一般不高，主要成本在推广环节。为迅速推广自己的网站或 APP，与百度、应用市场等的合作难以避免，但为了将自己的内容排在前面，需要花费一笔不菲的费用。

2) 建立电商销售渠道

建立电商渠道有两种方式：一是利用淘宝、天猫、京东、垂直电商、社区电商等现有平台，二是搭建自有平台。

两种方式各有优缺点，适合于不同禀赋的企业：利用现有电商平台周期短，工作量小，不需要专门技术人员，但为使自己的网店排名靠前，需要多交费的情况会经常出现。其本质原因还是电商平台宣传资源的稀缺性，即只有排在前面的网店才能吸引更多眼球。搭建自有平台适合于有足够实力的企业，如华为、小米、海尔等。电商平台的开发、推广、运营缺一不可，企业必须很好地策划，规避各种风险。

3) 组建互联网化虚拟销售团队

互联网化虚拟销售渠道是对传统销售渠道的创新和放大，虚拟团队人员组成和激励方式灵活，能有效适应复杂的国内商业环境，最大限度地盘活社会优势资源。

互联网化虚拟销售渠道适合于软件、机械设备、社区化产品等。举一个虚拟销售渠道案例，某平台化软件公司在一个省仅有两名员工，但他们组建了一个上百人的虚拟销售团队。每账户 400 元的软件，这个团队一年实现了两千多万元销售额。微商也是一种互联网化虚拟销售渠道的典型代表。

4) 销售渠道外包

代理是传统销售渠道的主要模式，在移动互联网时代，这一模式也有着巨大的创新空间。有核心技术的中小企业、生态农业企业等应专注于产品的研发和生产，而产品的销售，则可以通过战略性合作，如互相参股等，外包给合作方，其实质是社会分工的进一步细分和专业化。

4. 构建产业生态圈

产业生态圈是由众多上下游企业、资源共享企业以及其用户组成的一个相互依赖、相互助力的产业共生体，包括由同质企业构成的同业联盟、由不同行业企业构成的异业联盟、由上下游企业构成的产业链、产学研联盟，等等。

产业生态圈的生命力是由企业之间、企业与其客户之间相互依存关系的性质所决定的，是企业和客户利益最大化诉求强烈驱动的结果。从商业模式角度分析，在庞大的产业生态圈范围内，进行研发资源、生产资源、销售渠道资源、客户资源的共享、优化和整合，从而降低圈内企业各环节成本，提高运营效率，提升圈内企业市场竞争力。

有思路、有实力的企业可以寻找切入点，以自身业务为核心，吸附更多企业，打造产业生态圈。一般企业也可积极融入现有产业生态圈。产业生态圈原来一直就存在，但在移动互联网时代，产业生态圈的特征和规模都发生了巨大变化，特别是在产业互联网的强大支撑下，圈内企业得以在更大范围、更高层次上进行优化和整合，产业生态圈逐渐成为企业资源的倍增器、企业影响力的放大器、企业快速发展的助推器。

5.3.2　当前商业模式创新特点

管理学大师彼得·德鲁克曾经说过："当今企业之间的竞争，不是产品之间的竞争，而是商业模式之间的竞争。"十年前，这句话可能并没有显得如此引人注目，在当时的商业环境下，商业模式的创新异常艰难。然而，这句话到今天已经人尽皆知，商业模式创新已经成为当今企业获得核心竞争力的关键。互联网的出现，改变了基本的商业竞争环境和经济规则，使得大量新的商业实践成为了可能，一批新型的依靠商业模式创新的企业崛地而起，商业模式创新发挥着显著的"倍增效应"。

1．线上线下融合

2016 年到 2017 年，商业圈的一大话题点是，曾经喊出"要么电子商务，要么无商可务"口号的马云表态，电商概念将消失，阿里不再用电商这个概念。马云认为，线下的企业必须走到线上去，线上的企业也必须深入到线下来。

电商将消失，指的是电商未来将融入所有商业形态中，就没有必要刻意提电商的概念了。互联网产业与传统产业间的界限正在不断消失，双方不再是谁颠覆谁的关系，而是你中有我、我中有你。

零售行业未来的大趋势就是，企业将以实体门店、电子商务、移动互联网为核心，通过融合线上线下，实现商品、会员、交易、营销等数据的共融互通，向顾客提供跨渠道、无缝化体验。

2．从经营商品到经营人

Direct to Fan 是一种开始于音乐领域的商业模式，如今正被品牌商们广泛应用，其主要形态是持续经营和粉丝的社群化关系，并将这种关系用于提升宣传和销售。当下非常流行的网红经济，本质上也是对粉丝的经营。"网红"一族，甚至被认为是整个新经济力量的体现。

新一代的"网红"，基本等同于生活方式的传播者，包括时尚、健身、宠物、美食、旅行等等。网红模式就是向世人展现"美、豪"的生活日常，这些网红亲自穿上自家网店的衣服拍摄一段视频，让粉丝看到衣服在实际生活中的样子，用知名度为网店倒流实现变现。引入网红直播之后，刺激了大量年轻用户群的消费，这也是网红电商受到追捧的关键因素。据悉，2017 年的"双 11"，各大电商平台都不约而同地新增了不少"网红＋直播＋电商"模式，战果不菲。

当然，我们可以借鉴网红模式对于商业模式创新的价值贡献，但是也必须对网红们所宣扬的价值观有正确的认识，只有具有正能量的商业模式和产品，可以对社会产生促进作用，才能够行稳而致远，持续产生经营收益。而且，网红模式迅速崛起，又迅速跌落，也从反面印证了商业模式应符合社会主流价值观，符合国家、社会和公众长久利益的重要性。

3. 免费模式不再放之四海而皆准

免费商业模式曾经是互联网行业最为流行的理论，免费现象也冲击了很多产业，尤其是媒体等。很多企业家，会想方设法将免费战略应用到自己的企业，企图为企业带来希望、带来突破。不过，今年开始，"不免费"商业模式重新崛起，就连"免费模式"的扛大旗者周鸿祎，也开始反思了，"在互联网的下半场，原来一些互联网模式不能放之四海而皆准，很多O2O公司做补贴失败了，做硬件免费或硬件亏本卖也失败了，不能认为"360免费"的概念放之四海而皆准，这样的模式早已不再适用。"

如今，包括视频网站在内的诸多媒体，也开始拓展收费业务。过去的"免费模式"难以支撑视频网站生存，支付手段的成熟、用户付费习惯的日渐成型以及多年对盗版的打击，再加上人们已经能够清晰地看到付费模式带来的不是蝇头小利，而是对整个产业链的净化、对优质内容的最好支持，付费模式广泛使用。

互联网正在经历从免费到付费的演变。知识分享经济这一把火，将免费烧成了付费，走出了重要意义的一步。从打赏到分答，给了我们一个很好的启示：原来我们还可以设计出一种机制，让消费者自愿买单。

4. 共享经济成为新潮流

中欧国际工商学院有一个定义，共享经济为双创提供了一种新思维，既充分利用自身资源，又通过互联网不断降低原始投资成本，创造出更多的商业模式和生活方式。共享经济将走向算法经济和智能经济。共享经济或许有机会在算法经济与智能经济、技术创新＋模式创新、创新人力资源与人才管理等方向出现下一个风口。

投资者相信，随着重工业、房地产行业等旧经济引擎放缓，中国政府将大力支持共享经济，并会把它作为一个新的经济增长的来源之一。除了车子和房子，共享经济会扩展到更大的层面，提高社会的资源利用效率，推动新商业生态的变革。

2017年的共享经济为什么会火爆？拒绝浪费的生活理念是共享经济的理论基础，移动互联网则为共享经济提供了技术支撑。技术在发展，伴随着消费剩余的大风，共享经济就不会停下前进的脚步。

5. 以大数据驱动的智能营销为新商业赋能

全域营销，即是全渠道全触点营销模式，就是一种以消费者为全程关注点的消费者渗透模式，以数据为能源，实现"全链路"、"全媒体"、"全数据"、"全渠道"的营销方法论。

从长远看，全域营销，不仅仅只是营销方法论上的升级，更是倒逼商业模式变革的重要实践。以大数据驱动的智能营销和超级媒体矩阵的不断构建，让营销数字化具有了数据思维，化线性单向营销思维为立体营销思维，让营销更能打动人心。

更进一步讲，全域营销的大数据式思维能够让顾客的用户画像更完善和准确，也为企业下一步布局、产品研发、迭代升级、销售策略、售后服务等提供决策依据，提升商业效率和营销精准度。

6. 新媒体不再新，新媒体运营回归企业市场部门

从前几年火爆的微博、微信，到近两年盛行的网络直播、短视频……尽管展现形式不同，但究其本质都是自媒体主导(个人身份发声)，核心传播裂变模式也多相似，并没有什么颠覆性的新花样。同时，经过几年的混战、试错、交学费，无论是企业甲方、传统广告/公关公司、自媒体网络红人工作室都对新媒体营销的玩法套路看得比较清楚，也模仿得很贴近。可以说，一线城市里的传播代理公司，对新媒体的理解、应用的差距越来越小，同质化竞争态势明显加剧。

大多数国内传播代理公司实质比拼的主要就是三点：新技术(尝鲜)、好创意(内容)、规模(资源)优势。消费者的追逐热情也恰恰按照这三点的顺序展开，比如 HTML5 刚出现时，不管什么品牌、什么内容，只要消费者能体验到"点、滑、重力感应"一类的功能操作，就足以令他们好奇心爆棚，欣喜若狂。之后，HTML5 形态开始普及，于是就转为比拼哪个品牌的 HTML5 创意更有趣、制作更精良、功能运用得更巧妙自然；再之后，当品牌们作业水准都普遍及格后，就转向了资源组合的比拼，诸如哪个品牌能把各类资源更合理地调动利用，哪家公司能主动把声量做到阈值，哪个品牌才有机会刷屏。

既然新媒体早已是品牌推广的必备阵地，那些日常运营操作的基本套路大家也都轻车熟路了；新媒体运营人员不再是前两年炙手可热、高薪难求的新生事物，从业人群变得供大于求；再加上自媒体 KOL 大号的商业化、透明化发展，无论人员、技术、资源都不再是什么难事。于是，更多的企业开始考虑把官方账号从代理公司那里收回来，自行日常运营，等到重大项目时再交给代理公司协助运作。

7. 品牌理念复苏

随着消费升级和新领域新企业的不断涌现，本土品牌的营销意识、创意能力都在飞速提升，无论是高大上、洗脑的推广传播方式，还是传统朴实直接的推广传播方式，本土品牌都越来越懂得吸引大众的目光并引发讨论。无论是企业市场部还是代理公司，都需要进一步思考：每一个企业的品牌到底应该留存什么样的品牌性格和品牌资产。

商业模式的创新非常难，既是企业的努力成果，也是时代造就的产物，甚至可以用可遇不可求来形容。不过，当商业模式真正实现了创新并落地，就能产生爆发性力量，改变很多行业的整个格局，让价值数十亿元的市场重新洗牌。

5.3.3 商业模式创新案例

商业模式创新的实际实现，可以通过将 2017 年最火的十大商业模式作为典型案例来分析，从中深刻体会到。

1. 攒贝模式

在当前去产能化时代，建设跨区域平台，让产销信息互联互通，实现互补，极具商业潜力，甚至有人断言，攒(cuan)贝是未来挑战淘宝的唯一商业模式。贝族是欧美兴起的一种购物形式，不同国家或者地区的网友互相帮忙买东西，利用差价互相省钱，在这种合作双赢的购物形式中，他们互称对方为攒贝。现在国内很多领域产能过剩，如果能建立一个综合的攒贝平台，平台负责保障交易安全、顺畅，让各地把过剩的资源拿上去展示、销售，相信会有一定市场潜力。这种模式和淘宝既有不同，又有区别。

2. 中粮模式——玩转产业链

中粮集团作为国内龙头农业产业集团，已经从单一的粮油贸易延展到全产业链。通过对涉及农业的各领域，包括技术、信息、种子、金融服务、网络、渠道、终端等进行投资和整合，从而使产业链的各个环节进行全方位的投资与服务开发，在米、面、油、糖、肉、奶、饲料、玉米深加工产品、番茄酱、葡萄酒等产品上均在国内取得了一定的市场规模和影响力。

3. 双汇模式——走深加工之路

作为老牌肉食品企业，双汇不是单纯的卖火腿，而是借助当地(河南)养猪的原料资源所具有的规模优势，通过引进先进技术，不断挖掘深加工，双汇摩拳擦掌打造"畜禽—屠宰加工—肉制品精深加工产品链"，加强畜禽养殖基地和产业带建设，提高工业化屠宰集中度，依托精深加工，加工销售生鲜肉是双汇发展新的战略重点，双汇一手推开了市场之门，一手则挽起农民同奔富裕。

4. 阳澄湖大闸蟹模式——饥饿营销＋网络营销＋会员卡制度

为何偏偏阳澄湖大闸蟹每年没上桌前，都被炒得"红遍全球"？其核心：转变营销模式！阳澄湖大闸蟹在产品尚未上市之时，利用微博在网上热炒，并实行团购预定。为了满足顾客的多样化消费需求，以渠道为依托，直营店里的蟹卡采用了磁条记忆的技术，实现了可多次刷卡消费及反复充值使用的便利。"饥饿营销＋网络营销＋会员卡制度"让一只小小的螃蟹在经济低迷的时期依旧火爆！

5. 极草 5X 模式——利用稀缺效应

极草 5X，更是被戏称为"极草 X5"，其一年的销售额就达到 18 亿，据了解，目前仅北京市场单店的月销售额基本都在 100 万左右。即便在今年在大市场环境不佳的严峻形势下，市场表现依旧强劲。为什么一根小小的"极草"威力如此之大？极草"5X"利用产地的唯一性、产品的稀缺性，打造了一个亿级的礼品市场。

6. 百瑞源模式——嫁接旅游资源

百瑞源利用"文化元素＋旅游整合"模式，创造了前所未有的行业奇迹。该公司大力挖掘枸杞背后的文化元素，打造了百瑞源枸杞养生馆及博物馆。百瑞源枸杞养生馆以"尊贵、优雅、品位"的品牌个性，融枸杞养生文化、枸杞系列产品与品牌文化于一体，让客户在体验和购买产品的同时品味优雅生活、感受养生文化。

7. 沱沱工社模式——玩转电子商务

随着食品安全问题频发，导致很多中小食品企业倒闭，但也有一些企业抓住了这个契机，大赚了一把！很火的网上购物平台沱沱公社，依托其自身的产业基地，利用消费者对食品安全问题的恐慌，创办中国首家专业提供有机食品的 B2C 网上购物平台，抓住了食品供应体系的根源问题，售卖有机产品，让它成为白领购买有机产品的首选。

8. 斯慕昔模式——社区会员直供

斯慕昔饮品在网上直接销售会员卡，只要会员一个电话，足不出户，几个小时之内就能喝上"特供"的饮料，再加上还有"月卡"、"季卡"、"年卡"等优惠措施，受到不少白领的喜爱。不仅如此，斯慕昔还走进社区便利店，让消费者能够更快、更便利地喝到纯正无添加的果汁。

9. 千岛湖模式——跨界餐饮

杭州千岛湖发展有限公司开创了我国有机水产品养殖的先河，并以鱼味馆为载体，成功举办千岛湖杯全国淡水鱼烹饪大赛，把有机鱼头卖给全国各大品牌餐饮店，成为各大品牌餐饮主打的招牌菜，从地区走向全国，迅速提高知名度，占领市场。

10. 黄飞红模式——错位变身

作为这两年休闲食品市场备受瞩目的一颗新星——黄飞红，把最普通的农产品花生变了一个新的吃法，就迅速杀出一片新天地，成为时尚白领的最爱。

更多精彩商业模式创新案例欢迎关注公众号"创业中国"。

5.3.4 未来商业模式展望

随着物联网、大数据、云计算、人工智能、区块链等技术的进一步发展，以及人们思想观念和思维方式的进一步转变，商业模式也将发生持续的创新。展望未来，以下方向值得关注：

1. 产品个性化愈来愈强

人的需求是无穷无尽的，新技术为进一步挖掘个体需求提供了强大的工具，当满足个性化需求成为可能时，就会变为一种必然结果——新产品应运而生。

2. 产品科技含量日益增加

人类社会的进步归根结底是由科学技术推动的，有形资源是有限的，而知识资源可以无限挖掘，产品科技含量的不断提高，将成为产品创新的主要方向。

3. 商业模式将更加复杂多样

大数据、区块链等技术奠定了社会信用的技术基础，信用不足甚至缺失的商业模式，未来必将面临淘汰，建立在高度信用基础上的商业模式将更加丰富，产业生态圈的形态将更加复杂。

5.4 典型商业模式实例剖析

在实际中，商业模式比理想的模型要复杂得多，而且是随着产品运营过程中不断遇到的新问题、出现的新情况而不断调整的。下面我们分析两个实际移动互联网产品的商业模式，以加强读者对互联网商业模式的理解。需要说明的是，对这几个产品的商业模式的分析是作者站在第三者的角度进行的简要分析，可能与其经营者的思路有所偏差。

5.4.1 共享单车商业模式分析

1. 主要目标

共享单车商业模式的初衷就是抢占城市中在中近距离、上下班末梢端路程需要使用单车的用户市场，实现共享单车商业模式的持续盈利。

2．用户群定位

对大中城市来说，由于城市规模不断扩大，交通愈来愈成为困扰人们出行的一个瓶颈因素。对于某些人群，地铁两端距离出发地和目的地通常较远，大量时间花费在去地铁站的路上；公交车上下班时间太拥挤，人们选择能不去挤公交就不去挤公交；私家车停车是个大问题，况且花费太高，对于工薪阶层和学生而言不实惠也不现实；长期使用出租车、网约车价格较贵，上下班时间高峰期还经常等不到；自己买辆单车是方便，但经常发生被盗事件；等等。针对上述分析，共享单车的用户群定位在以下几种情形：

1）工薪阶层

工薪阶层对单车的使用主要有两种场合：一是上下班途中。如果家里距离上班的地方不太远，比如在五六里之内，就可以全程骑单车；如果距离较远，可以选择中间坐地铁，两头骑单车。二是上班时间外出开展业务。开展业务、办理单位事宜有时有公车，有时就需要坐出租车、坐公交车或者骑单车。

2）大学生群体

现在的大学校园一般比较大，一些大学生经常骑单车从宿舍到教室。尽管在校内骑单车的学生比例不高，但是由于学生基数很大，因此校园内大学生对于单车的需求总体并不小。

3）中学生群体

中学生使用单车的场景比较单一，主要是上学、放学路上使用。由于很多城市上下班时间交通拥堵情况较为严重，也对骑行造成不便，加之中学生多尚未成年，因此中学生使用单车多出现在家距离学校较近、交通状况较好的场合。

3．方案设计

1）方案说明

该方案旨在实现共享单车的功能，主要包括定位功能、开/关锁功能、计费功能、交费功能等。

2）方案价值

本方案的价值体现在几个方面：一是切中用户痛点，给用户带来很大便利。本来目标用户群是非常需要共享单车的，但原来一直没有，用户的需求没有得到满足；二是以共享方式，最大限度发挥了单车的利用率，提高了单车本身的投入产出比；三是在大规模用户、大规模地域的背景下，共享单车的骑行、停放方式具有集约性，即在某个地方骑走的车与停放的车之间会在一定程度上形成平衡，从而减少了人工搬运单车的比例。

3）产品设计

共享单车产品分为平台、共享单车和个人 APP 三个组成部分：平台是整个产品系统的数据收集和处理中心，它实时接收来自共享单车的位置和开关状态信息，实时接收用户端手机 APP 的开锁上锁信息，实时处理用户的交费事务；共享单车是受平台管理的物品，其两个关键组成部分是定制的单车和智能锁，定制的单车车体结实坚固，免充气，减少维修需要，智能锁实现单车定位、物联网通信和开/关锁功能；手机 APP 实现附近单车地图查询、扫码开锁、查询交易清单、交/退押金等功能。

该方案采用 GPS 或北斗卫星实现共享单车的定位，采用 GIS 地图实现位置展示，采用 4G 物联网技术实现共享单车与运营管理平台的通信，采用移动通信技术实现用户智能手机与运营管理平台的通信，交费通过网络支付方式实现。

4）价格策略

共享单车的定价要考虑两个因素：

一是成本因素，也就是每辆单车的全生命周期分摊成本。由于大批量定制采购，比如一次购买上百万辆，必然大大降低每辆单车的成本，但是成本降低也是受到硬件因素制约的，比如车辆原材料和制造成本、智能锁原材料和电子元器件成本、通信费用等。同时，也要考虑到共享单车实际上需要大量维护工作，包括人工对其位置进行搬移以解决分布不合理问题，对单车障碍进行修复等。

二是用户有效支付力。所谓有效支付力，是指既有支付的能力，也有支付的意愿，也就是说愿意为骑行共享单车而支付一定的费用。

三是市场竞争态势。同样的单车，如果只有一家公司提供，没有可选择性，那么是否接受产品价格用户要根据与公交车、出租车等的使用体验和支付费用的比较结果来确定。如果市场同时存在多家共享单车且骑行感受差不多，则价格因素就成为影响用户选择的决定因素。

除上述因素外，受到企业对共享单车的市场战略的影响，产品定价也会有阶段性的策略，比如免费多长时间，交押金赠骑行时间，等等。

5）盈利模式设计

最早一批共享单车的主要盈利来自用户的骑行费用，理想状态下(也就是单车丢失、损坏率较低，使用人数达到预期)，单车的使用费收入是可以消化其整个生命周期成本的。

不过，由于国家对该市场的管理尚不完善，共享单车企业往往把用户的押金作为自己的资源。从法律意义上，押金是属于用户的，只要用户没有损坏单车，就应当随时能够应用户要求退回押金。

6）推广策略

共享单车的推广主要依靠互联网媒体和线下实体广告。比如举办盛大的发布会，邀请各路媒体前来报道，在各种互联网媒体投放宣传造势广告。而线下，在主要公交车站、地铁站口、校园一排排崭新的共享单车，更是最好的广告。

推广阶段的补贴主要是向新注册或交纳押金的用户赠送若干免费骑行时间，其本质是前期已经投入资本形成的资产和服务。相比于一般移动互联网产品，共享单车不需要直接投入资金用于补贴。

4．存在问题

共享单车尽管概念很好，目前市场也火热，但其商业模式方面其实存在很大问题，包括：

(1) 资本密集，资产保值差。

共享单车属于资本密集型产品，每辆单车价值不菲，且必须在一个城市范围内投入大量单车，业务才具备开通的条件。由于当前各主要城市在共享单车管理方面还存在不少空白地带，一方面，共享单车对城市的有序管理造成很大困扰，另一方面，共享单车本身也受到少数市政管理人员的野蛮处置和个别素质不高的用户的人为破坏。

共享单车本身对资本的高额需求和较高的资产损耗率，决定了该产品必须拥有雄厚的资本，尤其是在还没有实现足以抵消日常维护成本的阶段。

(2) 受季节、天气影响大，盈利能力不足。

共享单车受到季节、天气的影响很大。下雨天，寒冷的冬天，炎热的夏天，雾霾天，人们都不愿意骑行单车。这对共享单车业务的稳定造成很大困扰，在很大程度上制约了其盈利能力。

(3) 日常运营成本高。

尽管大量共享单车被大量用户骑行，自然地实现了在城市内分布的一定程度的平衡，但这种平衡是大概的，仍不能保证每个地点骑走的和停放的车辆数都达到平衡。因此，还必须有大量地面人员开着货车对单车进行搬运，有时候还要花时间在偏僻的地方把单车找回来。对损坏的单车进行维修，这也要花费大量精力和资金，导致共享单车的运营成本进一步增加。

(4) 运营团队经验相对不足。

共享单车行业是在高涨的创新创业大潮中成长起来的，创业团队普遍激情高、魄力足、敢想敢干，但他们商业运营经验相对较为欠缺，战略性运筹帷幄的能力稍显不足，加之一个阶段风险资本比较活跃，对投资风险容忍度较高。这两方面结合起来，造成很多共享单车项目运营不久即陷入资金链紧张的尴尬境地，有的还因为无力退换用户押金而陷入更深的困境。

5. 当前改进方向

为了克服经营中出现的巨大困难，一些共享单车企业做了各种努力，其中主要的有以下两种方式：

(1) 兼并重组，增加注资。

资金链紧张，经营困难的企业，引入资金实力更为雄厚的第三方公司入股，是很多共享单车企业经常采用的一种脱困方式。这种方式虽然可以取得阶段性成效，但也常常因为两家企业的经营理念、企业文化等的不同而发生冲突。

(2) 资源整合，延伸产业链。

与简单的注资重组相比，有的企业基于更深入的产业链重构基础进行兼并重组，其成功的可能性明显要大得多。比如美团以 37 亿美元的价格全资收购摩拜单车，美团看到的并不是以骑行的方式来进行营利，而是单车的流动性在本地生活方面与美团可以相辅相成，包括骑行推荐商家，赠送打折券，等等。

各家单车公司也开始通过单车的衍生品来寻求营利，通过本地生活链接本地商家，通过车身广告来进驻线下广告，有针对性地使线上广告为线下商家提供最大的转化率，进驻区块链，进驻金融领域等。通过衍生的各种新功能来增加单车的盈利，为用户提供免费出行，同时加大用户端的流量再进一步提高其盈利水平，从而形成一个良性的商业闭环，而不是再相互烧钱恶性竞争。随之，共享单车运营企业的经营战略，也从追求依靠用户的骑行费用实现盈利，转变为给用户提供出行便利，通过衍生的各种业务来实现盈利。

5.4.2　智慧社区产品商业模式分析

1. 主要目标

智慧社区产品的主要目标是，通过提高社区服务的信息化和智慧化水平，方便业主、物业公司，提高业主对物业服务的满意度，提高物业公司的物业管理和售后服务工作效率。在此基础上，实现产品本身的持续盈利。

2. 用户群定位

1) 社区业主

社区业主是智慧社区产品首要的服务对象，其本质是把物业公司、公共服务企业对业主的很多服务功能放到了线上，比如物业费、水费、电费、燃气费、取暖费、通信费等的交纳甚至公交卡的充值，大大节省了业主的时间和精力，提高了业主的生活质量。

2) 物业公司

物业公司是智慧社区产品排在第二位的用户。物业公司其实也存在很多痛点，各种物业服务需要大量用工，增加了物业公司的成本，比如收物业费、停车费，发布小区公告，内部人员及业务管理等。智慧社区产品有系列地针对物业公司的功能，能够极大提高物业公司的管理水平和工作效率。

3) 公共服务企业

诸如天然气公司、售电公司、自来水公司、城市交通一卡通公司都存在一个难题，那就是销售点太少，导致用户需要跑很远的路。如果自己把销售点布局得更密集一些，却会因业务量不饱和而导致投入产出效益太低。通常，公共服务企业采取的办法是通过第三方收费服务公司，这类公司集约各家业务，在一个销售点可以购买天然气、电、邮寄包裹甚至购买日常用品等。但因为是线下进行的，因而中间的佣金通常也比较客观。

而智慧社区产品通过移动互联网及安装在小区的圈存设备这种非人工的服务方式，显著降低了成本，从而降低了收费的佣金。

4) O2O 电商

O2O 电商是智慧社区产品"溢出"效应带来的一类非常重要的用户，所谓"溢出"，是指智慧社区产品原来的商业模式链条上并没有 O2O 电商，但是由于智慧社区平台的业主构成了一个具有鲜明特征的用户群，地理上分布在一个社区内，可以成为 O2O 电商自然而然的用户，而且丰富了原产品的服务，提高了产品的用户价值和对于平台运营商的价值。智慧社区产品上一般销售生鲜果蔬和家居用品等适合于社区和家庭的商品，并以 O2O 方式方便用户线下体验和线上购买。

3. 方案设计

1) 方案说明

本方案旨在实现智慧社区功能，主要包括物业费、水费、等的线上交纳，电费、天然气费、公交卡的线上充值线下圈存，O2O 方式的购物等。

2) 方案价值

智慧社区产品利用当前已经非常普及的移动互联网技术，拉近了空间上的距离，节省了用户的时间和精力；通过移动互联网和电子支付技术，避免了现金交费，提高了资金安全性，节省了物业公司和公益企业的人力成本。丰富和方便了业主的购物，提高了购物过程的用户体验。

3）产品与服务设计

智慧社区平台主要由平台管理子系统、物业管理子系统、便民交费/充值子系统、O2O电商平台子系统等构成，如图5-6所示，该社区平台既提供在线交费、购物等线上服务，又提供电费卡、天然气卡和公交卡的线下充值，还提供物业维修等人力服务。

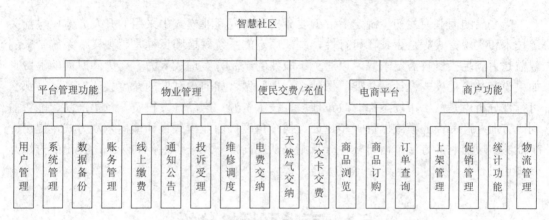

图5-6 智慧社区平台功能结构图

4）价格策略

智慧社区产品本身采用免费模式，安装和升级APP均不收费。智慧社区平台所提供的商品或服务，根据其本身的价值或价格体系进行定价，如物业费、电费等。

5）交易结构与盈利模式设计

智慧社区平台主要有业主、物业公司、电商公司和公益企业四类参与者，业主是所有这些商品和服务的购买者，物业公司、电商公司和公益企业是为业主提供服务的承担者，智慧社区平台则为上述四类参与者均提供平台支撑服务。

智慧社区平台的盈利点包括：对业主线上交费、电商平台商品购买等服务的支付环节所收取的佣金进行分成；收取O2O商户的平台服务费和广告费。智慧社区平台的成本包括平台开发建设成本、平台硬件设施和网络线路的租用费用，平台的日常维护管理成本等。

思考与练习题

1. 简述商业模式设计必须遵循的原则。
2. 商业模式方案设计主要有哪些内容？
3. 什么是用户的痛点？痛点对于商业模式设计有何作用？
4. 请对"饿了么"这个产品的商业模式进行剖析。

第六章　产品可行性分析

当产品的商业模式初步确定后，就要分析和研究商业模式中采用的开发方案，包括关键技术和实现方式等是否具备可行性，判断原定的系统规模和目标是否现实，系统带来的效益是否满足投资收益要求等，以避免不成熟的产品方案造成人力、财力和时间的浪费。如果说产品商业模式设计是从要"做什么、如何做、如何盈利"的角度去研究产品，那么可行性分析就是从"市场条件、政策环境、技术资源、产品开发投资、竞争产品、能否盈利等方面对产品商业模式做进一步论证。换个角度，商业模式设计偏向乐观方式，提出一个能够实现盈利的方法；而可行性分析则是从反向，一步一步追问和论证所提出的方法是否真正可行。

6.1　市场可行性分析

6.1.1　市场竞争环境分析

市场竞争环境分析主要包括对市场发展阶段与趋势的分析、市场竞争状况的分析和对用户群的分析三个方面。

1．市场发展阶段与趋势分析

任何产品总是身处宏观的市场大环境中，分析当前市场发展历史阶段，确定本产品处于市场发展的哪个阶段，分析当前阶段市场发展的特点及对本产品的影响。进一步，预测市场发展的趋势，分析随着市场的下一步发展，本产品会面临哪些机遇与挑战。然后，概括性提出应对未来挑战的策略。

2．市场竞争状况分析

对当前市场竞争的形势进行全面分析，包括本行业内的分析和跨行业的分析。本行业市场是产品首先立足和成长的土壤，必须有足够成长空间的新产品才能生存。移动互联网时代，在跨界和降维攻击已成为常态的情况下，对于跨行业的分析也必不可少。如果把本行业的市场比喻为当前的赛道，那么跨界行业就是另外的赛道，而降维攻击者则可能身处远远高于你的空中。因此，需要对市场未来的变数进行各种情况下的预测和风险分析。

3．用户群分析

对产品的用户群的消费特征、消费方式进行分析，提出其应当选择本产品的理由，或者不使用本产品的原因。对其应当选择本产品的必要性、可行性进行深入分析，对其不选择本产品的可能性、原因要进行全面评估，分析其对本产品投入市场后带来的影响会不会影响本产品的健康成长。

6.1.2 政策影响分析

产品既受到技术和市场发展自身的长远影响，也受到国家政策的阶段性影响，甚至有时候政策的阶段性影响可以决定一个产品是否能够成功。国家政策对产品的影响分正面、中性和负面三种。

1. 正面影响

国家为了产业结构调整、转型，会鼓励和支持某些特定行业、特定产业的发展，如"大众创新、万种创业"孵化政策政策，如"军民融合政策"、"智能制造2025"等，地方政府也会根据本地的经济和产业发展规划制定自己的产业扶持政策，如西安的"追赶超越战略"、"一带一路"桥头堡的打造等。契合国家和地方政府产业政策的产品，多半会受到政策的正面影响，比如得到资金补贴、税收优惠，得到政府的宣传推广等。

2. 中性影响

对于一般行业，除了政府在宏观层面的促进推动之外，新产品并不会享受到政策的特殊扶持或者抑制，国家或地方政策政策对于产品的影响是中性的。在这种情况下，在可行性分析时基本可以不考虑政策的影响。不过，所有行业都在不断变化中，多多少少总会受到一些或大或小的政策因素影响。

3. 负面影响

基于要抑制产能、提升产业链位置或者因为环境保护等方面原因，国家经常会出台一些产品政策对行业、产业进行规范、抑制，比如要降低雾霾天数，消除互联网金融泡沫，抑制对于同质化、低技术含量产品的投资等。如果你的产品恰好涉及这些因素，那么通常这些政策就会对产品带来负面影响。在此情况下，如何因势利导、克服不利因素，就是可行性分析应当考虑到的问题。

6.1.3 竞争对手与竞争产品分析

1. 市场份额分析

从宏观角度对竞争对手进行分析的切入是市场份额，在统计当前市场的总额、各个竞争对手所占的份额基础上，根据本产品商业模式确定的用户定位、产品方案、定价策略和推广方案，预测本产品能占多少份额。市场份额的多少，可以用于对产品投入产出比的分析。

2. 竞争对手实力分析

竞争对手实力的强弱，直接影响到产品上市后在市场竞争中的地位和持久力。竞争对手实力强弱首先表现在资金实力上，在移动互联网时代，很多情况下都是资本的较量，前期要"烧"掉很多钱，用于用户免费使用或补贴。如果没有充足的资金储备或来源，很可能一个很好的产品坚持不到盈利的那一天。

竞争对手实力强弱其次表现在技术实力上，普通技术可以认为等同于资金，因为资金可以用于购买技术、雇佣技术人员。这里讲的是独有或门槛很高的技术，比如华为公司掌握的芯片技术，就不是一个企业用几十亿的资金很快可以研发出来的，没有大批高素质的人才、科学高效的管理体系、长期的技术积累，是不可能一夜之间掌握这些技术的。最后，竞争对手实力最终落在运营管理团队的实力上。人们常说，社会上不缺资金、不缺人才、不缺市场，缺的是善于调动资金、善于使用人才和善于经营市场的企业家。

竞争对手的强弱，直接决定了自己的产品必须采用的市场竞争策略，比如是跟随策略、夹缝生存策略还是进攻型策略，从而也就可以判断原来设计的商业模式是否符合这一策略，是否能够应对未来市场的竞争。因此，要对竞争对手和自己的市场状况、研发、销售、资金、品牌等方面进行全面的分析。

3. 竞争产品的优劣势分析

竞争对手的强弱并不必然地决定产品的强弱，比如大型央企所推出的很多移动互联网产品并不比小型民企的同类产品更有市场竞争力。因此，分析竞争产品本身的优劣势，对于自己所策划设计的产品是否具有竞争优势同样非常重要。

产品在竞争中的优劣势首先体现在用户感知上，对用户痛点、痒点、兴奋点有更好把握的产品，自然会受到用户更多的喜爱。其次，产品对用户是否友好，即是否便于使用，易于使用，是否便于从原来的产品进行迁移等，也是产品竞争力的一个重要方面。只有在对竞争产品优劣势进行全面、客观分析的基础上，才能对自己产品的竞争力有一个比较客观、中肯的评估。

4. 价格策略分析

价格策略也就是商业模式中对于产品设计的定价、套餐、积分回馈等一整套策略。产品的性价比，是用户最终是否选择你的产品的决定因素。定价不是越低越好，也不是越高越好，只有符合用户性价比期望值的才是最好。因此，价格策略可行性分析的核心，是与客户期望值进行比较，与竞争产品进行比较。

6.2 技术可行性分析

6.2.1 技术可行性分析的内容

产品技术可行性分析的目的不是研究如何去解决问题，而是从技术角度，来研究问题是否值得解决、能不能解决。必须分析主要解决方案的利弊，从而判断原定方案中系统的规模和目标是否现实，系统完成后达到的效果是否能够达到预期。产品技术可行性研究，实质上要进行一次大大压缩了的系统分析和设计的过程，也就是在较高层次上以较为抽象的方式进行系统分析和设计的过程。

1. 复查产品的系统规模和目标

所谓产品的目标，是指把产品看做一个整体，基于前期对产品市场定位、商业模式、客户定位的调研结果，分析所要开发产品需要实现什么功能，达到什么性能，符合什么要求等。产品所要实现的目标，是整个产品设计过程的主要依据。

复查产品的系统规模和目标，首先需要进一步澄清产品所解决问题的定义。在问题定义初级阶段确定系统的规模和目标，如果是正确的就予以肯定，如果有偏差，就及时纠正。如果对目标产品系统有任何的约束，也必须把它们清楚罗列出来。在澄清了问题定义后，就可以导出系统的逻辑模型，然后从逻辑模型出发，探索出若干种可供选择的实现方法。对每一种方法，都要仔细研究其可行性。包括：

(1) 技术可行性，即使用现有的技术能否实现这个系统吗？

(2) 经济可行性，即这个产品的收益能够超过它的开发和运营成本吗？

(3) 操作可行性，产品的使用和操作方式能够得到用户的认可吗？

必要时，还要从法律、社会效益等各方面研究每一种方案的可行性。

2．研究现有产品使用的技术

研究现有同类产品所使用的技术，是产品技术可行性分析的一个捷径。如果市场上现有同类产品正在被人使用，说明其所采用的技术基本上是可行的。当然，现有产品并不是完美无缺的，新策划产品必须解决现有产品中存在的问题。

这个步骤的目的是了解现有产品能够做到什么，不能做到什么，而不是了解具体怎么去做。绝大多数产品与其他系统是有联系的，比如电商平台必然要与支付平台对接，GPS、物联网设备与系统的连接有特定的接口等。因此在新产品的设计中，必须考虑这些接口的约束条件。

3．建立产品的高层逻辑模型

优秀的设计过程通常是从现有物理系统出发，导出现有系统的逻辑模型，再参考这个模型来构思目标产品系统的模型，最后根据目标系统的构思模型和约束条件来设计出新产品的物理系统模型，也就是产品的高层逻辑模型。产品的高层逻辑是指从全局视角来看，构成产品的功能模块有哪些，各功能模块之间是一种什么样的逻辑关系。产品的高层逻辑模型一般采用数据流图和数据字典来建立。

4．确定需要解决的问题

产品的高层逻辑模型建立起来以后，就可以针对每一个功能模块、每一组关系的实现，归纳总结出需要解决的问题，比如核心功能的算法设计问题、数据库接口问题、UI 风格确定，等等。有的问题解决起来比较简单，有的问题比较复杂，甚至当前还存在瓶颈。这些问题都要通过深入分析确定下来。

5．进一步定义问题

新系统的逻辑模型实质上表达了分析员对新系统必须做什么的看法。用户是否也有同样的看法呢？分析员应该和用户一起再次复查问题定义、工程规模和目标，这次复查应该把数据流图和数据字典作为讨论的基础。如果分析员对问题有误解或者用户曾经遗漏了某些要求，那么现在是发现和改正这些错的时候了。

可行性研究的前 4 个步骤实质上构成一个循环。分析员定义这个问题，导出一个试探性的解；在此基础上再次定义问题，再次分析这个问题，修改这个解；继续这个循环过程，直到提出的逻辑模型完全符合系统目标。

6. 导出和评价供选择的解法

解决同一个问题，可以有不同的方法。比如开发一个软件，可以用 Java 语言，也可以用 C#；服务器硬件可以选择购买独立服务器，也可以购买云主机。解决一个问题时相互关联的一组方法就构成一个方案。比如租用云主机，采用 Java 语言开发，使用 MySQL 数据库，就构成一个最简单的网站开发环境方案。针对产品需要解决的问题，结合当前各个环节的技术条件，可以提出多个可能的产品开发方案。

分析员应该从他建议的系统逻辑模型出发，导出若干个较高层次的(较抽象的)物理解法以供比较和选择。导出供选择的解法的最简单途径，就是从技术角度出发考虑解决问题的不同方案。

当从技术角度提出了一些可能的物理系统后，应该根据技术可行性的考虑初步排除一些不现实的系统。例如，如果要求系统的响应时间不超过几秒钟，显然应当排除任何批处理方案。将技术上行不通的那些方案去掉之后，就剩下一组技术上可行的方案。

其次，可以考虑操作方面的可行性。分析员应该根据使用部门处理事务的原则和习惯，检查技术上可行的那些方案，去掉其中从操作方式或者操作过程的角度来看用户不能接受的方案。

接下来，应该考虑经济性方面的可行性。分析员应该估计余下的每个可行的系统的开发成本与运行费用，并且估计相对于现有的系统而言，这个系统可以节省的开支或可以增加的收入。在这些估计数字的基础上，对每个可行的系统进行成本/收益分析。

最后，为每个在技术、操作和经济性方面都可行的系统制定实现进度表，这个进度表不需要也不可能制定得很详细，通常只需要估计生命周期每个阶段的工作量。

7. 推荐行动方案

根据可行性研究结果应该决定的一个关键问题是：是否继续进行这个项目的开发？分析员必须清楚地表明他对这个关键决定的建议。如果分析员认为值得继续进行，那么他应该选择一种好的解决方案，并且说明选择这个方案的理由。通常用户主要根据经济上是否划算决定是否投资一项开发项目，因此他们对所推荐的系统必须进行比较仔细的成本/收益分析。

8. 草拟开发计划

分析员应该为所推荐的方案草拟一份开发计划，除了制订工程进度表之外，还应该估计各类开发人员(如系统分析员、程序员)和各种开发资源(计算机硬件、软件工具等)的需求情况，应该指明什么时候使用以及使用多长时间。此外，还应该估计系统生命周期每个阶段的成本。最后应该给出下一个阶段(需求分析)的详细进度表和成本估计。

9. 书写文档提交审查

将上述可行性研究的各个步骤的工作写成清晰的文档，请用户及评审组审查，以决定是否继续这个项目，是否接受所推荐的解决方案。

6.2.2 数据流图

数据流图是一种图形化技术，它描绘信息流和数据从输入到输出的过程中所经受的变换，是建立产品高层逻辑模型的重要工具之一。在数据流图中没有任何具体的物理部件，它只是描绘数据在软件系统流动和被处理的逻辑过程。数据流图是系统逻辑功能的图形化表示，即使不是计算机专业技术人员也容易理解，因此它是分析员与用户及其他开发人员之间极好的交流工具。此外，设计数据流图时只需要考虑系统必须完成的基本逻辑功能，完全不需要考虑怎么具体地实现这些功能，所以它是下一步进行软件设计的很好的出发点。

1. 符号

数据流图有四种基本符号，如图 6-1 所示，正方形(或立方体)表示数据源点或终点，圆角矩形(或圆形)表示变换数据的处理，开口矩形(或两条平行横线)代表数据存储，箭头表述数据流，即特定数据的流向。数据流与程序流程图中用箭头表示的控制流有本质的不同，千万不能混淆。

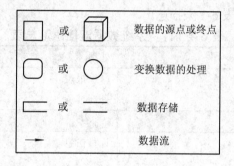

图 6-1 数据流图符号

处理并不一定是一个程序。一个处理可以代表一系列程序、单个程序或者程序的一个模块，它甚至可以代表类似检查数据正确性的人工处理过程。一个数据存储也不等同于一个文件，它可以表示一个文件、文件的一部分、数据库的元素或记录的一部分。数据可以存储在硬盘、磁带、主存、U 盘、光盘、纸张等任何介质上。

数据存储和数据流都是数据，仅仅所处的状态不同。数据存储是处于静止状态的数据，数据流是处于流动状态的数据。

通常数据流图忽略出错处理，也不包括诸如打开或关闭文件之类的内务处理，数据流图的基本要点是描绘"做什么"，而不考虑"怎么做"。

除上述四种基本符号外，有时候也使用几种附加符号，如：星号(*)表示数据流之间"与"的关系，加号(+)表示"或"的关系，⊕号表示互斥关系(只能从中选择一个)。

2. 案例

假设一家工厂的采购部每天需要一张订货报表，报表按照零件编号排序，表中列出所有需要再次订货的零件。对于每个需要再次订货的零件应该列出以下数据：零件编号、零件名称、订货数量、目前价格、主要供应者、次要供应者。零件入库或出库称为事务，通过放在仓库中的电脑终端把事务报告给订货系统。当某种零件的库存数量减少到临界值时就应该再次订货。

按以下方法画出系统的数据流图：首先，按照案例描述，"采购部每天需要一张订货报表"，"通过放在仓库中的电脑终端把事务报告给订货系统"，因此采购员是数据终点，而仓库管理员是数据源点。接下来考虑，既然"采购部每天需要一张订货报表"，那么就必须有一个用于产生报表的处理才能生成报表。事务的后果是改变零件库存量，而任何改变数据的操作都是处理，因此对事务进行加工是另一个处理。最后，考虑到数据流和数据存储，系统把订货报表送给采购部，因此订货表是一个数据流。事务需要从仓库送到系统中，显然是另一个数据流。产生报表和处理事务这两个处理在时间上明显不匹配，每当有一个事务发生时则需立即处理它，但每天只产生一次订货报表。因此，用来产生订货报表的数据必须存放一段时间，也就是应该有一个数据存储。

并不是所有数据流和数据存储都可以直接从问题描述中提取出来，例如，"当某种零件的库存量少于库存量临界值时就应该再次订货"，这意味着必须在某个地方存有零件库存量和库存量临界值这样的数据。因为这些数据元素的存在时间应该比单个事务的存在时间长，所以认为有一个数据存储保存库存数据清单是合理的。

上述分析结果可以用表 6-1 来描述。

表 6-1　订货系统数据流信息汇总表

源点/终点	处理
采购员	产生报表
仓库管理员	处理事务
数据流	
订货报表	订货信息
• 零件编号	
• 零件名称	
• 订货数量	库存清单
• 目前价格	• 零件编号
• 主要供应者	• 库存量
• 次要供应者	• 库存量临界值
事务	
• 零件编号	
• 事务类型	
• 数量	

按照上述分析结果，可以画出如图 6-2 所示的基本数据流图。从基本系统模型这样一个非常高的层次开始画数据流图是一个好办法，在这个高层次上的数据流图上，就是否列出了所有给定的数据源点/终点也是一目了然的，因此，它是很有价值的交流沟通工具。

图 6-2　订货系统的基本系统模型

由于这幅流程图太抽象了，因此从这张图上对订货系统所能了解到的信息非常有限。下一步应该是细化基本系统模型，描绘系统的主要功能。由表 6-1 可知，"产生报表"和"处理事务"是系统必须完成的两个主要功能，它们将代替图 6-2 中的订货系统。此外，细化后的数据流图 6-3 中增加了两个数据存储，即库存清单和订货信息。处理事务需要"库存清单"数据，产生报表和处理事务在不同的时间进行，因此需要存储"订货信息"。除了图6-2 中列出的两个数据流之外，图 6-3 中还有另外两个数据流，它们与数据存储相同。图中的处理和数据存储都增加了编号，便于引用和检索。

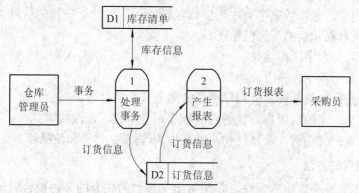

图 6-3　订货系统的功能级数据流图

接下来，应该对功能级数据流图中所描绘系统的主要功能进一步细化。考虑到通过系统的逻辑数据流，当发生一个事务时必须首先接受它，随后按照事务内容修改库存信息，最后如果更新后的库存量少于库存临界值时，则应该再次订货，也就是需要处理订货信息。因此，把"处理事务"这个功能分解为 3 个步骤，这在逻辑上是合理的，即"接收事务"、"更新数据库存清单"和"处理订货"。这时，订货系统的功能级数据流图进一步细化为图6-4 所示。

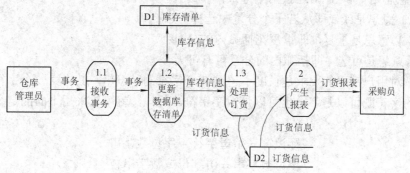

图 6-4　处理事务进一步细化后的数据流图

6.2.3　数据字典

数据字典是关于数据信息的集合，也就是对数据流图中包含的所有元素的定义的集合，是建立产品高层逻辑模型的另外一个重要工具。任何字典最主要的用途都是供人查阅对不了解条目的解释，数据字典的作用也是在软件分析和设计的过程中给用户提供关于数据的描述信息。

数据流图和数据字典共同构成系统的逻辑模型。没有数据字典，数据流图就不严格，然而没有数据流图，就无法直观、准确展示系统的逻辑，数据字典也难以发挥作用。只有数据流图和对数据流图中每一个元素的精确定义放在一起，才能共同构成系统的规格说明。

1. 数据字典的组成

一般说来，数据字典由数据流、数据流分量(即数据元素)、数据存储和处理等 4 类元素的定义组成。但是，对数据处理的定义用其他工具描述更为方便，因此，通常数据字典主要由对数据的定义组成，以便使数据字典的内容更简单、形式更统一。

除了数据定义之外，数据字典中还应该包括关于数据的一些其他信息。典型的是，数据字典中将记录数据元素的下列信息：

- 一般信息：名字，描述等；
- 定义：数据类型，长度，结构等；
- 使用特点：取值范围，使用频率，使用方式，条件等；
- 控制信息：来源，用户，使用它的程序，使用权，修改权等；
- 分组信息：父结构，从属结构，物理位置(记录、文件和数据库等)。

2. 定义数据的方法

定义绝大多数复杂事物的方法，是用被定义事物的成分的某种组合表示这个事物。这些组成成分又由更低层的成分组合来定义。从这个意义上来说，定义就是自顶向下的分解。所以，数据字典中定义的数据就是自顶向下的分解。那么，究竟应该把数据分解到什么程度呢？一般说来，当分解到不需要再进一步定义，且每个和项目有关的人也都清楚其含义的元素时，这种分解过程也就完成了。

数据字典中数据的定义可以采用下列符号表示：

- = 意思是"等价于"或者"定义为"；
- + 意思是"和"，即连接两个分量；
- [ ] 意思是或，即从若干个分量中选择一个；
- { } 意思是重复，即重复花括弧内的分量；
- ( ) 意思是可选，即括弧内的分量可有可无。

比如，对用户密码的要求是长度不超过 8 个字符的字符串，其中第一个字符必须是字母，随后的字符既可以是字符也可以是数字字符，这样，就可以采用下面的定义来描述该用户密码：

$$标识符 = 字母字符 + 字母数字串$$
$$字母数字串 = 0\{字母或数字串\}7$$
$$字母或数字串 = [字母字符|字母数字串]$$

由于与该项目有关的人都知道字母字符和字母数字串的含义，因此分解到这个程度就可以了。

3. 数据字典的用途

数据字典的重要用途是作为分析工具。在数据字典中建立严密一致的定义有利于消除因表达差异而造成的误解，消除许多麻烦的接口问题，从而提高项目相关人员(包括产品策划人员、技术开发人员等)之间的交流与沟通的效率和质量。

此外，数据字典中包含的每个数据元素的控制信息是非常有价值的，因为它实际上列出了使用一个给定数据元素的所有程序，所以很容易估计出改变一个数据将产生的影响，并对所受影响的程序或模块作出相应的调整。数据字典既是后续数据库开发的第一步，也是具有基础性作用的一步。

4. 数据字典的实现

在开发大型软件系统的过程中，数据字典的规模和复杂程度迅速增加，人工维护数据字典的工作也几乎不可能实现。目前，很多软件分析与设计工具都支持对数据字典的管理。对于小型软件系统，如果暂时没有数据字典处理与管理工具，则可以采用卡片形式书写数据字典。每张卡片上会保存描述一个数据的信息，会使更新和修改变得比较方便，而且能单独处理描述每个数据的信息。

每张卡片上的信息包括名字、描述、定义、位置等，以上一节中订货系统为例，列出几个主要的卡片，如图 6-5 所示。

卡片 1

```
名字：订货表信息
别名：订货信息
描述：每天一次送给采购员的需要订货的零件表
定义：订货报表 = 零件编号 + 零件名称 + 订货数量 + 目前价格
                + 主要供应者 + 次要供应者
位置：输出到打印机
```

卡片 2

```
名字：零件编号
别名：
描述：唯一地标识库存清单中一个特定零件的关键域
定义：零件编号 = 8{字符}8
位置：订货报表
      订货信息
      库存清单
      事务
```

卡片 3

```
名字：订货数量
别名：
描述：某个零件一次订货的数量
定义：订货数量 = 1{数字}5
位置：订货报表
      订货信息
```

图 6-5 数据字典卡片实例

6.2.4 技术资源分析

1. 内部技术资源

内部资源指企业内部所具有的技术产品资源、技术人才资源等。一般说来，具有新产品开发所需要的内部技术资源越多，则对于产品开发的可控性就越强，产品的可行性就越高。当然，内部资源的储备也是需要成本来维系的，因此从产品运营角度看，也不是内部资源储备越多越好。如何保持合理的内部技术资源储备，不同的企业、不同的产品应有不同的策略。原则上，产品的核心技术最好掌握在本企业内部。

2．外部技术资源

外部技术资源指本企业外所具备的，但可以为本企业所用的技术资源，比如外包公司、科研机构等的技术资源。外部技术资源的特点是不需要承担日常维系成本，只在需要时才需要支付费用。但外部资源可控性低，如果所需要使用的技术是产品的核心技术，则可能不利于企业对产品的长期运营。

3．知识产权

有些产品可能涉及其他企业的知识产权，需要企业保持必要的警惕。如果必须使用别人知识产权所保护的技术、设计，就需要支付双方认可的费用；如果可以绕过别人的知识产权，自己另辟蹊径，也是不错的选择。但无论如何，在技术产品可行性分析时，必须充分考虑知识产权因素。

6.3 投入产出分析

投入/产出比是指对于一个产品或者一个项目总体投入与总体收益的比值，是企业运营和投资中经常用到一个概念，它直接反映了一个产品、一个项目的经济效益状况。

6.3.1 产品总投入

产品总投入包括产品开发成本、产品运维成本、产品营销推广成本和资金成本。

1．产品开发成本

产品开发成本主要为产品策划和开发人员的劳动力成本，其他诸如计算机设备消耗、办公环境等相对比重要小得多。成本估计不是一项精确的工作，通常采用一种基于任务分解的方法来估计开发成本。

这种方法首先把开发工作分解为若干个相对独立的任务，再分别估算每个单独任务的开发成本，最后累加起来得到总的开发成本，如表 6-2 所示。其中，在估计每个任务时，首先估计该项任务需要的人数及开发时间，再乘以不同类型人员的劳动力成本。

表 6-2　开发成本测算表

序号	工作内容	工作量(人×天)	单价(元)	小计(元)
1	项目调研	10	500	5000
2	需求分析	10	500	5000
3	系统分析	10	1000	10000
4	系统结构设计	20	1000	20000
5	界面和报表设计	30	500	15000

序号	工作内容	工作量(人×天)	单价(元)	小计(元)
6	数据库设计	30	500	15000
7	编码与软件配置	50	500	25000
8	文档编写	10	500	5000
9	安装调试	10	500	5000
10	小计	180		105000
11	税金	11%		11550
12	总计			116550

2．产品运维成本

产品运营成本包括平台系统运行所要依赖的云资源租用费用、日常维护费用、漏洞扫描费用、产品升级费用等，产品的特点不同，企业的规模不同，这些费用都不尽相同。因此，产品运营成本的估算要从企业和产品的实际出发，尽可能减少估算偏差。

3．产品营销推广成本

对于移动互联网产品而言，产品推广往往要消耗大量成本。这些成本一部分花在各种媒体的广告费、推送费上，一部分花在产品使用过程对于用户的补贴上，还有的花在代理渠道上。当前，在互联网界形成了很多新的模式，诸如免费、"羊毛出在狗身上"等，这些模式是否健康，并且难有一个确切的答案。有的产品投入大量推广成本成功了；有的产品投入大量推广成本耗干了资金，导致企业破产关门。

但是，对于产品的策划和设计者而言，必须把产品的运用能够建立在商业模式健康，成本可预期、可控制的基础上，对于产品的推广成本必须进行合理的规划和控制。

4．资金成本

资金是有成本的，这种成本与资金占用的时间成正比。如果企业前期为该产品投入的资金是自有的，那么其成本就是这笔资金存入银行的存款利息；如果前期投入的资金是向银行贷来的，那么其成本就是这笔资金的贷款利息。一般而言，企业总是缺乏流动资金的，产品前期投入多采用银行贷款方式，因此其资金成本就是贷款利息。

6.3.2　产品收益与投入产出分析

1．产品收益

产品销售后，就会给企业带来收入，这就是产品收益。产品收益去掉税收和各种附加费之后，才是企业的净收入，这个收入可以用于抵消产品的各种成本，包括开发成本、运营成本、营销推广成本等。

2．投资回收期

产品的投资要能够回收回来，前提条件是产品收益扣除税费之后要大于各种成本。所谓产品回收期，是指产品的净收入不断累积，直到与此前所有花费的成本相等时的这样一个时间段。

如图 6-6 所示，实线和虚线分别为成本曲线和净收入曲线，时间到了 C 点，由 A-E-C 围成的面积(也就是累积成本投入)与由 A-D-C 围成的面积相等，所有投资全部收回，C 点就是投资回收期。

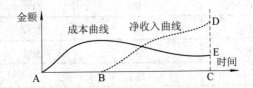

图 6-6　成本/净收入曲线示意图

6.4　可行性分析报告

在前述可行性分析的基础上，就可以撰写新产品开发的可行性报告。该可行性分析报告是新产品开发中关键的一步，是企业在开发新产品之前，根据企业实际情况，并充分结合市场环境，具体分析新产品开发方案在实践中的可行性、可操作性以及所能达到的效果和具体实施步骤的书面报告。

产品开发的可行性分析报告的写作要点主要有：

(1) 项目名称、承办单位及负责人。

(2) 可行性分析。

① 市场分析。市场分析涉及内容包括：

■ 分析市场发展历史与发展趋势，说明本产品处于市场的哪个发展阶段；

■ 本产品和同类产品的价格分析；

■ 统计当前市场的总额、竞争对手所占的份额，分析本产品能占多少份额；

■ 产品消费群体特征、消费方式以及影响市场的因素分析。

② 政策分析。政策分析主要是分析有无政策支持或者限制，分析有无地方政府(或其他机构)的扶持或者干扰。

③ 目标市场分析。

④ 竞争实力分析。竞争实力分析主要是分析竞争对手的市场状况、研发、销售、资金、品牌等方面的分析，自己的市场状况、研发、销售、资金、品牌等方面的分析。

⑤ 技术可行性分析。技术可行性分析涉及内容包括：

■ 本项目的主要技术指标、网络结构、实现的目标以及应用系统等新采用的技术等；

■ 技术队伍，项目带头人技术水平及主要承担人员构成；

■ 目前项目开发工作的物质条件准备情况。

⑥ 时间和资源可行性分析。时间和资源可行性分析主要是分析在正常运作方式下，开发本产品并投入市场的时间周期是否可行，开发人员是否能及时到位，软硬件条件是否到位，等等。

⑦ 知识产权分析。核查是否已经存在某些专利会对本产品的开发与推广带来障碍，本产品能否得到知识产权保护、如何获得以及存在的问题及建议。

(3) 生产条件设计方案及生产技术设备方案。

(4) 开发实施进度计划。

(5) 产品价格分析。

(6) 投资估算、资金筹措。

(7) 产品成本估算。

思 考 与 练 习 题

1. 简述市场可行性分析的主要内容。

2. 什么是数据流图？请对图 6-4 所示数据流图作一详细解读。

3. 简要介绍产品的投入/产出比的测算方法。

4. 产品可行性报告包括哪些内容？

第七章　产品需求分析

无论是新产品还是迭代产品，首先由产品构思产生需求，然后对这些需求进行汇总并进一步分析，放弃不需要的、无关紧要的，整理出需要下一步通过产品开发而实现的需求，把需求分析的结果用模型描述出来，最终形成产品需求文档，作为下一步产品开发的依据。

7.1　产品需求分析的任务

产品需求包括功能性需求、非功能性需求和对数据的要求等三个方面。

1. 功能性需求

功能性需求描述系统的行为，与系统的功能相关。一个具体的功能表现为支持某一具体的行为、完成某一具体任务，比如客户登录邮箱网站收发邮件、论坛网站的发帖留言等。通过需求分析，可以挖掘和提炼出产品必须完成的各项功能。

移动互联网产品的功能性需求一般可以分为用户管理功能和业务功能两大类。

1) 用户管理功能

用户管理功能是由对于产品用户的各种管理任务组成的一组功能，包括用户注册、用户登录、密码管理、用户个人信息管理、积分管理等。对于移动互联网产品来说，它所拥有的用户数从很大意义上代表了这个产品的商业价值。积分管理通常用于对用户的黏附和运营，比如积分兑换、成为 VIP 用户等。

2) 业务功能

不同的产品具有不同的业务，比如电商产品是用来实现商品线上浏览和订购的，地图类产品是用来实现位置查找、路径检索等的，教育培训类产品是为了实现线上教育培训的，等等。每类不同的产品，都有各种不同的业务功能。具有电商特点的产品还具有支付功能、账务管理功能和物流管理功能等，而这些功能还可以进一步细分为很多具体的功能模块。

2. 非功能性需求

非功能性需求是指软件产品为满足用户业务需求而必须具有且除功能需求以外的特性，包括系统的性能、可靠性、可维护性、可扩充性、与其他系统的接口要求、对技术和业务的适应性等。

1) 性能需求

性能需求指产品必须满足的在承载并发用户数、响应速度、存储容量等方面的需求。比如，一个电商平台必须能够承载 10 万个并发用户数，用户的访问响应时间不超过 200 毫秒。为了提高产品性能，必须在 CPU 处理能力、存储器容量、网络出口带宽、数据库处理能力、程序的优化等方面进行良好设计。每一个环节设计不良，都可能导致产品性能的下降。

2) 便捷性和友好性

便捷性是指便于用户使用的特性。便捷性除了在用户界面设计方面，要符合用户的使用习惯外，在每一个流程设计中，也要符合用户的思维习惯。也就是说，每一步操作后，产品应当有何种反应，应当符合用户的预期。同时，在操作方面，菜单和按钮的设计要美观大方，便于用户使用。

3) 安全性

移动互联网产品的安全性自下而上分为网络层安全、操作系统层安全、数据和文件层安全等多个层面。网络层安全主要是要能防止来自网络层的攻击、入侵等，操作系统层面的安全主要是系统用户密码和权限的保护，防止黑客的不法入侵。数据和文件层安全主要是要对数据和文件建立健全权限管理和加密机制。不安全的产品可能会带来产品运营者和产品用户极大的经济损失。

4) 可靠性和可用性

可靠性指产品能够无故障运行的能力，可以理解为系统可靠运行、用户可靠使用。可用性是对可靠性的量化，有的产品可靠性难以量化，而有的产品可靠性可以量化。比如一个产品在一个月内，可用时间不得少于总时间的 99.9%。

5) 可维护性

可维护性是指产品上线后可维护的难易程度，比如有的网络设备模块支持热插拔，有的产品软件支持单模块下线、上线，有的产品支持对客户端的远程管理，这些设计都为产品维护提供了方便。当前移动互联网产品的用户端都支持远程升级信息推送、用户端自动升级等功能。除此之外，软件系统在模块划分、流程设计、数据库设计等方面，也要为日后维护升级提供好的基础。

6) 与其他系统的接口

很多移动互联网产品都需要与其他产品系统有数据接口，比如电商平台的支付功能，就必须通过与第三方支付平台(如翼支付、微信支付、支付宝等)进行对接，实现支付和对账功能。接口需求描述应用系统与其他系统通信的数据格式、流程等，也简称为接口规程或协议。接口除了软件接口，还有硬件接口等。

7) 设计约束

设计约束或实现约束描述在设计或实现应用系统时应遵守的限制条件。在需求分析阶段提出这类需求，并不是要替代设计和实现过程，只是说明用户或环境强加给产品的限制条件。常见的约束如屏幕大小、终端操作系统、用户对象等，比如用于老年人的产品、用于少年儿童的产品都要考虑其年龄和知识经验特点。

8) 可扩展性

可扩展性是指产品的功能具备进一步扩展、增加和升级的特性。产品要具备可扩展性，必须在数据库设计、流程设计等方面为未来的功能扩展预留必要的资源和修改空间。因为技术和市场都在不断发展，因此，可扩展性是产品能够保持长期发展的必要前提。

9) 兼容性

兼容性指产品与能否与其他产品或者本产品的前版本、后续版本相兼容。比如，服务器端程序进行了升级而用户端程序没有升级，这在实际当中很常见，这时使用原有版本的用户端还可以正常使用吗？兼容性好的产品会考虑前面使用过的版本，让其能够正常使用。

3. 对数据的要求

任何一个软件系统本质上都是一个信息处理系统，系统必须处理的信息和系统应该产生的信息在很大程度上决定了系统的面貌，对产品软件的设计有深远影响，因此，必须分析系统的数据要求。分析系统的数据要求通常采用建立数据模型的方法。

复杂的数据是由许多基本的数据元素组成的，数据结构表示数据元素之间的逻辑关系。利用数据字典可以全面准确地定义数据，但是数据字典的缺点是不够形象和直观。为了提高数据的可理解性，经常利用图形工具来辅助描绘数据的结构。

软件系统会经常使用各种长期保存的信息，这些信息通常以一定方式组织并存储在数据库或文件中，为减少冗余，避免出现插入异常和删除异常，简化修改数据的过程通常要把数据结构进行规范化。

4. 导出系统的逻辑模型

在功能性需求、非功能性需求和对数据要求进行分析的基础上，可以导出系统的详细逻辑模型，通常用功能框图、数据流图、用例图、实体-联系图、状态转换图、数据字典和主要的处理算法来描述这个逻辑模型。

7.2　用户调研方法

7.2.1　用户需求分析的意义

在市场需求调研分析阶段、商业模式策划设计阶段、可行性分析阶段都是在进行对于用户需求的分析，而在产品需求分析阶段依然需要对用户需求进行调研分析。但是，这四个阶段对用户需求分析的层面和目的是有区别的。

1. 市场调研分析阶段

在市场调研分析阶段，对用户的访谈调研主要是站在市场的宏观层面，了解所构思的产品是否有潜在用户，是否有市场空间，是否值得企业投资和开发，对用户需求的分析是粗线条的、定性的，主要是解决需求有没有、在哪儿的问题。

2. 商业模式策划阶段

在商业模式策划阶段对用户需求的分析则是站在商业模式层面，了解用户的痛点、痒点和兴奋点，是为了使自己策划和设计的商业模式能够切中用户的痛点、痒点和兴奋点。

3．可行性研究阶段

在可行性研究阶段，对用户需求的分析主要着眼于其需求是否确切、是否可行的问题。人的欲望是无穷的，只有符合技术条件、社会条件和自身支付能力的需求才是可行的需求。

4．产品需求分析阶段

在产品需求分析阶段进行用户需求分析，则是站在产品功能角度，研究用户对产品功能、性能、使用便捷性等方面的具体需求，以便使开发出来的产品更好满足用户对产品功能的要求和符合用户的使用习惯，从而准确把握用户需求，解决产品上线后好卖的问题。

7.2.2　用户需求分析的步骤

需求素材产生自多个方面，包括公司经营决策人、相关管理人员、产品经理自己的策划和挖掘、其他员工的建议、用户或伙伴的建议等。对这些不同人产生的想法进行整理，就形成了产品的原始需求。产品需求分析的主要步骤如下：

1．明确参与产品需求分析人员的角色职责

通常，参与产品需求分析的人员包括客户经理、项目经理、项目成员、客户代表、用户代表等，其职责分别为下述五类。

(1) 产品经理：负责全程的需求标识的管理，及时与目标用户进行沟通，了解客户需求，审查客户所提需求，协调对需求标识的评审。

(2) 客户经理：协助项目经理与目标用户的沟通与需求的获取。

(3) 项目成员(需求开发人员)：协助项目经理完成客户需求的收集；将收集的需求，通过分析、整理制作成文档；协助项目经理审查收集到的顾客的初始需求。

(4) 客户代表：尽可能完整、准确地提出系统所要求的目标、功能、性能、技术、界面、安全水平等需求。并对需求评审结果进行确认。

(5) 用户代表：为客户代表和项目成员提供业务需求，并对需求结果进行确认。

2．掌握对产品的总体要求和要实现的主要功能

这项工作一般需要与产品的决策者和技术负责人深入交流。决策者尽管不一定懂得产品功能能否实现、如何实现，但他们对于产品要达到什么目标、有什么大的要求最有权威性。相比之下，技术负责人在决策者的总体思路下，能更好地把握产品的主要功能和性能要求，以及产品应如何运行。掌握了产品的总体要求和主要功能，就为后续开发竖起了一个坚实的骨架。

3．与产品的用户交流沟通

了解产品的用户对产品功能有什么要求，包括软件具体功能、界面布局、操作按钮设置、操作次序等如何设计才能更好使用等。做好这项工作，将为领会用户的详细需求奠定扎实基础。

4．资料收集

收集所有与客户需求相关的材料，包括客户以书面方式提出的需求、通过对客户和用户访谈得到的需求，对市场同类产品的调研报告等。

5. 考察产品可利用技术的最新进展

考察产品所要求的功能能否实现、如何更有效率地实现，以及如何实现更能兼容未来技术的发展和业主单位需求的变化，对于产品的可行性和先进性非常重要。要完成这项工作，首先需要考察现有类似产品已经能够实现的功能和达到的效果，既包括自己曾经开发过的，也包括别人曾经开发过的类似产品。现在网上有很多专业的开发者论坛，是开发者非常重要的学习和交流的场所，经常光顾一定有利于开展此项工作。其次，要了解该领域最新的技术。一般说来，应该尽可能采用新技术，但新技术往往有一个成熟过程，开发者必须把握好这个平衡。

6. 确定产品的功能

通过对业主单位决策人希望软件具备的功能、用户希望软件具备的功能的把握，通过对开发者对业主单位组织结构、人员构成和业务流程的把握，通过对现有技术储备的考察，软件开发人员接下来要在梳理、归纳、整合和提升的基础上，确定软件系统的总体结构、技术路线和具体功能。再把这些结果有机组织起来，形成软件的需求分析报告，成为后续整个软件开发过程的基础。

7. 输出文档

需求资料收集完成后，对这些资料中的各种需求进行归纳、梳理，按照需求的类型、层次、相互关系等进行深入分析，输出一系列规范的需求文档，包括原始需求索引表、用户需求说明书、需求获取分析表、需求用例文档和软件需求说明书等。

7.2.3 用户需求获取方法

在产品需求分析阶段，与用户沟通并获取详细需求的方法主要有以下四种：

1. 访谈

访谈是最早也是迄今为止应用最广泛的获取用户需求的方法。访谈有两种方式，分别是正式和非正式的访谈。正是访谈时，系统分析员将提出一些事先准备好的问题，例如，询问针对哪种场景是否需要一款产品，该产品应具备什么样的功能，等等。非正式访谈时，分析人员将提出一些开放性问题，鼓励被访人员更多地说出自己的想法，例如询问用户对当前产品有哪些地方不满意等。

当需要调查大量人员的意见时，发放调查表是一种十分有效的做法。经过仔细考虑写出的书面回答可能比被访者口头的回答更准确。分析员仔细阅读收回的调查表，然后针对性地访问一些用户，以便向他们询问在分析调查表时发现的新问题。

在访问用户的过程中使用情景分析技术往往非常有效。所谓情景分析，就是对用户将来使用目标产品解决问题的方法和结果进行分析。例如，假设目标产品是一个制定减肥计划的软件，当给出某个用户的年龄、性别、身高、体重、腰围等其他数据时，就出现了一个可能的情景描述。分析人员根据自己对目标系统应具备功能的理解，给出适用于该用户的建议菜单。然后拿这一系统给出的建议菜单与饮食专家沟通，看看这一建议是否合理。

2. 面向数据流自顶向下求精

软件系统本质上就是信息处理系统，而任何信息处理系统的基本功能都是把输入数据转变为需要的输出信息。数据决定了需要的处理和算法，所以它也是需求分析的出发点。在可行性分析阶段，许多实际的数据元素是被忽略的，因此那个阶段还不需要考虑这些细节。

结构化分析方法就是面向数据流自顶向下逐步求精进行需求分析的方法。通过可行性研究已经得出了产品的高层数据流图，而当前阶段，需求分析的目标之一就是把数据流和数据存储定义到元素级。为了达到这个目的，通常从数据流图的输出端着手分析，这是因为系统的基本功能是产生这些输出，输出数据决定了系统必须具有的最基本的组成元素。

输出数据是由哪些元素组成的呢？通过调查访问不难弄清楚。那么每个输出数据元素又从哪里来的呢？既然它们是系统的输出，那么它们要么是从外部输入的，要么是系统内产生的。沿数据流图从输出到输入回溯时，应该能够确定每个数据元素的来源，与此同时也就初步定义了有关的算法。

但是，可行性研究阶段产生的是高层数据流图，许多具体的细节还没有包括在里面，因此在沿着数据流图回溯时，经常会遇到如下问题：为了得到某个元素，需要用到数据流图中还没有的数据元素，或者得出这个数据元素需要的算法还不完全清楚。为了解决这个问题，往往需要向用户或其他有关人员请教，他们的回答将使分析人员对目标系统有更深入更具体的认识，从而使更多的数据元素被划分出来，更多的算法被搞清楚。通常把分析过程中得到的有关数据元素的信息记录在数据字典中，把对算法的简明描述记录在 IPO 图(见后续章节)。通过分析而补充的数据流、数据存储和处理，应该添加到数据流图的适当位置上。

然后，请用户对上述分析过程中得出的结果仔细复查，分析员借助数据流图、数据字典和 IPO 图向用户解释输入数据是怎样一步一步地转换为输出数据的，这些解释集中反映给了通过前面的分析结果。这个结果是否正确，是否有遗漏，用户应该认真听取分析员的报告，并及时纠正和补充分析人员的认识。因此，这个复查过程验证了已知的元素，补充了未知的元素，填补了文档中的空白。

反复进行上述分析过程，分析人员就可以越来越深入地定义系统中的数据和系统应该完成的功能。为了追踪更详细的数据流，分析人员应该把数据流图扩展到更低的层次。通过功能分解可以实现数据流图的细化，得到一组新的数据流图，不同的系统元素之间的关系就变得更加清楚了。对这组新数据流的分析追踪可能产生新的问题，而这些新问题的回答又可能在数据字典中增加一些新的条目，并导致新的或者更精细的算法描述。

3. 简易的应用规格说明技术

使用传统访谈或者自顶向下求精方法时，用户处于被动地位而且往往有意无意地与开发者区分开"彼此"。由于不能像同一个团队的人那样齐心协力，这两种方法有时效果会不太好，会经常发生误解，或者遗漏重要的信息。为了解决这个问题，人们研究出一种面向团队的需求收集方法，称为简易的应用规格说明技术，其典型的过程如下：

首先进行初步访谈，通过用户对基本问题的回答，初步确定待解决问题的范围和解决方案。然后开发者与用户分别写出"产品需求"，召集开发者与用户出席会议。

会前把写好的产品需求分发给每位与会者，要求每位参会者会前认真复查产品需求，并且列出作为产品系统的环境组成部分的对象、系统将产生的对象以及系统为了完成自己的功能将使用的对象。此外，还要每位与会者列出操作这些对象或与这些对象交互的处理或功能。最后，还应该列出约束条件(例如成本、规模、完成日期等)和性能要求(如响应速度、容量等)。并不期望每位与会者列出的内容都是毫无遗漏的，但是希望能准确表达每个人对于系统的认识。

会议开始后，讨论的第一个问题是，是否需要这个产品？一旦大家都觉得确实需要，每位与会者就把会前准备的列表展示出来供大家讨论。在讨论过程中，大家共同组建一张组合列表，组合表消去冗余，补充进讨论过程提出的新想法，得到一张意见一致的组合列表。

接着，把与会者分为几个小组，每组根据组合列表中的项目，制定小型规格说明。所谓小型规格说明，是指对列表中所包含的单词或者短语的准确说明。再接下来，每个小组向大家展示自己的小型规格说明，供大家讨论，形成一个一致的小型规格说明，最后由一名或多名与会者根据会议成果起草完整的软件需求规格说明书。

简易的应用规格说明技术的缺点是对与会用户的要求比较高，他必须了解一定的软件开发知识。

4. 快速建立软件原型

快速建立软件原型是指快速建立起来的旨在演示目标产品主要功能的可运行的程序系统，也可以简单理解为先简单搭建一个目标产品简易的演示版。构建原型的要点是，它应该实现用户看得见的功能，例如屏幕显示、打印报表等，省略掉目标产品的隐含功能，如修改文件等。

快速原型应具备的第一个特点是快速，它是为了帮助用户和开发者达成一致认识而建立的，不是最终产品，因此存在的缺陷和漏洞只要不影响用户对产品主要功能和行为的理解，就完全可以忽略。

快速原型应具备的第二个特点是容易修改，用户和开发者达成一致认识的过程，就是一个开发者对原型不断修改的过程，因此容易修改是快速原型的必要特点。

有多种技术可以快速建立和修改模型，包括第四代技术、可重用的软件构件和形式化规格说明等，这里不再赘述，有兴趣的读者可以进一步学习软件工程相关知识。

7.3 需求分析建模

7.3.1 需求分析建模的作用

1. 需求分析建模

所谓模型，是为了理解事物、刻画事物的内在逻辑而建立的一种对事物无歧义的书面描述。模型可以由图形符号和组织这些符号的规则描述，也可以由数学表达式描述，而建立模型的过程，就称为建模。对于需求分析的结果，也可以采用模型来表示，这一过程就是需求分析建模。

对于软件产品的需求分析，通常采用由图形符号和组织这些符号的规则来描述。软件产品的需求分析模型为软件产品的策划者、开发者提供一个无歧义的交流工具。用于描述软件产品需求建模的工具很多，分别用于不同的层面和方面，包括功能结构图、数据流图、数据字典、用例图、状态转换图(简称状态图)、Warnier 图、IPO 图、结构图、程序流程图等。至于在实际工作中具体采用哪种工具，要根据产品本身的复杂程度、需求分析者个人对各种工具的掌握程度、团队约定等来确定。当前，多数复杂度不高的产品多采用功能模块图和用例图等工具来建立需求分析模型。

2. 软件需求说明书

通过需求分析除了创建需求分析模型之外，还应该写出软件需求规格说明书，它是需求分析阶段得出的最主要文档。通常用自然语言来完整、准确、具体地描述产品的数据要求、功能需求、性能需求、可靠性和可用性、接口要求、约束等。

所谓自然语言，通常是指一种自然地随文化演化的语言，也就是我们通常使用的语言，比如汉语、英语、日语等。采用自然语言描述，使得理解模型的门槛降到最低。

7.3.2 功能结构图

1. 功能结构图定义与作用

功能结构图就是按照功能的从属关系画成的图表，图中的每一个框都称为一个功能模块。功能模块可以根据具体情况分的大一点或小一点，分解的最小功能模块可以是一个程序中的每个处理过程，而较大的功能模块则可能是完成某一个任务的一组程序。

功能结构的建立是思维由发散趋向于收敛、由理性化变为感性化的过程，其特点是简单明了，广泛用于程序开发、工程项目施工、组织结构分析、网站设计等模块化场景，便于企业决策人人员、产品经理和开发人员理解或修改产品的功能。

2. 功能结构图的画法

图 7-1 为一个电商平台的功能结构图，分为三层：第一层为整体电商平台功能，第二层按照平台使用者的属性分为用户功能、商户功能和平台管理功能 3 个功能模块，第三层是对第二层 3 个功能模块的细化。

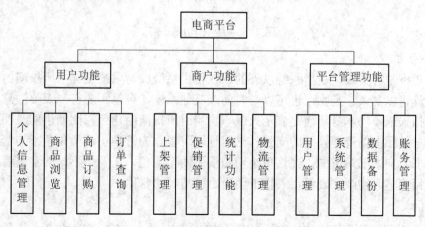

图 7-1　一个电商平台的功能结构图

7.3.3 用例图

用例是 UML 中一个非常重要的概念，在使用 UML 的整个软件开发过程中处于一个中心地位，而以用例为核心的用例图是软件产品需求分析建模一个非常重要的工具。

1．用例定义

用例(Use Case)是在不展现一个系统或子系统内部结构的情况下，对系统或子系统的某个连贯的功能单元的定义和描述，是可以被使用者感受到的、系统化的一个完整功能。用例本来就是对系统功能的描述而已，不过单个用例描述的是整个系统功能的一部分，这一部分一定是在逻辑上相对完整的功能流程。在使用 UML 的开发过程中，需求是用用例来表达的，界面是在用例的辅助下设计的，很多类是根据用例来发现的，测试实例是根据用例来生成的，包括整个开发的管理和任务分配，也是依据用例来组织的。

用例是对一组动作序列的抽象描述，系统执行这些动作序列，产生相应的结果。这些结果要么反馈给参与者，要么作为其他用例的参数。对不同的参与者来说，他要使用系统的某项功能也不同。因此在识别和分析用例时，要对每个参与者逐一进行。

2．用例图构成

用例图是指由参与者、用例、系统边界以及它们之间的关系等元素构成的用于描述系统功能的视图，这些元素的符号如图 7-2 所示。用例图是外部用户所能观察到的系统功能的模型图。用例图呈现了一些参与者与一些用例，以及它们之间的关系，主要用于对系统、子系统或类的功能行为进行建模。

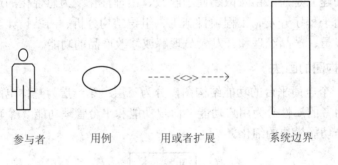

参与者　　　　　用例　　　　　用或者扩展　　　　　系统边界

图 7-2　用例图构成元素

1) 参与者

参与者不是特指人，是指系统以外的，在使用系统或与系统交互中所扮演的角色。因此参与者既可以是人、是物，也可以是时间或其他系统，等等。还有一点要注意的是，参与者不是指人或事物本身，而是表示人或事物当时所扮演的角色。比如小明是图书馆的管理员，他参与图书馆管理系统的交互，这时他既可以作为管理员这个角色参与管理，也可以作为借书者向图书馆借书，在这里小明扮演了两个角色，是两个不同的参与者。参与者在画图中用简笔人物画来表示，人物下面附上参与者的名称。

2) 用例

用例是对包括变量在内的一组动作序列的描述，系统执行这些动作，并产生传递特定参与者的价值的可观察结果。这是 UML 对用例的正式定义，对初学者而言可能有点难懂。可以这样理解，用例是参与者想要系统做的事情。我们可以给用例取一个简单、描述性的名称，一般为带有动作性的词。用例在画图中用椭圆来表示，椭圆下面附上用例的名称。

3）系统边界

系统边界是用来表示正在建模系统的边界。边界内表示系统的组成部分，边界外表示系统外部。系统边界在画图中用方框来表示，同时附上系统的名称，参与者画在边界的外面，用例画在边界里面。系统边界通常用方框来表示，但有时候在不影响理解的前提下也可省略。

4）箭头

箭头用来表示参与者和系统通过相互发送信号或消息进行交互的关联关系。箭头尾部用来表示启动交互的一方，箭头头部用来表示被启动的一方，其中用例总是由参与者来启动的。

3．用例图的作用

用例图主要用来描述用户、需求、系统功能单元之间的关系。它展示了一个外部用户能够观察到的系统功能模型图，包括一组用例、参与者以及它们之间的关系。用例图从用户角度描述系统的静态使用情况，用于建立需求模型，帮助开发团队以一种可视化的方式理解系统的功能需求。

4．用例图中元素之间的关系

1）角色之间的关系

由于角色实质上也是类，所以角色之间的关系拥有与类相同的关系描述，即角色之间存在泛化关系，泛化关系的含义是把某些角色的共同行为提取出来表示为通用的行为。

2）用例之间的关系

用例之间的关系有包含关系、泛化关系和扩展关系三种：

(1) 包含关系。基本用例的行为包含了另一个用例的行为。基本用例描述在多个用例中都有的公共行为。包含关系本质上是比较特殊的依赖关系。它比一般的依赖关系多了一些语义。在包含关系中，箭头的方向是从基本用例到包含用例。

(2) 泛化关系。泛化关系代表一般与特殊的关系。它的意思和面向对象程序设计中的继承的概念是类似的。不同的是继承使用在实施阶段，泛化使用在分析、设计阶段。在泛化关系中，子用例继承了父用例的行为和含义，子用例也可以增加新的行为和含义或者覆盖父用例中的行为和含义。

(3) 扩展关系。扩展关系的基本含义和泛化关系类似，但在扩展关系中，对于扩展用例有更多的规则限制，基本用例必须声明扩展点，而扩展用例只能在扩展点上增加新的行为和含义。与包含关系一样，扩展关系也是依赖关系的版型。在扩展关系中，箭头的方向从扩展用例到基本用例，这与包含关系是不同的。

5．用例图示例

图 7-3 是一个简单的习题练习与指导系统用例图，其中参与者有学生、老师和系统管

理员，所使用的用例分别为习题练习、教学指导和系统管理。

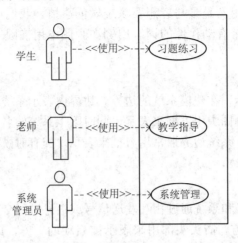

图 7-3 习题练习与指导系统用例图

图 7-3 中的每一个用例都要用到其他用例，比如"习题练习"用例要用到"在线答题"、"在线提问"两个用例，"教学指导"用例要用到"批改习题"、"问题解答"两个用例，"系统管理"用例要用到"用户管理"、"资料管理"两个用例。图 7-4 是对考虑这种使用关系后的用例图，对于复杂的软件产品，用例图可能会有多个而不是像本示例中只有一个。

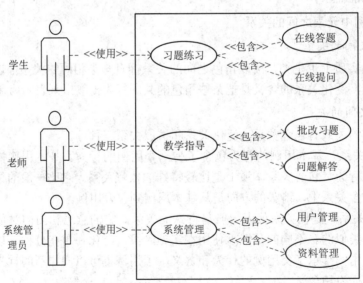

图 7-4 考虑使用关系后的习题练习与指导系统用例图

7.3.4 需求建模实例

产品需求分析的结果，通常以需求模型方式来描述，这些模型使用的工具包括功能结构图、用例图、业务流程图、数据流图及数据字典等。本节以一个功能非常简单的网上学习系统为例，简要介绍如何对需求建立模型。一个现实中产品的需求建模，实际上是在基于前期市场调研、用户调查、商业模式设计及产品可行性分析工作基础上进行的，本节为了聚焦于产品需求分析建模，省略了这些前期的工作。同时，也没有介绍该案例需求分析阶段的后续工作，包括产品设计与实现等。

1. 网上学习系统总体介绍

网上学习系统是用于单个班级的一个简单教辅系统，通过手机 APP 方式，为学生提供一个便捷的网上学习工具。系统中的学习资料是由老师上传的，但无论是学生还是老师，都可以可以查询、阅读和下载学习资料。

根据对网上学习系统的介绍，其主要功能可以通过图 7-5 来描述。需要说明的是，图 7-5 只描述出了第一层的主要功能模块，包括资料查询、资料阅读、资料下载和资料上传等，而省略了用户注册、登录、注销等功能。

图 7-5　功能结构图

2. 功能性需求

网上学习系统的功能性需求主要包括以下几方面：

1) 资料查询

可以通过网上学习系统，查询自己所需要的学习资料。学习资料可以是多种格式的，比如 PPT、Word、网页、图片、视频等。查询时可以按照类别查询，也可以按照关键词进行模糊查询。

2) 资料阅读

可以对查询到的学习资料进行在线阅读，系统可以对学生的阅读情况进行记录，包括阅读人、阅读的学习资料、阅读的起始和终止时间等。对于阅读的页码或章节进行记忆，下次打开时，可以自动调转到上次学习停止的地方。

3) 资料下载

可以对阅读过(包括简单浏览)的学习资料进行下载。对于大小在 10 M 以内的文件采用 HTTP 方式下载，对于大于 10 M 的文件采用 FTP 方式下载。系统支持断点续传功能，也就是说，如果一个文件在下载时发生了中断，在再次进行下载时，系统可以自动找到上次的断点，并从断点开始下载剩下的部分，而不是又全部重新开始下载。

4) 资料上传

只有老师具备资料上传功能。资料上传时，需要调用文件管理系统功能，浏览所需要上传的本地学习资料文档。上传时，同样对于小文件采用 HTTP 方式，对于大文件采用 FTP 方式。可以一次性上传多个文档，也可以一个接一个上传多个文档。上传资料时，可以选择不同类型或者科目，便于系统对资料的管理。

网上学习系统功能性需求用例，主要包括学生子系统功能和老师子系统功能，分别如

图 7-6 和图 7-7 所示。老师和学生均有资料查询、资料阅读和资料下载功能，但只有老师有资料上传功能。

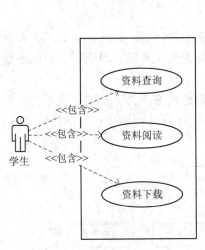
图 7-6 学生子系统用例

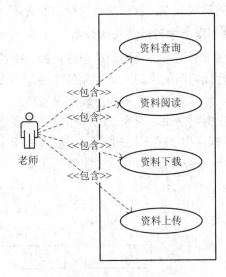
图 7-7 老师子系统用例

3．非功能性需求

基于网上学习系统的定位和使用场景，其非功能性需求主要包括以下几方面：

1) 并发用户数

考虑到该系统仅用于单个学生班的学生和老师，假设该班师生共有 50 名，则系统的并发用户数应当不小于 50。再考虑给系统设置一定冗余，故而把并发用户数定为 60 个。

2) 兼容性

考虑到师生使用的手机操作系统不是 Android 便是 iOS，且屏幕尺寸大小不一，因此，要求该系统能够兼容 Android 和 iOS 两种操作系统，且 UI 对于屏幕具有自动适配性。

3) 可用性

为确保学生可以随时使用网上学习系统，故要求系统必须 365 天、每天 24 小时均可使用，全年故障累计时长不大于 1 小时。

4．主要业务流程

业务流程图反映用户业务开展过程的顺序和逻辑，一个产品系统，一般包含很多业务流程。因本案例只是一个非常简单的产品系统，因此业务流程不是很复杂，主要包括学生和老师使用网上学习系统时的流程。

图 7-8 所示为学生使用网上学习系统的业务流程。学生按一定条件查询学习资料，如果查询到了就开始阅读(或者浏览)，否则就继续查找，或者结束查找。阅读(或者浏览)完成后，有下载资料、重新查询资料和结束三个选项。资料下载完成后，学生可以选择重新查询，也可以选择结束。

图 7-9 所示为老师使用网上学习系统的业务流程。查询资料、阅读资料和下载资料的业务流程与学生的是一致的，此处不再赘述。不同的是，老师增加了一个上传资料的业务

流程。一开始，老师需要选择是查询资料还是上传资料，上传资料完成后，既可以重新开始，也可以选择结束本次操作。

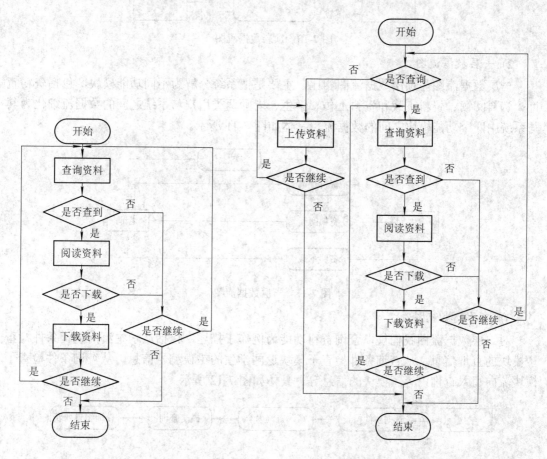

图 7-8　学生子系统业务流程图　　　　　图 7-9　老师子系统业务流程图

5．数据流图

数据流图可以从各个层面来分析，最顶层数据流图最为宏观，只考虑系统各种角色的用户与系统之间的数据流。接下来，第一层数据流图考虑各种角色用户与其所使用的功能模块之间的数据流。再往下，可以对不同功能模块进一步细分为子模块，展现用户与子模块、子模块与子模块之间的数据流。

对于本案例的网上学习系统，考虑到篇幅限制及本案例的示范性质，这里仅给出顶层数据流图、一层数据流图和二层数据流图的一个示例，而没有给出所有层面的所有数据流图。

1）顶层数据流图

顶层数据流主要有学生、老师与系统之间的数据流，如图 7-10 所示。学生与系统之间的数据流包括从学生流向系统的查询信息、从系统流向学生的阅读和下载信息；老师与系统之间的数据流除包括从老师流向系统的查询信息、从系统流向老师的阅读和下载信息，还包括从老师流向系统的上传信息。

图 7-10　顶层数据流图

2) 一层数据流图

一层数据流图与顶层数据流图相比，主要是把系统分解为不同功能模块，包括资料查询、资料阅读、资料下载和资料上传。学生、老师两类用户与系统之间的数据流细化为其与系统中四个功能模块之间的数据流。具体如图 7-11 所示。

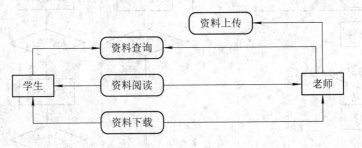

图 7-11　一层数据流图

3) 二层数据流图

对二层数据流图我们仅以查询资料功能为例作了描述，包括从学生流向查询条件检查子模块的查询信息，从查询条件检查子模块返回学生的错误编号信息，从查询条件检查子模块流向写入查询内容子模块的信息等。具体如图 7-12 所示。

图 7-12　一层数据流图

资料阅读、资料下载和资料上传功能的数据流图这里不再给出，有兴趣的读者自己可以对这几个字功能模块作进一步细化，画出其数据流图。

6．数据字典

根据数据流图，可以得到顶层数据字典(如表 7-1 所示)、一层数据字典(如表 7-2 所示)。更详细的二层、三层数据字典因篇幅太大，这里不再一一列举，有兴趣的同学可以自己进一步分析。

到了这一步，产品需求模型已经建立，产品需求阶段分析工作也就基本完成。接下来，上述产品需求分析结果通过审核后，将进入产品设计阶段。

表 7-1　顶层数据字典

实体名称	数据流	简　述
学生	查询资料、阅读资料、下载资料	学生是学习资料的消费者，可以查询资料、阅读资料和下载资料，但不能上传资料
老师	上传资料	老师可以上传资料(其实老师本应该也能够查询、阅读和下载资料，但本案例为了讲述简单期间，去掉了这些功能)

表 7-2   一层数据字典

功能名称	对应实体	数据流	简　　述
查询资料	学生，老师	查询信息	学生可以设置查询条件，查询符合条件的资料。系统能够可以记录下访客的查询信息，如查询资料的类型、查询时间等
阅读资料	学生，老师	阅读信息	学生可以阅读的学习资料包括课件、Word 文档、图片、视频等。系统可以记录学生阅读的开始与结束时间
下载资料	学生，老师	下载信息	学生可以下载文章附件，附件形式多种，如 doc、ppt、mp3、mp4 等，网站记录下载信息，访客、站长获得对应附件
上传资料	老师	上传信息	站长除具有访客浏览网站文章的功能外，还可以浏览站点后台页面，网站记录站长浏览信息，便于站长管理备份与恢复

思考与练习题

1. 用户需求分析有什么重要意义？
2. 什么是产品功能结构图？试构思一个简单产品，画出其功能结构图。
3. 什么是用例图？试画出微信中通讯录的用例图(仅画出第一层功能)。

第八章 BRD、MRD 与 PRD

商业需求文档(BRD)、市场需求文档(MRD)和产品需求文档(PRD)并称为产品经理的三大文档，是产品从前期酝酿一直到正式开发前最重要的三个文档，是产品策划设计阶段主要工作成果的展现。

8.1 商业需求文档(BRD)

8.1.1 BRD 的概念

1. BRD 的定义

商业需求文档(Business Requirement Document，BRD)是基于商业目标或价值对构思中产品的市场分析、销售策略、盈利预测等进行简要描述的文档，通常用于产品在投入研发之前，由企业高层作为决策评估的重要依据，一般比较短小精炼，没有产品细节。

2. BRD 的作用

无论是对于初创团队，还是对于已经有多年产品运营经验的企业，在进行投资的时候，都需要先明确回答一些问题，包括：往哪儿投资能获得预期收益？市场环境如何？市场需求如何？竞争对手多不多？怎么取得收益？采用什么样的盈利模式？如何运作这个模式？需要投资多少？投资产出比怎么样？等等。创业者获取融资时，要给 VC(风险投资)提供的商业计划书，就是要回答这些问题。不过不同的是，商业需求文档是提供给本企业决策者的，是为了决策者提供同意立项的依据。

BRD 是策略层面的，一般在企业中是产品总监级的经营管理人员所做的工作之一。在绝大多数的情况下，BRD 由产品经理撰写，然后由决策层来把关。商业需求文档是产品成功与否的一个非常重要的因素，透过这份文档，才能让决策层、规划层和执行层有明确一致的目标和统一行进的方向。所以，这份文档是指导性文档，它会影响产品的规划以及需求的稳定性。从根源上避免了内部冲突形成的产品方向摇摆不定以及频繁改变需求的乱象，降低了资源损耗和产品风险。

既然是给决策层看的，那么对于商业需求文档一个最基本的要求就是要直观明了，不需要有花哨的措辞，直接切中要害，给出重点，建议通过 PPT 来呈现。

3. 撰写 BRD 的时间点

在企业项目管理流程中，有一个关键的决策环节，叫"立项"，立项是一个项目的分水岭。立项了，就是决定一个产品要正式开始做了，在立项前，往往要进行大量的考察和调研，最后基于调研结果输出一个方案，这个方案就是 BRD。在 BRD 中不只要说明为什么做，还要说明打算怎么做，以及需要的资源和预期收益，决策者依靠它来决定一个项目要不要立项。

第四章介绍了市场调查与目标用户这位，第五章介绍了产品商业模式策划与设计，在六章介绍了产品可行性分析。完成这些工作后，实际上就是具备了撰写 BRD 的条件，这也是我们在这时介绍 BRD 撰写方法的原因。

8.1.2 BRD 的构成要素

对于不同的产品，BRD 的构成要素不尽相同，但大体而言，一般移动互联网产品的构成要素主要包括以下几个方面：

1．背景分析

产品缘由是什么，做这款产品是想要达到什么样的目的，是为了盈利？还是为了抢占先发优势？还是说是出于战略卡位的需要？或者是为了打造品牌的知名度？还是说大家都进入了某个领域，为了表示不能落后，我们也要进入？不同的产品缘由会承载着不同的使命，也会有着不同程度的资源倾斜。

2．产品目标

产品目标就是要简明扼要地说明创业者要做一个什么样的产品，说明要简短，最好用一句话就能说明白，包括产品的目标人群、作用、定位、愿景等，要让看到的人能快速理解，在这里给大家两种表达方式的建议：

一种是从使用者的角度来表达，突出产品的功能和作用，比如：QQ 和微信可以表述成让家人、朋友方便高效地在网上聊天的工具，愿景是打造成全球网民的沟通工具；淘宝可以表述成让人们即可以在网上开店卖东西、也可以买东西的平台，目标是"让天下没有难做的生意"。

另一种是从专业人士的角度来表达，因为这个文档是给决策者看的，决策者大多都具有丰富的行业经验，所以可以用比喻的方法来表述，比如：做中国的 Facebook、中国的 Yutube、教育界的淘宝等，用一个大家已经熟悉的产品来说明自己要做的事。

3．产品价值

产品价值就是要告诉决策层为什么要做这个产品，可以从两个层面来谈：

1) 从用户/客户的需求角度来谈

这个产品满足了用户/客户什么样的需求，从痛点、使用场景、人群定位层面来谈。比如摩拜等共享单车解决了用户从家到地铁站，从地铁站到公司等这样短途出行的问题，在没有共享单车前，这种短途出行开车找停车位困难，走路太远，坐公交地铁需要排队，自己的自行车没处停放，这样的需求一直没有很好的解决，有了共享单车问题就解决了。

2) 从企业发展战略的角度来谈

做这件事能为企业带来什么价值，能获得巨大利润，是能增加市场份额，还是能延长服务的链条，或者是能形成协同效应等。比如原来做电商，用户黏性差，现在再做个购物社区，不仅可以让用户购物，还可以在里面交流，增加了用户的停留时间，对企业的好处是用户黏性增加了，营销成本也随之下降了。

4. 产品解决方案

产品解决方案就是要告诉决策者，产品大概的框架和轮廓，主要包含以下几个方面：

1) 产品形态

该产品架构大概是什么样的，是资讯形态的、社交形态的、搜索形态的，还是 O2O 的。

2) 业务模式

告诉决策者该业务是面向用户端的还是面向企业端的，抑或是企业端和用户端都兼容的，参与者都有谁，怎么来形成闭环等。

3) 运营模式

采用什么样的运营策略和手段让产品运营起来，比如，在教育产品里面一个非常重要的资源是老师，解决老师资源问题的方式有两种，一种是自己招聘，另一种是众包，这就是两种不同的运营模式

4) 盈利模式

盈利模式就是指该产品通过什么方式来赚钱，办企业的目的就是为了赚钱，即使是财大气粗的公司，也应该考虑这个问题，赚钱的模式包括广告、增值服务、出售商品等。在这里，需要把产品和用户、供应商以及其他合作伙伴的关系与连接方式，尤其是彼此间的物流、信息流和资金流清楚地表达出来，团购平台的盈利模式就如图 8-1 所示。

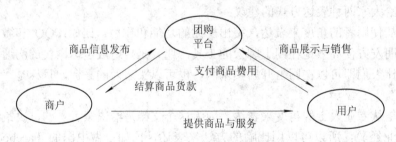

图 8-1 团购平台的盈利模式示意图

5. 市场分析

1) 市场环境分析

市场分析是对产品所处的环境进行分析，需要有以下明确的依据：

■ **政治法律环境**：来自国际、国内政策法规的影响，着重摘出受到哪些政策法规的支持或限制；

■ **经济技术环境**：包括发展趋势、资源配置和技术支撑等；

■ **社会文化环境**：包括目标用户群体的价值观念、信仰、兴趣、行为方式，社会群体及相互关系，生活习惯，文化传统和社会风俗等。

■ **自然地理环境**：如果产品与传统行业相关，则需要考虑这一部分内容，例如对物流运输、货品质量的影响。

■ **市场竞争环境**：竞争环境直接影响产品策略，在市场中竞争产品的数量、目标定位、

市场份额都会直接影响产品的风险，这一点不能忽略。

2）用户规模分析

用户规模决定市场需求，甚至产品价值，只有足够的用户规模才能支撑一款产品的成功。一般来说，用户的规模可以从一些权威报告中获取关键数据。因此，要善用搜索引擎，或者多关注一些行业报告以及购买定制专业的调查报告，这些途径都能够帮助公司获取关键数据。

3）市场容量分析

市场容量是对潜在最大用户规模的估算。市场容量到底有多大，这个数据需要通过对需求的分析，对人群判断后评估得出。决策者会根据这项分析来判断值不值得投入。

4）竞争对手分析

看看市面上还有哪些玩家，他们是怎么解决问题的，满足了用户的哪些需求，还有哪些没有满足，投入怎么样，团队怎么样，产出怎么样，与我们相比，我们的优势是什么、劣势是什么。

5）对市场未来的判断

对市场未来的判断，包括未来市场竞争格局，行业的风险，政策的变化，行业的发展方向等判断；未来市场上的机会在什么地方，怎么找到突破口，这个机会可以让企业发展到什么程度。

6．执行计划

执行计划就是我们准备怎么来做这个事。在互联网行业，最重要的执行就是产品研发和运营推广。在 BRD 中的计划部分，只需列出产品阶段和目标，不需要写具体的产品怎么设计、怎么开发、怎么运营，后面的 MRD 文档会对这些内容有所涉及。比如：

- 第一阶段先用 MVP 的方式验证用户需求，时间从 xxx 到 xxx 时间段；
- 第二阶段完善产品，扩大用户规模，时间从 xxx 到 xxx 时间段；
- 第三阶段，第四阶段，等等。

7．投入产出分析

1）投入成本测算

投入的测算包括研发成本、运营成本等。研发成本和产品开发时间、人力有很大关联，这部分内容需要和开发负责人进行深入沟通，根据设计、开发、测试人员的数量、工资标准以及开发周期估算这部分成本；运营成本包括运营的软硬件投入和人员配置，这部分内容也要和开发负责人进行深入沟通，对投入的软件、硬件、网络等资源进行价格估算，再根据产品运营的规模，估算所需的运营人员数量，进而估算人力成本。

2）产出测算

产出也就是产品预期的收益，产出的测算受用户规模与转化率的影响，需要通过竞品分析或者行业报告得到的具体数据进行测算。

8．风险预估

风险是指有可能影响产品目标实现，或增加产品成本的行为和因素。在考虑风险的时候，我们不仅要对所有可能出现的风险进行评估，确定风险出现的可能性和严重性，还要给出对应的规避预案，并明确预案的规避效益。

8.1.3 BRD 的撰写

BRD 主要使用 Word 和 PPT 进行撰写和展示，没有特殊的格式要求，重要的是，内容结构和深度要符合本企业的风格和习惯，能达到让决策者充分和准确理解的目的。BRD 的具体内容则要靠产品经理基于对自己所策划设计的产品进行的扎实的市场调研、商业模式设计和可行性分析等前期工作成果来撰写。BRD 参考模板如下(产品经理可以在模板基础上作进一步细化)：

XXX 公司-XXX 项目-BRD-版本号

日 期   制定人   审核人   批准人

xx 公司   版权所有

版本记录

版本	作者/日期	变化内容描述	审核人/日期	批准人/日期
D1.0	2018-02-07	创建		

1. 产品背景
   - 1.1 社会背景
   - 1.2 技术发展背景
   - 1.3 市场背景
2. 产品目标
   - 2.1 目标用户初步定位
   - 2.2 产品的功能定位
   - 2.3 产品的愿景
3. 产品价值
   - 3.1 产品的用户价值
   - 3.2 产品的企业价值
4. 产品解决方案
   - 4.1 产品的业务形态
   - 4.2 产品的业务模式
   - 4.3 产品的运营模式
   - 4.4 产品的盈利模式
5. 市场分析
   - 5.1 市场环境分析
   - 5.2 用户规模分析

8.2　市场需求文档(MRD)

8.2.1　MRD 的概念

1. MRD 的定义

市场需求文档(Market Requirements Document，MRD)的主要功能是描述具备什么样的功能和特点的产品(包含产品版本)可以在市场上取得成功，其内容主要分为：目标市场分析，目标用户分析和竞争对手分析，产品需求概况，通过哪些功能来实现你的商业目的，功能性需求和非功能性需求有哪些，以及需求的优先级。

2. MRD 的作用

MRD 主要是供产品的运营、研发等业务人员查看的，以便于团队更好、更快地了解该产品的市场竞争、目标用户、竞品分析、产品需求概况等情况，便于团队商量该怎么做、如何做、什么时间做等执行层面的问题。

如果说 BRD 是抛出论题，MRD 则相当于用论点来支持论题。在此，具体论述我们需要通过什么样的方式来达到我们的商业目的，在一系列分析以后，拿出的可行性办法，以及输出指导性的文档。

3. 撰写 MRD 的时间点

一般说来，在 BRD 说服决策者投资这个产品项目以后，经过一定立项流程，产品就得以立项。产品立项后，产品经理在进一步细化市场调查、目标用户确定、商业模式策划与设计、可行性分析等工作后，就需要撰写 MRD 了。

通过 MRD，产品经理向整个项目团队提出了下一步工作的大纲。在 MRD 文档的基础上，经过团队成员更深入、更细化的工作，撰写出 PRD 文档，以此来指导技术团队的开发。因此，MRD 文档是一个承上启下的中间环节。

8.2.2 MRD 的主要内容

相比于 BRD 的宏观特点，MRD 的内容则更加具体，包括以下几方面：

1. 产品需求名称

首先需要给产品需求起一个内涵切贴、有亲和力的名称，让团队成员人员一看便知该 MRD 讲的是什么，这有利于提高团队士气，促进团队协作和提高工作效率。

通常，产品都是有版本的，随着版本的升级，其功能也是不断优化和扩充的。以 QQ 举例，例如 QQ 第一版本主要支持点对点的文字信息通讯功能，称为 V1.0.0；第二个版本增加文件传输功能，则称为 V1.1.0。

2. 目标市场分析

1）目标市场

产品的目标市场不可能涵盖一个行业的所有方面，它是一个细分的市场。比如互联网金融市场，而互联网金融市场里面又细分出互联网保险市场、P2P 等；P2P 里面又分出专门做车贷、房贷的。

因此，目标市场必须定位于一个合适的细分市场，尤其是在产品初创阶段，市场越细，越容易切入。等到产品的用户足够多，产生的收益足够大时，再进行横向或者纵向延展，占领更多市场。比如微信，刚开始也只是以即时通信为切入点，顺应移动互联网时代个人和群组需求。等到用户量上亿以后，才敢向微商、整合移动互联网资源等更广阔的市场扩展。

2）市场规模

市场规模，直接决定了产品未来的发展空间。小众应用只能有小的市场，大众应用才可以有大众化市场。每个产品定位不同，市场规模大小自然不同。市场规模到底有多大，可以查看易观智库、企鹅智酷、比达咨询等数据网站发布的数据和分析报告。

当然，市场规模也不是越大越好。市场越大，潜在收益越大，被行业巨头们盯上的几率也就越大，这意味着未来遇到的市场竞争会非常残酷。当然也有人别出心裁，在一个细分的小市场里做出了成功的产品。

3）市场特征

市场特征也就是市场现状，例如互联网金融市场从 2013 年兴起，经过这几年的野蛮生长，逐渐大浪淘沙，同时随着监管政策的出台和牌照的限制，导致准入门槛提高。再如 O2O，从最初的蓬勃兴起，到两年左右后的大面积资金链断链和死亡，再到凤凰涅槃，最后在实体企业移动互联网化升级中找到归宿。

每个阶段市场特征是完全不同的：在起初的创意阶段，拼的是点子，有狂热的投资者愿意为一个灵机一动的点子投资；在僵持烧钱阶段，更多拼的是资金源源不断的供给，谁的资金链率先断链谁就先倒下；在大浪淘沙、浴火重生后的可持续发展阶段，拼的是产品的核心竞争力和运营团队的战略和策略。

4）发展趋势

所谓风口浪尖等，讲的都是行业的大趋势。站在风口浪尖，把握住行业发展的有利时机，顺势而为，就可能取得很大成功，如阿里巴巴的淘宝、腾讯的微信。如果不能把握行业发展趋势，马后炮或急躁冒进，都可能遭遇严重的挫败。

对行业发展趋势的把握，需要具有宽阔的视野；具有对国家乃至世界经济宏观发展情况；对国家政策，对技术潮流，对用户本身的发展等的深入认识和理解。当然，利用一些智库提供的分析，可以帮助自己更快、更全面了解最新政策消息，帮助自己更好地看懂政策或事件对于市场带来的正面或负面冲击，通过对趋势的分析，指明产品的发展方向。

5) 目标用户分析

仍以互联网金融市场举例。网民对互联网金融市场的认知度、获取的信息来源有哪些(亲友介绍、网上搜索等)、用户关注的因素(安全性)、用户选择互联网金融产品的原因(收益高)、用户不选择互联网金融产品的原因(风险大)、用户设备选择(PC、移动以及各自的占比)等，这些都是目标用户分析的重要方面。

为了进一步细化、量化目标用户，可以采用一种称之为"用户画像"的方法来描述目标用户。用户画像既不能太粗，也不能太细，需要具有代表性。例如：

张三
- 年龄：28 岁
- 职业：运营经理
- 已婚，有子女
- 平时工作比较忙，闲暇之余喜欢看电影、打篮球、摄影、旅游
- 喜欢玩股票，常常关注东方财富和新浪财经
- 习惯用信用卡和支付宝购物
- 由于前不久喜得贵子，家庭支出变大，最近压力变大
- 对互联网金融产品期望：希望活取活用，资金安全性较高，但收益率比储蓄高

6) 使用场景

使用场景也就是指用户在什么场景下了解企业的产品，又在什么场景下使用产品。比如：张先生在和朋友聊天的过程中，感叹最近生了儿子，用钱的地方比较多，但是股市又萎靡不振，他的朋友推荐他一款理财产品，在他朋友的推荐下，他决定晚上回去上网看看。

7) 用户动机总结

当分析完用户需求以后，对用户做一个总结，用户的痛点有哪些，用户的现状是啥样，比如：

- 通过对使用场景的分析，使用 P2P 产品的用户也在使用其他理财产品，对理财有比较全面的认知
- 用户在获取信息时容易受到周围人的影响，并且对于初次接触的产品比较谨慎
- 用户使用产品的最大收益是收益率

8) 竞品分析

(1) 直接竞品。这种竞品在产品定位和商业模式上和你都一样。是你的直接竞争对手，但是也具有很高的参考价值，例如他的交互、产品框架，视觉设计、运营模式等都对你具有很高的参考价值。

(2) 间接竞品。重点描述间接竞品的产品定位，目标用户、商业模式等。

(3) 竞品的模式分析。竞品的模式分析主要从竞品的商业模式、竞品目标用户、竞品的运营推广营销策略、技术分析、市场份额，从这几个维度进行分析。

竞品的商业模式是指直接竞争产品如何盈利、如何赚钱的，是对直接竞品内容的详细展开。

竞品目标用户是指各个竞品因产品定位的差异，或者推广方式和覆盖地区的不同，以至于目标用户不一样。例如：人人贷在北京，则它的目标用户主要是 30～39 岁的男性用户，且由于公司本身在北京，则北京用户居多；点融网和人人贷的用户年龄层次分布和性别比例差不多，主要是地域不一样，以上海用户居多。

竞品运营、营销、推广策略则是要从运营、营销、推广等维度，分析竞争产品在市场运营、渠道推广、产品营销等方面所采取的策略和方法。

技术分析包括项目研发可能遇到的技术壁垒，如人工智能、语音图像识别等。

市场份额。从不同角度了解竞品的市场情况，例如：可以通过 Alexa 网站了解流量排名，以及各大应用市场的安装量、活跃用户、地区分布、用户增长率等。

9) 产品需求概况

(1) 产品定位。主要描述企业的产品定位什么市场，语言应尽量精简明了。例如：XX，一个专注于 XX 借贷的 P2P 平台。

(2) 产品核心目标。产品核心目标主要描述你的产品解决了用户的哪些需求。例如：借款端：解决用户短期借款需求；理财端：解决用户对高收益率和安全性理财产品的需求。

(3) 产品的结构图。产品结构图主要描述产品的主要流程与结构，如图 8-2 所示。

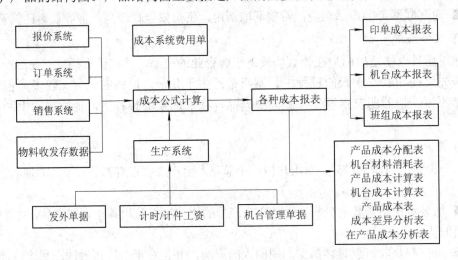

图 8-2　产品结构图

(4) 产品路线图。根据产品的定位及每一个时期的目标，按照功能来划分优先级。例如：3 月基本投资充值购买功能，4 月邀请好友活动功能，5 月社区功能。

(5) 产品的功能性需求。功能性需求是产品能够为用户提供的可以使用的有形功能，比如用户的注册登录功能、充值功能、提现功能、购买功能、留言功能、修改密码功能等。

(6) 非功能性需求。非功能性需求主要描述系统特性，包含：有效性、性能、扩展性、安全性、健壮性、兼容性、可用性、运营需求等。非功能性需求通常与用户感知，产品的可持续性有关。

10) 总结

总结就是对整个市场需求文档从内容、结论等方面予以总结，增强阅读者对于文档的理解，更好地发挥文档的作用。

8.2.3 MRD 的撰写

MRD 是供产品团队翻阅的，因此其撰写从风格上、细化程度上都要符合自己团队的特点。相比于 BRD，MRD 内容明显要深入和细致得多。

通过对 MRD 构成要素的回顾，可以看到，前期我们在市场调研、目标用户分析、商业模式设计、竞品产品等方面的工作都发挥了作用。所以说，MRD 的撰写绝不是简单的文档撰写，而是对于前期调研和分析工作的书面化和细化。

与 BRD 的撰写一样，MRD 的撰写也不一定要统一格式，但要能准确反映构成 MRD 的各要素的详细内容。下面根据 MRD 构成要素，给出一个撰写 MRD 的模板：

XX 公司名-XXX 产品-MRD-版本号

日 期　　　　　制定人　　　　　审核人　　　　　批准人

xx 公司　　　版权所有
版本记录

版本	作者/日期	变化内容描述	审核人/日期	批准人/日期
D1.0	2017-02-07	创建		

1. 产品需求名称
2. 目标市场分析
　　2.1　目标市场
　　2.2　市场规模
　　2.3　市场特征
　　2.4　发展趋势
3. 目标用户分析
　　3.1　用户分析
　　3.2　用户画像
　　3.3　使用场景
　　3.4　用户动机总结
4. 竞品分析

8.3　产品需求文档(PRD)

8.3.1　PRD 的概念

1. PRD 的定义

产品需求文档(Product Requirements Document，PRD)描绘出公司将要开发产品的详细需求，要清楚简明地表达出产品的目的、效果、功能、表现等。产品开发团队将遵照并使用 PRD 来开发产品并进行检验，所以 PRD 必须提供足够的信息。

2. PRD 的作用

一份优秀的产品需求文档不一定会作出优秀的产品，但是，没有一份的好的 PRD 就很难做出好的产品。PRD 的撰写质量，直接影响着产品团队的工作成效、产品的质量高低、用户满意度和市场占有率、公司的销售额等。

3. 撰写 PRD 的时间点

简单通俗地说，MRD 描绘的是市场机会与市场需求，而 PRD 描绘的则是满足市场机会和市场需求的一个产品。产品策划团队依据 MRD，对产品流程和用户详细需求进行了详细分析，并对产品的整体结构、主要功能、细化功能、功能实现的流程、功能涉及的角色、相关的数据流和数据处理、数据存储、输入和输出的关系、用户界面等都有了详细认识后，才可以着手撰写 PRD。

对照撰写 PRD 的过程，既是对前期所有工作的总结，也是下一步进入产品开发阶段的起点。根据 PRD 提供的信息，就可以组建产品开发团队，配备开发所需要的资源，制定具体的开发计划。

4. 关于 PRD 的一些新发展

随着新的设计理念和方法的不断出现，对 PRD 的使用方式也在发生变化。一种观点是，既然 PRD 的本质是详细的沟通介质，那么理论上只要满足产品详细功能需求的文档都可以用来作为 PRD 的替代品。然而随着敏捷开发和设计至上的理念深入人心，产品的开发流程也由传统的瀑布式逐渐向产品设计配合不断修改设计、研发测试同步快速迭代功能的敏捷开发转变。所以 PRD 中的内容经常会需要反复修改，这样，PRD 的劣势也渐渐凸显出来，比如功能修改后，PRD 文档的修改常常会忽略相关联的模块，交互设计在 PRD 这种静态文档形式上不容易展现。为了解决这些问题，不同的公司会采取不同的处理方案，有的会简化 PRD 的文档形式、有的则是彻底舍弃 PRD 以产品原型和用例文档的配合来代替。

不过，任何新的发展都离不开原有基础，本书仍然立足于向读者比较详细地介绍传统的 PRD 方法。在实际工作中，读者可在此基础上，根据新观念、新方法的发展，采用更好、更灵活的方法。

8.3.2 撰写 PRD 的准备工作

因为 PRD 的撰写要远比 BRD 和 MRD 更加细致和具体，因此，在 PRD 撰写前要做大量的准备工作，这些工作可以按照以下步骤进行。做好这几步所耗费的时间依项目的大小、复杂程度、撰写者的学识、基本技能熟练度而定。

1. 做好前期准备工作

如何做好前期的准备工作？即需要了解用户、竞争对手、产品团队的实力和需要的技术。需要收集顾客、用户、竞争对手、分析师、产品团队、销售队伍、市场、公司职员等人发现的问题和可能的解决办法。同时，建立良好的交流也非常重要，它会影响整个产品团队。

2. 确定产品的定位

产品需求需要确切地指出该产品发布的目标，同样，目标也有优先之分。例如，产品的目标定位为：① 易用，即使老年人也能操作；② 便宜，每月功能费不超过 10 元；③ 替代性好，可以很容易代替竞争产品。

这一步的关键是让每个人都知道产品成功的话是什么样，以及指导产品团队在设计和实施中遇到问题如何进行取舍。任何一个好的产品都开始于一个好的需求。必须清楚地了解这个需求，才能使产品尽可能达到这个需求。

3. 提出价值主张

产品经理需要提出一个清晰、简明的价值主张，以使产品团队、管理人员、用户、市场人员能够清楚这个产品到底是什么。价值主张既要满足公司的产品战略，又要能切中用户的痛点、痒点和兴奋点。对于价值主张，不需要阐述太多的细节，越简单说明其效用性越好。

4. 定义产品原则

若要将产品需求和用户体验定义成详细的要求，则需要进行许多权衡和取舍，以便为产品标准作出最佳决定。在大多数产品团队中，很少有两个人有同样的想法，这些差异都会导致不可思议的结果。因此，制订一系列指导整个团队的产品原则是非常必要的，这些原则要尽可能具体。以 TiVo 为例，在产品团队工作开始时，就建立了以下这些具体的产品规范：

(1) 它是娱乐的；

(2) 一个傻瓜式的电视；

(3) 一个视频设备；

(4) 平滑柔顺的；

(5) 没有模式和深层次；

(6) 尊重观众的隐私权；

(7) 像电视一样强大。

这些规范在很大程度上影响到产品的定义而且加大了难度，但是它们确实是成功产品的来源。比如易趣的口号就是：易于使用、安全、有趣。这些规范将在项目面对众多问题需作出决定时进行指南。

5. 产品需求分析

PRD 要把 MRD 中的"产品需求"部分的内容独立出来加以细化、具体化，也就是按照第七章介绍的方法，进行全面、深入、细致的产品需求分析。这部分是 PRD 写得最多的内容，也就是传统意义上的需求分析。

产品需求的核心内容由功能层次方框图、业务流程、用例图等工具来建立的模型来描述。每个用例一般有用例简述、行为者、前置条件、后置条件、UI 描述、流程/子流程/分支流程等几大块，有的还需要给出用户界面说明，甚至还需要建立产品的快速原型。

6. 对产品原型进行检验

在软件产品开发工作中，人们容易犯一个常见的错误，就是对产品设计规范过于有信心，导致许多首次发布的产品离目标相差很远。对许多产品来说，可以通过大量的原型多次实验，对与产品目标不符的地方提前予以修正，从而避免出现首次发布产品离既定目标太远的问题。

1) 可行性分析

产品是否可以开发，必须由工程师和设计师进行可行性分析，并探索可用办法。在分析过程中会发现，有的办法是行不通的，而有的则具有可行性。只有所有的技术环节都能找到可行的方法，才能证实技术可行性。如果发现有些环节在现有技术条件下确实难以逾越，那么提早采取变通办法将可以避免在正式开发阶段陷入困境。

2) 可用性测试

可用性测试的目的是在真正的用户身上测试产品原型，从产品目标用户处得到的反馈对产品可用性的价值尤其关键。可用性测试常常会找出遗漏的产品要求，同时确认产品最初的要求是否是必需的。

3) 概念测试

单有可用性和可行性是不行的，最关键的问题是产品要得到用户的认可、受到用户的喜爱。对于少数产品，用户可以通过文字描述获得产品的体验。但对绝大多数产品来说，为了预测产品是否达到目标，则需要采用产品原型让用户获得产品的体验。产品原型可能是一个物理设备，也可能是软件产品的一个预览版本，关键是它需要足够现实，能用原型产品在实际的目标用户身上测试，并得到他们的反馈。

建立产品原型来检验产品用户体验的方法主要有两个障碍。一个是快速建立的产品原型与真实产品之间还是有很大差别的，而要建立尽可能接近真实产品的原型则要花费大量的时间；另一个是管理人员不知道原型和真实产品的区别所在，经常会按照最终产品来要求原型，对管理人员与产品团队的交流造成障碍。不过，现在已经有一些比较好的原型设计工具可以支持快速建立产品原型，可以较为有效地模拟未来的产品，以便使实际用户可以获得尽可能接近真实产品的体验。

8.3.3　PRD 的主要内容

1．PRD 文档

PRD 文档主要由以下四部分组成：

1）*产品概述*

产品概述就是指出产品开发要达成的目标。团队需要知道他们的目的是什么，因此目标说明要尽可能明确，其主要内容包括：

(1) 明确哪些问题需要解决，而不是解决方案；

(2) 明确谁是目标用户；

(3) 对产品细节进行详细描述；

(4) 对产品的使用场景和情景做必要描述。

2）*产品功能性需求*

产品需求文档最主要的是体现产品需求。具体的需求取决于所涉及的领域，不管是什么行业，其产品团队将受益于清楚的、毫不含糊的需求分析，而不是模糊的解决方案。

其次需描述每个功能的互动设计和使用案例，即文档中必须非常清楚地描述每个功能和用户体验，还需给工程团队留下足够多的灵活自主空间。

同样重要的还有确定哪些要求满足哪个目的。在这里就要提到"需求跟踪"，对于关键的产品这是一个重要的流程。每种产品规范可能受益于清楚确定哪些要求满足哪个目的。

从产品需求到目的，明确说明的话将会使文档更加清晰。

3）*产品非功能性需求*

产品非功能性需求包括开发要求、兼容性要求、性能要求、扩展要求、产品文档要求、产品外观要求、产品发布要求、产品支持和培训要求、产品其他要求等内容。

4）*时间进度*

根据产品开发内容的工作量、复杂程度和内部分工情况，合理测算完成各部分任务所需要的时间，制定切实可行的时间进度。时间进度通常使用甘特图来描述不同任务开始及完成的时间，反映这些不同任务之间相互的依赖关系。

甘特图示例如图 8-3 所示，图中，纵向代表任务罗列，横向代表时间，每项工作在何时开始，此时其他任务的完成进度如何，都一目了然。

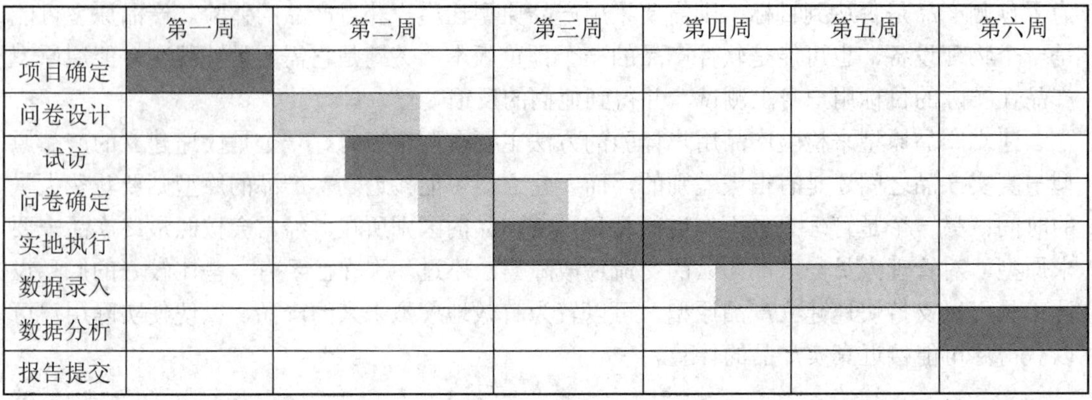

	第一周	第二周	第三周	第四周	第五周	第六周
项目确定						
问卷设计						
试访						
问卷确定						
实地执行						
数据录入						
数据分析						
报告提交						

图 8-3　甘特图示例

2. 参考模板

PRD 没有严格统一的格式，根据产品的不同、产品开发团队习惯的不同，都会有不同的 PRD 撰写格式和内容。以下模仅供参考，读者可以根据自己的项目对其进行取舍和补充。

XX 公司名-XXX 产品 PRD-版本号

日　期　　　制定人　　　审核人　　　批准人

xx 公司　　版权所有

版本记录

版本	作者/日期	变化内容描述	审核人/日期	批准人/日期
D1.0	2017-02-07	创建		

1. 产品概述
    1.1　产品目标
    1.2　目标用户
    1.3　业务流程图
2. 功能性需求
    2.1　功能名称
    2.2　用例说明
    2.3　操作流程
    2.4　界面原型
    2.5　对应字段
    2.6　相关规则
3. 词汇表
4. 非功能性需求
    4.1　规则变更需求

8.4　BRD、MRD、PRD 的区别与联系

1. BRD、MRD 与 PRD 的区别

BRD、MRD 和 PRD 三大文档在产品策划与设计中的目的各不相同，因此出现的时间、面向的受众、起到的作用也各不相同。

三大文档诞生的顺序是：BRD→MRD→PRD，这个过程其实是一个从宏观到微观的过程，又是一个有逻辑、经得起推敲、层层深入、逐渐细化落地的过程，也是一个获得认可→拿到资源→表述想法→指导实施→实施的过程。

BRD 出现在产品立项前，是面向企业决策人员的。这时企业尚未确定是否要做某个项目，BRD 的目的是通过对市场机遇和盈利模式的分析，以及对商业价值、成本估算、收益预期等的预测，为企业决策者提供决策依据，促成决策者做出实施该项目的决定。产品立项后，企业就会为该产品的研发筹备资源，包括开发费用、人员、办公条件等，正式开始产品的策划设计阶段。

MRD 是在产品已经立项后，用来向团队成员宣讲说明的，是由"准备"阶段进入"实施"阶段的第一个文档，其作用就是对已经立项的某个产品进行市场层面的进一步说明，比如收集、分析、定义主要用户的需求和产品特征等。这个文档的质量好坏直接影响到产品项目的开发，并直接影响到公司产品战略意图的实现。

MRD 的主要内容包括品介绍、竞品分析、用户需求调研结果、产品轮廓、功能需求等，在产品项目中起到承上启下的作用。承接 BRD，是对不断积累的市场数据的一种整合和记录；开启 PRD，是对后续工作的方向说明和工作指导。

PRD 主要是面向技术人员的，用于指导产品的实际研发，出现在产品研发前。PRD 文档是产品项目由"概念化"阶段到"图纸化"阶段的最主要的一个文档，其作用就是对 MRD 中的内容进行指标化和技术化，这个文档质量的好坏将直接影响研发部门是否能够明确产品的功能和性能。

2. PRD、MRD 与 BRD 的联系

PRD、MRD、BRD 一起被认为是从市场到产品需要建立的文档规范。

从商业模式角度来看，BRD 发现并讲清楚你所发现的商业价值，MRD 构思并讲清楚如何实现商业目标的方式，而 PRD 则把这种方式具体实现的方式描述出来。

从产品开发角度来看，PRD 是把 MRD 中的"产品需求"内容独立出来加以详细的说明，而产品需求本身在 MRD 中有是所体现的。MRD 则侧重对产品所在市场、客户、购买者、用户以及市场需求进行定义，并通过原型的形式加以形象化。如果说 PRD 的好坏直接决定了项目的质量水平，那么 BRD 的作用，就是决定项目的商业价值。

思考与练习题

1. 什么是 BRD？其主要内容包括哪些？
2. 什么是 MRD？其主要内容包括哪些？
3. 什么是 PRD？其主要内容包括哪些？
4. PRD、MRD、BRD 三者之间有什么区别与联系？

第九章　产品设计与实现

产品需求分析阶段解决了要"做什么"的问题，产品设计与实现则是要解决"如何做，如何实现"的问题。设计工作致力于设计合理的总体架构、功能模块的构成以及各功能模块的详细功能，解决产品好用的问题。移动互联网产品的设计，面临着市场变化更迅速、竞争更激烈的挑战，好的产品设计是产品能够获得用户认同，从而成功赢得市场的必要条件。移动互联网产品设计过程是一个从大到小、从粗到细的过程，包括产品运行环境设计、概要设计和详细设计。

9.1　产品运行环境设计

移动互联网产品运行在互联网环境下，除了各种基础软件和应用软件外，还有服务器以及相关的网络设备、网络安全设备等。一个移动互联网产品应用平台要能够向用户提供高性能、高质量的服务，必须对平台硬件、组网及信息与网络安全等进行前瞻性规划和精细设计。

9.1.1　互联网接入设计

目前，应用平台接入互联网的方式主要有三种，分别是自建机房申请宽带线路方式、IDC 托管方式和云主机租赁方式。三种方式的选择，主要取决于平台所有者对于平台的使用方式、平台的业务性质、对平台的经济性与管理自主性的权衡等因素。

1. 自建机房方式

带宽是自建机房方式要考虑的主要问题。在互联网领域，通常用带宽来表示通信链路能够传送二进制码元的能力，单位为 b/s，如 kb/s、Mb/s、Gb/s 等。与带宽相关的概念还有流量，流量表示某一段时间内网络链路实际传送数据的总量，单位采用 byte 或者 bit。通常，讲到固定宽带线路时用带宽来表示其传送能力，而讲到手机时通常用流量来表示使用了传送了多少内容。还有一个与带宽和流量有关的概念叫流速，它表示在某一时刻网络流量实际传送的速率。在一个给定的通信链路中，流速不可能超过该链路的带宽。

带宽究竟设计多大，取决于该应用所有客户端对服务器访问的频繁程度和所请求内容的大小。但是由于无论是客户端对服务器访问的频次，还是客户端所请求内容的大小，都是不断变化的，是一个复杂的随机过程，准确的计算公式在实际当中是没有的，不过可以用以下公式来估算平台所需带宽的大小：

$$带宽 = 平均在线客户数 \times 每客户平均流量 \times 冗余系数$$

平均在线客户数反映了客户端对服务器访问的频繁程度，这个指标在应用系统大规模使用前完全靠估计，投入使用后则可以准确统计。每客户平均流速体现了每个客户端对服务器请求的内容大小情况，需要模仿客户的行为特征并进行实际测量得到。

冗余系数实际上是考虑到网络流量具有突发性，带宽在平均流量的基础上必须有所冗余。平均流量越小，突发性越强，突发性越强，峰值流量超过平均流量的幅度就越大，冗余系数就必须更大。冗余系数越大，网络访问就更流畅，但是所要支付成本也越大。所以，冗余系数的取值也不是越大越好。经验上，对骨干网链路(链路带宽 1 Gb/s～10 Gb/s)，冗余系数一般取接近 1.43，也就是平均带宽占用率达到接近 70%。作为一般移动互联网应用的出口带宽估算，可以根据以往经验在 1.43～10 之间取值。在投入使用后，再根据对访问数、带宽占用和访问流畅性的监测，及时进行带宽扩容。

2．IDC 托管方式

应用平台一样需要有靠近核心网络的宽带接入，需要良好的机房环境，包括可靠的电源、合适的温湿度、防尘，需要良好的网络安全防护和入侵监测，需要及时的现场维护。因此，大型应用多选用 IDC(数据中心)托管方式，应用系统设备的维护分为两个层面：网络接入设备和服务器硬件等，完全由 IDC 机构负责维护；系统应用软件、数据库的日常维护和升级等，由应用系统提供者进行现场或者远程维护。

除了服务器托管，还有一些小的应用系统采用服务器租赁方式，服务器托管和租赁在技术没有什么不同，所不同的只是商务模式。服务器托管自己买服务器，掏钱托管到 IDC，服务器租赁是租用运营商部署在 IDC 的服务器。

3．云主机租赁方式

目前，云主机租赁方式已经成为应用平台建设的一种重要模式。其优点是，业主不需要再建设自己的机房，大大减少了机房电源、空调、照明、宽带线路、网络设备、服务器等方面的维护工作。采用云主机租赁方式，可以获得更好的维护和保障，提高系统的可用性。而且，云平台本身与互联网骨干网有足够大的连通带宽，云主机本身也可以按照需要申请合适的带宽。

典型的云服务提供商有中国电信天翼云、阿里云等，除了提供云主机租赁外，还可以提供云存储空间租赁等，平台业主可以方便地进行申请业务。

9.1.2　网络安全设计

应用平台接入互联网，面对的网络环境安全挑战远超过一般 PC。因为平台系统的服务器是要向成千上万的客户端提供服务的，是 24 小时在线的，因而需要进行更好的网络安全设计，才能保证平台系统正常运行和提供服务。

应用平台的网络安全风险主要包括非法入侵、病毒感染、木马植入等。非法入侵者利用平台系统的漏洞入侵系统，可以非法窃取关键的系统信息和用户数据，可以控制服务器的运行。病毒感染会修改服务器系统的配置信息，可能导致系统的性能严重下降。木马程序寄宿在 U 盘、安装软件、下载文件等寄生体中，借助用户 U 盘插入、安装软件和下载文件打开等操作过程中获得的对用户计算机的写入权限，把自己安装在用户的系统中，并常驻内存，执行事先设计好的任务，或者接受远程操纵者的命令，成为所谓"傀儡"主机。

提高应用平台网络安全的措施可以从操作管理规范、应用系统的分区和分层三个维度考虑，技术手段主要包括部署网络防火墙、病毒防护和对入侵进行检测。

1. 部署网络防火墙

防火墙原指过去房屋之间修建的一道墙，这道墙可以防止火灾发生时蔓延到别的房屋。网络技术借用防火墙这个名词，代指在内部网和外部网之间、专用网与公共网之间所部署的网络安全设备，它允许符合所设定安全规则的用户和数据进入内部网络，同时将不符合的人和数据拒之墙外，最大限度地阻止黑客访问内部网络。防火墙的典型部署如图 9-1 所示。

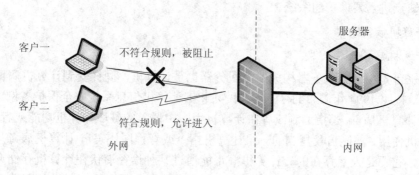

图 9-1　网络防火墙原理示意图

由于防火墙设置了网络边界和服务，因此适合于相对独立的网络。目前，绝大多数政府机构和大中型企业与互联网相连的网络都有较高端的防火墙进行保护，大多数 Web 网站也有硬件或者软件防火墙加以保护。防火墙的基本类型可以分为包过滤防火墙、代理服务器、状态监视器和软件防火墙四种：

1) 包过滤防火墙

包过滤防火墙是在网络层中对数据包实施有选择的通过，依据系统事先设定好的过滤逻辑，检查数据流中的每个数据包，根据数据包的源地址、目标地址，以及包所使用端口确定是否允许该类数据包通过。

2) 代理服务器

代理服务器的原理是，客户端访问服务器不是直接进行的，而是通过一个中间设备进行中转。对于客户端来说，这台中间设备就是一台模拟的服务器；而对于真正的服务器，这台中间设备就是一台模拟的客户端。这样，服务器所在的网络和客户端所在的网络就被隔离开来，代理服务器就成为一道网络防火墙。

3) 状态监视器

状态监视器采用一个在网关上执行网络安全策略的软件引擎，称之为检测模块。检测模块在不影响网络正常工作的前提下，采用抽取相关数据的方法对网络通信的各层实施监测，抽取部分数据，即状态信息，并动态地保存起来作为以后制定安全决策的参考。检测模块支持多种协议和应用程序，并可以很容易地实现应用和服务的扩充。与其他安全方案不同，当用户访问到达网关的操作系统前，状态监视器要抽取有关数据进行分析，结合网络配置和安全规定作出接纳、拒绝、鉴定或给该通信加密等决定。一旦某个网络访问违反了安全规定，安全报警器就会拒绝该访问，并作记录向系统管理器报告网络状态。

4) 软件防火墙

软件防火墙是指在服务器或者 PC 上安装防火墙软件，防火墙软件的作用与包过滤防火墙的作用相同。防火墙软件启动后其进程驻留在内存中，实时监听以太网口，当来自网口外的计算机要访问该服务器或 PC 的服务时，该进程首先进行包过滤检测，不符合规则的就进行拦截。国内早期最流行的免费软件防火墙是天网软件，现在 360、金山等都提供软件防火墙产品，微软的操作系统也自带网络防火墙。软件防火墙在效果上不如专门的包过滤防火墙，因为需要保护的对象和防火墙软件运行于同一计算机上，高明的入侵者可以利用这一缺点进入要保护的系统。

2. 计算机病毒防护

1) 计算机病毒及其来源

应用平台是由一组服务器构成的，服务器也是计算机，同样受到计算机病毒和恶意软件的威胁。按照 1994 年颁布的《中华人民共和国计算机信息系统安全保护条例》第二十八条定义，"计算机病毒，是指编制或者在计算机程序中插入的破坏计算机功能或者毁坏数据，影响计算机使用，并能自我复制的一组计算机指令或者程序代码"。计算机病毒与医学上的病毒不同，它不是天然存在的。计算机病毒能通过某种途径潜伏在计算机存储介质或程序里，当达到某种条件时即被激活，它用修改其他程序的方法将自己精确拷贝或者可能演化的形式放入其他程序中，从而感染它们，对计算机资源进行破坏。

网络病毒是指利用网络进行传播和发挥作用的计算机病毒，在当今网络时代，网络病毒已经成为最主要的一种计算机病毒。网络病毒具有感染速度快、扩散面广、破坏性大的特点。在单机环境下，病毒只能通过 U 盘从一台计算机带到另一台计算机。而在网络环境中，病毒则可以通过网络进行迅速扩散，而且传播的形式也复杂多样。在网络中只要有一台工作站未能消毒干净，就可以使整个网络重新被病毒感染。网络病毒直接影响网络的工作，轻则降低运行速度，影响工作效率，重则使网络崩溃，破坏服务器上的数据。

目前流行的网络病毒主要有木马病毒和蠕虫病毒。木马病毒实际上是一种后门程序，它常常潜伏在操作系统中监视用户的各种操作，窃取用户 QQ，传奇游戏和网上银行的账号和密码。蠕虫病毒是一种更先进的病毒，它可以通过多种方式进行传播，甚至利用操作系统和应用程序的漏洞主动进行攻击。每种蠕虫都包含一个扫描功能模块，负责探测存在漏洞的主机，在网络中扫描到存在该漏洞的计算机后就马上传播出去。

计算机病毒一般具有传染性、非授权性、隐蔽性、潜伏性、破坏性和不可预见性。传染性是指病毒具有把自身复制到其他程序中的特性，一旦进入计算机并得以执行，它会搜寻其他符合传染条件的程序或存储介质，确定目标后再将自身代码插入其中，达到自我繁殖的目的。非授权性是指病毒具有正常程序的一切特性，但隐藏在正常程序中，当用户调用正常程序时窃取到系统的控制权，先于正常程序执行，病毒的动作、目的对用户是未知的，是未经用户允许的。隐蔽性是指病毒一般具有很高编程技巧、短小精悍的程序，通常附在正常程序中或磁盘较隐蔽的地方，也有个别的以隐含文件形式出现，如果不经过代码分析，病毒程序与正常程序不容易区别开。潜伏性是指大部分病毒感染系统之后，一般不会马上发作，它可长期隐藏在系统中，只有在满足其特定条件时才发作，也只有这样它才可进行广泛地传播。破坏性是指任何病毒只要侵入系统，都会对系统及应用程序产生不同程度的影响。恶性病毒则有明确的目的，或破坏数据、删除文件或加密磁盘、格式化磁盘，有的对数据造成不可挽回的破坏。不可预见性是指从对病毒的检测方面来看，某些正常程序也使用了类似病毒的操作甚至借鉴了某些病毒的技术，而且病毒的制作技术也在不断地提高，病毒对反病毒软件永远是超前的。

计算机病毒的产生是计算机技术和以计算机为核心的社会信息化进程发展到一定阶段的必然产物，其产生的原因不外乎以下几种：

(1) 一些计算机爱好者出于好奇或兴趣，也有的是为了满足自己的表现欲，故意编制出一些特殊的计算机程序，让别人的电脑出现一些动画，或播放声音，或提出问题让使用者回答，以显示自己的才干。而此种程序流传出去就演变成计算机病毒，此类病毒破坏性一般不大。

(2) 产生于个别人的报复心理。如我国台湾学生陈盈豪以前购买了一些杀病毒软件，可拿回家一用，并不如厂家所说的那么厉害，杀不了什么病毒，于是他就想亲自编写一个能避过各种杀病毒软件的病毒，这样，CIH 就诞生了。此种病毒对电脑用户曾一度造成灾难。

(3) 来源于软件加密，一些商业软件公司为了不让自己的软件被非法复制和使用，运用加密技术，编写一些特殊程序附在正版软件上，如遇到非法使用，此类程序自动激活，于是产生一些病毒，如巴基斯坦病毒。

(4) 来源于游戏，编程人员在无聊时互相编制一些程序输入计算机，让程序去销毁对方的程序，这样，病毒也随之产生了。

(5) 用于研究或实验而设计的"有用"程序，由于某种原因失去控制而扩散出来。

(6) 由于政治、经济和军事等特殊目的，一些组织或个人也会编制一些程序用于进攻对方电脑，给对方造成灾难或直接性的经济损失。

2) 病毒的传播

计算机病毒的传播通过拷贝文件、传送文件、运行程序等方式进行，主要的传播途径有以下几种：

(1) U 盘。U 盘携带方便，可以方便地在计算机之间互相传递文件，而计算机病毒也可以通过 U 盘，将病毒从一台机子传播到另一台机子。

(2) 光盘。光盘的存储容量大，所以大多数软件都刻录在光盘上，以便互相传递。在光盘制作过程中难免会将带毒文件刻录在上面，因光盘只读，所以上面即使有病毒也不能清除。

(3) 硬盘。因为硬盘存储数据多，在其互相借用或维修时，将病毒传播到其他的硬盘或软盘上。

(4) 网络。在网络普及的今天，人们通过网络互相传递文件、信件，这样加快了病毒的传播速度。因为资源共享，人们经常在网上下载免费、共享软件，病毒也难免会夹在其中。还有一些病毒，利用网络和计算机系统本身的漏洞，侵入到宿主计算机中。

3) 计算机病毒的预防

计算机病毒的预防主要包括以下几个方面：

(1) 做好被病毒感染后的病毒检测和系统恢复准备措施。在应用系统运行的整个过程中，不被病毒感染几乎是不可能的。因此，病毒预防的首要问题是做好病毒感染后的病毒查杀和恢复准备工作，有备方可以无患。首先，准备好启动光盘、病毒检测软件，这些软件都不是安装在在用计算机系统里的，不会被病毒感染。当发生病毒感染时以光盘启动方式使用。其次，对系统的关键数据进行备份，一旦数据遭到破坏，可以在最短时间内以最小损失对数据进行恢复。

(2) 针对计算机病毒的传播途径，在使用计算机系统外的存储介质时，首先做好病毒查杀工作，确保要安装的软件或者要使用的外来文件是"干净"、未带毒的，从源头上堵住病毒的入口。

(3) 安装有效的病毒防火墙。病毒防火墙实际上是一种病毒实时检测和清除系统，比如金山毒霸、360 等软件。当它运行的时候，会把病毒特征监控的程序驻留在内存中，随时查看系统的运行中是否有病毒的迹象。一旦发现有携带病毒的文件，它们就会马上激活杀毒处理模块，先禁止带毒文件的运行或打开，再马上查杀带毒的文件，确保用户的系统不被病毒所感染。病毒防火墙不会只对病毒进行监控，它对所有的系统应用软件进行监控，以系统性能的降低换取系统安全性的提高。由于目前有许多病毒通过网络方式来传播，所以，范畴不同的这两种产品——病毒防火墙和网络防火墙，有了交叉应用的可能，不少网络防火墙也增加了病毒检测和防御，与此同时，一些网络入侵特有的后门软件(像木马)，也被列入病毒之列且可以被病毒防火墙所监控到并清除。

(4) 经常检查系统配置，扫描和修补系统漏洞。一个优秀的网络与系统管理员应该非常熟悉自己的系统，特别是一些关键的目录和文件，以及重要软件的配置。很多病毒感染时，都会伴随着对系统主要文件或者目录的修改，经常检查系统和重要软件的配置，是预防病毒的重要手段。除了手工方式的检查，现在有很多病毒查杀和漏洞扫描的工具，定期使用这些工具对系统进行"体检"，可以大大提高病毒预防的效率和全面性。

3. 入侵检测与防御系统

除了病毒的入侵，黑客的入侵也对计算机系统构成很大威胁。黑客要么对计算机系统的各种漏洞非常了解，要么非常善于使用各种黑客软件。不同于计算机病毒的侵入和发作依靠自身的机制，黑客入侵完全是一种人为的行为。入侵检测与防御系统能够有效抵御大多数的黑客攻击行为，同时对许多由病毒引起的非法行为也具有抵御作用。

1) 入侵检测与防御技术

入侵检测是指通过对行为、安全日志、审计数据或其他网络上可以获得的信息进行处理，检测到对系统的入侵或入侵的企图。入侵检测系统(IDS)则可以被定义为对计算机和网络资源的恶意使用行为进行识别和相应处理的系统。这些行为包括系统外部的入侵和内部用户的非授权行为，是一种能够及时发现并报告系统中未授权或异常现象以及检测计算机网络中违反安全策略行为的技术。入侵检测的方法很多，有基于专家系统的技术，有基于神经网络的技术，等等，目前一些入侵检测系统在应用层入侵检测中已有实现。

入侵防御是一种能监控电脑中程序的运行，程序运行将对其他文件的运用及对注册表的修改，并向计算机用户发出允许请求的软件。如果用户不允许这个请求，那么该程序对其他文件的运用或者对注册表的修改就被阻止。比如用户双击了一个病毒程序，入侵防御软件跳出来报告并且被阻止了，那么这个病毒就没有运行。病毒不断地变种和出新，杀毒软件可能跟不上病毒更新的脚步，而入侵防御则从技术上就能解决这些问题。

在实际的网络安全产品中，入侵检测与入侵防御功能经常是集成在一起的，甚至会集成一些杀毒功能。比如 H3C SecPath T5000-S3 入侵防御系统产品，支持 Web 保护、邮件服务器保护、FTP 服务器保护、DNS 漏洞、跨站脚本、SNMP 漏洞、蠕虫和病毒、暴力攻击和防护、SQL Injections、后门和特洛伊木马、间谍软件、DDoS、探测/扫描、网络钓鱼、协议异常、IDS/IPS 逃逸攻击等。

2) 入侵检测与防御系统部署

入侵检测与防御系统的组网主要有在线部署方式和旁路部属方式两种。在线部署方式把入侵检测与防御系统部署于网络的关键路径上，对流经的数据流进行 2～7 层深度分析，实时防御外部和内部攻击。旁路部署方式下入侵检测与防御系统部署于关键路径的旁路上，对网络流量进行监测与分析，记录攻击事件并告警。

4. 云堤技术

1) DDoS 攻击

DDoS(Distributed Denial of Service，分布式拒绝服务)攻击是目前影响企业网络正常运行最常见的方式，攻击带来的最大危害是因服务不可达而导致业务丢失，而且危害带来的影响在攻击结束后的很长一段时间内都无法消失，使得企业和组织损失惨重。中国电信网络安全运营中心刘紫千提供了一组 DDoS 攻击的数据：在 2015 年上半年，电信网内监测到的单次攻击超过 200G 的有三次，平均一天超过 100G 的也有 19 次。到了下半年，超过 100G 到 200G 峰值的，一天差不多就有 31 次，而超过 200G 的攻击峰值一天也有六次。对于这样规模的 DDoS 攻击，一般公司是难以抵挡的。

DDoS 攻击的主要目的是让指定目标无法提供正常服务，甚至从互联网上消失，是目前最强大、最难防御的攻击之一，这是一个世界级的难题，目前并没有解决办法只能缓解。按照发起的方式，DDoS 可以简单分为三类：

第一类以力取胜，海量数据包从互联网的各个角落蜂拥而来，堵塞 IDC 入口，让各种强大的硬件防御系统、快速高效的应急流程无用武之地。这种类型的攻击典型代表是 ICMP Flood 和 UDP Flood，现在已不常见。

第二类以巧取胜，灵动而难以察觉，每隔几分钟发一个包甚至只需要一个包，就可以让豪华配置的服务器不再响应。这类攻击主要是利用协议或者软件的漏洞发起，例如 Slowloris 攻击、Hash 冲突攻击等，需要特定环境机缘巧合下才能出现。

第三类是上述两种的混合，轻灵浑厚兼而有之，既利用了协议、系统的缺陷，又具备了海量的流量，例如 SYN Flood 攻击、DNS Query Flood 攻击，是当前的主流攻击方式。

2) DDoS 攻击的应对

回顾 DDoS 的历程，从 PC、IDC 到云和智能设备，DDoS 攻击的发起点也在发生变化。因此，应对 DDoS 需要非常专业的网络安全管理技术和对网络设备必需的网络管理权限，这对于普通网络管理人员是没法做到的。为此，中国电信推出一个名为"云堤"的服务，便于用户对其网络进行方便的抗 DDoS 攻击。

云堤的原理如图 9-2 所示，在中国电信网内各骨干节点、与国内非中国电信的其他网络运营商的互联设备、国际互联网运营商互联设备、数据中心出口设备均安置有 DDos 攻击检测设备，通过管理平台可以设置对于防护对象的配置。一旦检测设备检测到防护对象受到 DDoS 攻击，各个节点会同时发起抗 DDoS 压制动作。

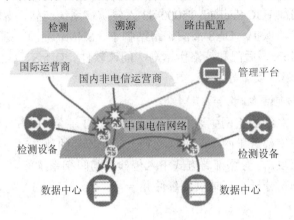

图 9-2　云堤原理

云堤流量压制的特点包括：处置攻击流量无上限；能力开放，通过 API、微信客户端和自服务网站自服务门户均可申请；响应快，秒级生效；分方向压制，客户根据业务模型灵活选择；覆盖全国。

9.1.3　数据安全设计

1. 磁盘冗余备份

1）RAID 技术

RAID(Redundant Arrays of Inexpensive Disks)，即有冗余的廉价磁盘阵列，是利用数组方式来作磁盘组，配合数据分散排列的设计，提升数据的安全性。磁盘阵列由很多价格较便宜的磁盘，组合成一个容量巨大的磁盘组，利用个别磁盘提供数据所产生加成效果提升整个磁盘系统效能。利用这项技术，将数据切割成许多区段，分别存放在各个硬盘上。磁盘阵列还能利用同位检查的观念，在数组中任一颗硬盘故障时，仍可读出数据。在数据重构时，将数据经计算后重新置入新硬盘中。

RAID 技术主要包含 RAID 0、RAID 1、RAID0+1、RAID 2、RAID 3、RAID 4、RAID 5、RAID 50 等多个规范，它们的侧重点各不相同，常见的规范有如下几种：

RAID 0：RAID 0 连续以位或字节为单位分割数据，并行读/写于多个磁盘上，因此具有很高的数据传输率，但它没有数据冗余，因此并不能算是真正的 RAID 结构。RAID 0 只是单纯地提高性能，并没有为数据的可靠性提供保证，而且其中的一个磁盘失效将影响到所有数据。因此，RAID 0 不能应用于数据安全性要求高的场合。

RAID 1：如图 9-3 所示，通过磁盘数据镜像实现数据冗余，在成对的独立磁盘上产生互为备份的数据。当原始数据繁忙时，可直接从镜像拷贝中读取数据，因此 RAID 1 可以提高读取性能。RAID 1 是磁盘阵列中单位成本最高的，但提供了很高的数据安全性和可用性。当一个磁盘失效时，系统可以自动切换到镜像磁盘上读写，而不需要重组失效的数据。

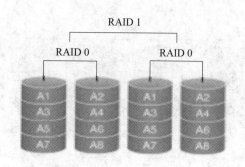

图 9-3　RAID 1 原理示意图

RAID 0+1：也被称为 RAID 10 标准，实际是将 RAID 0 和 RAID 1 标准结合的产物，在连续地以位或字节为单位分割数据并且并行读/写多个磁盘的同时，为每一块磁盘作磁盘镜像进行冗余。它的优点是同时拥有 RAID 0 的超凡速度和 RAID 1 的数据高可靠性，但是 CPU 占用率同样也更高，而且磁盘的利用率比较低。

RAID 2：将数据条块化地分布于不同的硬盘上，条块单位为位或字节，并使用称为"加重平均纠错码(海明码)"的编码技术来提供错误检查及恢复。这种编码技术需要多个磁盘存放检查及恢复信息，使得 RAID 2 技术实施更复杂，因此在商业环境中很少使用。

RAID 3：RAID 3 如图 9-4 所示，它与 RAID 2 非常类似，都是将数据条块化分布于不同的硬盘上，区别在于 RAID 3 使用简单的奇偶校验，并用单块磁盘存放奇偶校验信息。如果一块磁盘失效，奇偶盘及其他数据盘可以重新产生数据；如果奇偶盘失效则不影响数据使用。RAID 3 对于大量的连续数据可提供很好的传输率，但对于随机数据来说，奇偶盘会成为写操作的瓶颈。

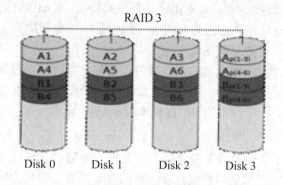

图 9-4　RAID 3 原理示意图

RAID 5：RAID 5 如图 9-5 所示，不单独指定奇偶盘，而是在所有磁盘上交叉地存取数据及奇偶校验信息。在 RAID 5 上，读/写指针可同时对阵列设备进行操作，提供了更高的数据流量。RAID 5 更适合于小数据块和随机读/写的数据。RAID 3 与 RAID 5 相比，最主要的区别在于 RAID 3 每进行一次数据传输就需涉及到所有的阵列盘；而对 RAID 5 来说，大部分数据传输只对一块磁盘操作，并可进行并行操作。在 RAID 5 中有"写损失"，即每一次写操作将产生四个实际的读/写操作，其中两次读旧的数据及奇偶信息，两次写新的数据及奇偶信息。

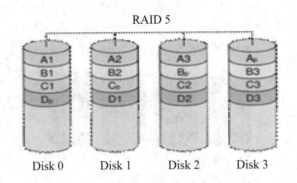

图 9-5　RAID 5 原理示意图

RAID 5E 是在 RAID 5 基础上改进的。与 RAID 5 类似，数据的校验信息均匀分布在各硬盘上，但是，在每个硬盘上都保留了一部分未使用的空间，这部分空间没有进行条带化，最多允许两块物理硬盘出现故障。由于 RAID 5E 把数据分布在所有的硬盘上，因此性能会比 RAID5 加一块热备盘要好得多。当一块硬盘出现故障时，有故障硬盘上的数据会被压缩到其他硬盘上未使用的空间，逻辑盘保持 RAID 5 级别。

与 RAID 5E 相比，RAID 5EE 数据分布更有效率，每个硬盘的一部分空间被用作分布的热备盘，它们是阵列的一部分，当阵列中一个物理硬盘出现故障时，数据重建的速度会更快。

RAID50 是 RAID5 与 RAID0 的结合。此配置在 RAID5 的子磁盘组的每个磁盘上进行包括奇偶信息在内的数据剥离。每个 RAID5 子磁盘组要求三个硬盘。RAID50 具备更高的容错能力，因为它允许某个组内有一个磁盘出现故障，而不会造成数据丢失。而且因为奇偶位分布于 RAID5 子磁盘组上，故重建速度有很大提高。RAID50 的优势：有更高的容错能力，具备更快数据读取速率的潜力。需要注意的是：磁盘故障会影响吞吐量。故障后重建信息的时间比镜像配置情况下要长。

RAID 7 是一种新的 RAID 标准，其自身带有智能化实时操作系统和用于存储管理的软件工具，可完全独立于主机运行，不占用主机 CPU 资源。RAID 7 可以看做是一种存储计算机(Storage Computer)，这与其他 RAID 标准有明显区别。

2) 移动硬盘备份

RAID 方式提供了在线的数据备份能力，对于一般数据，这种方式已经足够。对于一些非常重要的数据，使用完全与系统独立的存储介质是有必要的，因为，RAID 系统的磁盘也会损坏，有时甚至坏到无法恢复数据的程度。由于这种数据备份是脱离系统的，因此把这种备份方式称为冷备份，使用它来恢复系统数据时需要手工进行数据复制。

传统上对大量的数据采用磁带进行备份，但现在的移动硬盘容量很大，可以满足一般系统的数据备份，因此在绝大多数情况下已经取代了磁带备份，小的系统甚至使用 U 盘也可以对数据进行备份。

2. 数据库备份

数据库是应用平台最核心的组成部分之一，尤其在一些对数据可靠性要求很高的行业，如银行、证券、电信等，如果发生意外停机或数据丢失其损失会十分惨重。因此必须制定详细的数据库备份与灾难恢复策略，并通过模拟故障对每种可能的情况进行严格测试。

数据库的备份有四种类型，分别应用于不同的场合，分别为：

1) 完全备份

完全备份是大多数人常用的方式，它可以备份整个数据库，包含用户表、系统表、索引、视图和存储过程等所有数据库对象。但它需要花费更多的时间和空间，所以，一般推荐一周做一次完全备份。

2) 事务日志备份

事务日志是一个单独的文件，它记录数据库的改变。备份的时候只需要复制自上次备份以来对数据库所做的改变，所以只需要很少的时间。为了使数据库具有鲁棒性，推荐每小时甚至更频繁的备份事务日志。

3) 差异备份

差异备份也叫增量备份，是部分备份数据库的另一种方法。它只备份自上次完全备份以来所改变的数据库，其优点是存储和恢复速度快，多长时间做一次差异备份，需要根据系统的性质和使用特点而定。

4) 文件备份

数据库可以由硬盘上的许多文件构成。如果这个数据库非常大，并且一个晚上也备份不完，那么可以使用文件备份每晚备份数据库的一部分。由于一般情况下数据库不会大到必须使用多个文件存储，所以这种备份不是很常用。

比如，SQL Server 数据库备份常用的两种方式，一种是使用 BACKUP DATABASE 将数据库文件备份出去，另外一种就是直接拷贝数据库文件 MDF 和日志文件 LDF 的方式。Sybase 也有两种常用的备份方法，一种是全库备份，使用 Dump 命令将数据库备份，用 Load 命令进行数据库恢复；另一种是文件表达式备份，用 Bcp 命令进行数据库表的备份和恢复。

3. 数据加密与备份机制

1) 用户密码设置

一般平台系统都会有各种角色的用户，而每个用户又会设置自己的密码。对于用户来说，平台允许用户对自己的密码进行修改，这样给用户提供了一个防止他人窥视等方式窃取密码的手段。为了防止破解密码，又对密码的字符构成做了一些限制。

在系统中，通常密码是采用加密方式保存的，即使是系统管理员，也不可能知道用户的密码。但也有一些缺乏网络安全意识和经验的软件工程师，在系统中以不加密的方式保存用户密码，这是绝对要避免的。

2) 用户信息与交易数据加密

当前，国家对于个人隐私的保护非常重视。除了内部人员非法出卖用户信息外，通过黑客途径取得用户个人信息也是个人信息泄露的一个重要途径。因此，对于用户个人信息，比如姓名、年龄、身份证号码、住址、电话号码、亲属等，也要进行加密，这样，即使黑客入侵了平台，也不可能拿到真实的个人信息。同样，一些交易类记录数据也要进行加密。

3) 关键消息加密

对于一些关键信息，比如支付账号的密码，除了在平台侧加密外，为了防止黑客进行网络监听，还可以在终端输入时即进行消息的加密。这样，即使黑客能够监听解析到用户发出的数据报文，也不可能获得真实的信息。

9.1.4 应用系统备份

除了对平台的数据进行备份外，对于一些重要的系统，特别是需要向用户提供不间断服务的应用系统，对运行的系统进行备份也是必要的。当主用系统因某种原因不能提供服务时，备用系统可以在很短的、用户可以容忍的时间内启用。常用的系统备用手段有双机热备、系统冷备和异地灾备。

1. 双机热备

移动互联网应用平台应该具有高可用性能力，高可用性包括保护业务关键数据的完整性和维持应用程序的连续运行等方面。双机热备技术提供了具有单点故障容错能力的系统平台，当主服务发生故障时由备服务器来接管其工作，实现在线故障自动切换，保障系统的不间断运行，避免停机造成的损失。

基于存储共享的双机热备是双机热备的标准方案。双机系统的两台服务器都与共享存储设备连接，用户的操作系统、应用软件和双机软件分别安装在两台主机的硬盘上，应用服务的数据则存放在共享存储设备上。

两台主机之间通过私有心跳网络连接，随时监控对方的运行状态。当工作主机发生故障，无法正常提供服务时，备机会及时侦测到故障信息，并根据切换策略及时进行故障转移，由备机接管故障主机上的工作，并进行报警，提示管理人员对故障主机进行维护。

对于用户而言，这一切换过程是全自动、完全透明的，在很短的时间内完成，避免业务的长时间停顿给用户造成不可估量的损失。由于使用的是共享存储设备，因此两台主机使用的实际上是同一份数据，不用担心数据一致性的问题。当故障排除后，管理人员可以选择自动或手动将业务切换回原主机；也可以选择不切换，此时维修好的主机就作为备份机，双机系统继续工作。

2. 系统冷备

系统冷备是架设一台与主用服务器相同的备用服务器，服务器的整个软件配置与主用服务器完全相同，当主用服务器因某种原因不能正常工作时，先用备用服务器替代，等把主用服务器修复后，再替换回来。

相比于双机热备，系统冷备时，两台服务器的数据会不同步，因此，这种方式适合于类似提供 WEB 页面这样静态内容的场合，不适合于运行数据库的服务器。

如果考虑到成本因素，备用服务器可以选择较低配置的服务器，因为毕竟备用服务器只是临时性代替主服务器，对性能的要求一般较低。

3. 异地灾备

异地灾备主要是为了应对像汶川大地震这样的灾害对系统的破坏，有时即使局部的水灾、火灾也会对企业的数据中心造成毁灭性破坏。因此，采用异地灾备措施的都是一些关系到企业关键业务的信息系统，像银行、证券等的应用。一般应用系统不需要这么高级别的系统和数据的冗余备份。

部署异地灾备的系统和机房等环境设施称为灾备中心，灾备中心通过较高速的数据专线与主用系统机房连接，实时对系统数据进行更新，实现两个机房系统数据的同步。

9.2　产品概要设计

产品概要设计也叫总体设计，通过这个阶段的工作，在多个可先方案中找到最佳方案，将产品系统划分为组成系统的物理元素，包括程序、文件、数据库等，但是每个元素仍然是黑盒子级的，其内部的具体内容要等到详细设计阶段再予以细化。概要设计阶段的另外一项工作是设计软件系统的结构，也就是要确定系统中每个程序是由哪些模块组成，以及这些模块之间的关系。

9.2.1　设计原理

在概要设计和详细设计阶段，要遵循一些基本原理，包括模块化、抽象、逐步求精、信息的隐藏和局部化、模块独立等。

1. 模块化

模块是构成程序的基本构件，它是由边界元素限定的相邻程序元素的序列，如数据说明、可执行语句等，而且有一个总体标识符来代表它。按照模块的定义，过程、函数、子函数和宏等都可作为模块，面向对象方法中的对象也是模块。

模块化就是把程序划分为独立命名且可以独立访问的模块，每个模块完成一个子功能，把这些模块集成起来构成一个整体，就可以完成指定的功能以满足用户的需求。

采用模块化可以使软件结构清晰，不仅容易设计也容易阅读和理解。因为程序错误通常局限在有关的模块及它们之间的接口中，所以使软件更容易测试和调试，因而有利于提高软件的可靠性。又因为变动往往只涉及少数几个模块，所以模块化还能够提高软件的可修改性。此外，模块化也有助于软件工程的组织管理，一个大型软件可以由许多程序员分工编写不同的模块，并且可以分配技术熟练的程序员编写难度大的模块。

模块化也不是模块越小、数量越多越好，因为还存在一个模块间接口的问题。尽管目前很难以确定一个程序最合适的模块数是多少，但可以肯定的是，存在一个合理的模块划分方案，可以兼顾功能的足够细分和模块的数量不致过多。

2. 抽象

人们在实践中认识到，现实世界中的事物、状态和过程之间总存在着某些相似的方面，也就是共性。把这些相似的方面集中概括起来，暂时忽略它们之间的差异，这就是抽象，或者说抽象就是抽出事物的本质特性的思维过程。抽象是人类认识复杂事物过程中使用的最有力的工具。

由于人类思维能力的限制，如果每次面临的问题过多，就难以产生精确思维。因此，处理复杂系统的唯一有效方法是用层次的方式构造和分析它。一个复杂动态系统首先可以用一些高级的抽象概念来构造和理解，这些高级概念又可以用一些较低级的概念来构造和理解。如此下去，直至最底层次的基本元素。

这种层次思维和解题方式必须反映在定义动态系统的程序结构之中，每级的概念将以某种方式对应程序的一组成分。当考虑对任何问题的模块解法时，可以提出多个抽象的层次。在抽象的最高层次，使用问题环境的语言，以概括的方式叙述问题托解法；在较低抽象层次采用更过程化的方法，把面相问题的术语和面向实现的术语结合起来叙述问题的解法；最后，在最低的抽象层次用可以直接实现的方式叙述问题的解法。

软件工程的每一步都是对软件解法的抽象层次的一次精化。在可行性研究阶段，软件作为系统的一个完整的部件；在需求分析阶段，软件解法是使用在问题环境内熟悉的方式描述的；当由总体设计向详细设计过渡时，抽象的程度也就减小了；最后，当源程序写出来后，也就达到了抽象的最底层。

模块化与逐步求精是密切联系的。随着软件开发工作的进展，在软件结构每一层的模块，表示了对软件抽象的一次精确化。事实上，软件结构顶层的模块，控制了系统的主要功能并且影响着全局；在软件结构底层的模块，完成数据的一个具体处理。用自顶向下由抽象到具体的方式分配控制，简化了软件的设计和实现，提高了软件的可理解性和可测试性，使软件更容易维护。

3. 逐步求精

逐步求精是人类解决复杂问题时采用的基本方法，也是许多软件工程技术的基础。可以把逐步求精定义为"为了能够集中精力解决主要问题而尽量推迟问题细节的选择。"

逐步求精之所以如此重要，是因为按照 Miller 法则，一个人在任何时候都只能把精力集中在 7 ± 2 个知识点上。但是，在软件开发过程中，在一段时间内需要考虑的知识点远远大于 7。逐步求精的优势在于，他能够帮助人们把精力集中在当前开发阶段最相关的那些方面上，而忽略那些对于整体解决方案来说虽然必要，但在当前阶段尚不需要考虑的细节。Miller 法则揭示了人类智力的局限，并在这个前提下尽自己最大努力工作。

求精实际上是细化过程。人们在从高级抽象级别定义的功能陈述开始，该陈述仅仅概念性地描述了功能或信息，但是并没有提供功能的内部工作情况或信息的内部结构求精要求设计者细化原始陈述，随着每个后续求精步骤的完成而提供越来越多的细节。

4. 信息的隐藏和局部化

应用模块化原理时，会产生一个问题，即"为了得到最好的一组模块，应该怎样分解模块呢？"信息隐藏原理指出，应该这样设计和确定模块，使得一个模块内包含的信息对于不需要离了解这些信息的模块来说是不能被访问的。

局部化的概念和信息隐藏概念是密切相关的，所谓局部化，是指把一些关系密切的软件元素物理地放得比较靠近。在模块中使用局部数据元素是局部化的一个例子，显然，局部化有利于实现信息隐藏。实际上，应该隐藏的不是模块的一切信息，而是模块的实现细节。

隐藏意味着有效的模块化可以通过定义一组独立的模块而实现，这些独立的模块彼此之间仅仅交换那些为了完成系统功能而必须交换的信息。如果在测试期间和以后的软件维护期间需要修改软件,那么使用信息隐藏原理作为模块化系统设计的标准就会带来极大的好处,因为绝大多数数据和过程对于软件其他部分而言是隐藏(也就是"看"不见)的,修改期间由于疏忽而引入的错误就很少可能传播到软件的其他部分。

5. 模块独立

模块独立的概念是模块化、抽象、信息隐藏和局部化的直接结果。开发具有独立功能且与其他模块之间没有过多的相互作用的模块,就可以做到模块独立。也就是说,希望这样设计软件结构,使得每一模块完成一个相互独立的特定子功能,并且与其他模块之间的关系很简单。

有效模块化的软件比较容易开发出来,这是由于能够分割功能而且接口可以简化,当许多人分工合作开发同一软件时,这个有点尤其重要。另外,独立的模块比较容易测试和维护,因为相对来说,修改设计和程序的工作量比较小,错误扩散的范围小,需要扩充功能时能够方便地通过"插入"模块来实现。

模块的独立程度可以由两个定性标准度量,这两个标准分别是内聚和耦合。耦合衡量不同模块彼此之间互相依赖的紧密程度;内聚衡量一个模块内阁各元素之间彼此结合的紧密程度。

9.2.2 最佳方案设计

1. 设想可供选择方案

如何实现所要求的系统呢?在产品概要设计阶段,应该考虑各种可能的实现方案。在这个阶段,因为只有系统的逻辑模型,因此有充分的自由分析和比较各种不同的实现方案。需求分析阶段得出的数据流图是总体设计的出发点。构思可供选择方案的一种常用方法是,设想把数据流图中的处理分组的各种可能的方法,舍弃在技术上行不通的分组方法,余下的分组方法作为可实现策略。

2. 选取合理方案

在前一步得出的一系列可供选择方案中选取若干个合理的方案,通常至少选取高成本、中成本、低成本三种方案。在判断哪些方案合理时,应该考虑在可行性分析阶段确定的工程规模和目标,必要时还要进一步征询用户意见。

3. 挑选最佳方案

综合比较各种合理方案的优劣势,设定一组比较参数,设定其权重,作为评定方案优劣的依据,从其中挑选出一个最佳方案。目标用户和技术专家应该认真审核所挑选的最佳方案,如果该系统确实符合目标用户的需要,且在现有技术条件下完全能够实现,则提请技术负责人审批,审批后的方案将作为结构设计的出发点和依据。

9.2.3 产品结构设计

为了实现目标产品,必须设计出组成这个系统的所有程序、数据库和文件。对程序的设计通常可以分为软件结构设计和过程设计,结构设计确定程序由哪些模块组成,以及这些模块之间的关系；过程设计确定每个模块的处理过程。结构设计是概要设计阶段的工作，过程设计是详细设计阶段的工作。

1．功能分解

为了确定软件结构，首先需要从实现角度把复杂的功能进一步分解为多个功能模块。结合业务流程，仔细分析数据流图中的每个处理，如果一个处理的功能过分复杂，就必须把它的功能适当分解为一系列比较简单的功能模块。模块划分的主要工作是结合业务领域以及系统的要求，通过拆分、合并、分组等方法，将各功能划分到子系统和功能模块中，并细化到各机能组件和功能模块上。经过分解之后的每个功能对大多数的程序员来说都是明显易懂的。

模块划分可以通过以下两步来实现：

第一步层次设计，即对于复杂系统需要对系统进行多层的划分，然后一层层的设计。层次划分的方法可以结合业务、部署、运用功能等因素考虑，首先进行分类，然后进行抽象分析，整理共性要素，将功能归纳到模块。制作方法可以采用各种表述方法，下面示例都是按图或表的方式制作的。

第二步流程划分，进行模块间的流程设计。层次、模块划分完成后，需要整理描述各模块间的关系，这些关系包括时序关系、状态关系、数据关系等。在实际设计中，可以根据情况采用不同的描述方法来制作对应的设计文档，比如以时序为主的系统可以采用时序图。比如模块切分后，切分用例、流程，采用时序图的方式进行的模块间流程设计。

2．软件结构设计

移动互联网产品作为一种软件系统，在设计时首先要对产品的结构进行设计。产品结构犹如一棵大树的树干和主要树枝，它决定了产品系统的整个组成方式和形态。只有设计好产品的结构，产品系统才会成为一个分工合理、相互协调的整体。产品架构有的比较复杂，有的比较简单，复杂抑或简单，应结合自身产品的定位、业务特性、发展阶段和用户特征及使用场景来进行定位。

软件结构设计通常包括技术平台设计、层次结构设计和子功能划分三项内容。

1) 技术平台设计

技术平台是要确定整个系统采用什么软件开发和运行平台，比如像百度、科大讯飞、阿里、华为等各种 PaaS 云平台，还是在 IaaS 云上直接利用某一软件开发工具进行开发和部署。

2) 层次结构设计

程序中的每个功能模块都能完成一个适当的子功能，应该将功能模块组成良好的层次系统，这样，顶层模块调用下层模块即可实现完整的功能，每个下层模块再调用其更下层模块，从而完成程序的一个子功能(子系统)，最下层模块完成最具体的功能。

程序的层次结构可以采用如图 9-6 所示的层次图来描述。与需求分析阶段的层次方框图不同，这里的一个矩形方框代表一个具体模块，方框间的连线表示调用关系。

3) 子功能划分

在层次结构设计的基础上，对各项功能做进一步划分。子功能划分的方法与整个产品层面功能划分的方法是一致的，不过要细化到最基本的功能。

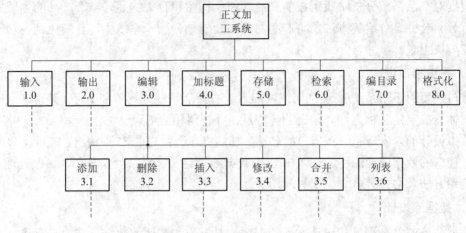

图 9-6　正文加工系统层次图

3．系统接口设计

产品系统不仅与外部系统存在各种数据交互，系统内不同功能模块之间也存在着很多交互。这些交互通常以接口方式体现，所谓接口，实际上是一组通信或数据交互规程，它规定了通信过程、数据格式、字段内容等很丰富的信息。比如：Web 浏览器与 Web 服务器之间通信的协议，应用服务程序与数据库服务器之间的协议，电商平台商品订购模块与物流管理模块之间的数据接口等。

系统接口根据所发挥的作用，可分为外部接口和内部接口两类：

1）外部接口设计

根据产品系统与外界的联系方式，对所有外部接口(包括功能和数据接口)进行设计。外部接口必须采用主流的技术，便于实现与第三方系统的对接。

2）内部接口设计

系统在进行分层和模块化后，系统内部各功能模块间的调用关系就需要进行接口设计。内部各功能模块间的接口也要尽可能采用通用技术和一致的命名规则来设计，便于开发团队内部工作的交流和配合。

4．数据库设计

数据库设计是软件设计中一个非常重要的环节，考虑到其内容比较多，因此其具体的设计方法将在后续章节专门介绍。

9.2.4　产品概要设计文档编写

产品系统架构设计的成果通常用《概要设计书》来描述，所包含的内容主要如下：

1．系统结构设计

根据产品的业务特征、性能要求、可靠性要求、成本等方面内容，针对产品使用的技术平台和软硬件架构，提出多种候选方案。

2．功能模块设计

根据对产品需求分析阶段形成的产品功能结构图和有关描述，结合产品的领域知识，通过拆分、合并、分组等方法，将产品的各项功能划分到子系统中，并细化到各功能组件和功能模块上。

3．系统接口设计

接口主要用于子系统/模块之间或内部系统与外部系统进行各种交互，其设计应根据接口的具体情况制定各种方针，结合业务特点，并使用相应的设计方法。

接口设计的内容应包含：接口的名称、功能描述、接口的输入/输出定义、接口的使用方法、接口的数据处理流程、输入/输出的数据结构定义、异常处理机制、错误处理机制、日志记录方法及格式等。

4．数据库设计

根据业务的复杂程度和设计实现的需要，对核心和重要的数据生成数据字典，对于复杂的操作流程，进行适当的流程说明；完成核心和重要库表的逻辑设计。

5．产品结构图

产品结构图是一种综合展示产品信息和功能逻辑的图表工具，是产品原型的简化表达。

图 9-7 所示为一个简单的 B2C 电商网站产品结构图示例(不是完整案例，仅供参考启发)。产品结构图完成后，产品的轮廓就基本确定。以产品结构图作为绘制原型的依据，可以避免在产品设计中边画边改，陷入只见树木不见森林的陷阱。

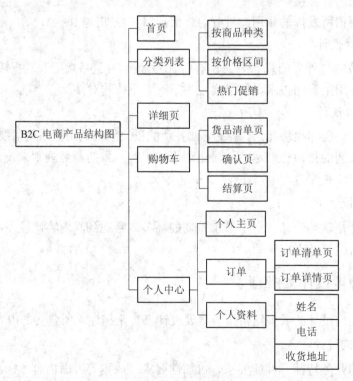

图 9-7 一个 B2C 电商网站产品结构图示例

9.3 产品详细设计

产品详细设计的目的是确定应该如何具体实现所要求的系统，需要得出目标系统的精确描述，从而在编码阶段可以把这个描述直接翻译成用某种程序设计语言书写的程序。详细设计阶段的任务还不是具体编写代码，而是要设计出程序的"蓝图"，接下来程序员将按照这个"蓝图"编写具体的代码。因此，详细设计的结果基本决定了最终程序代码的质量。详细设计的目标不仅是逻辑上正确地实现每个模块的功能，更重要的是设计出的处理过程应该尽可能简明易懂。

9.3.1 模块功能详细设计

对系统的组成及逻辑结构进行设计前确认，然后按结构化设计方法，在系统功能逐层分解的基础上，对系统各功能模块或子系统进行设计，是详细设计的主要内容之一。在此，详细设计产品系统的各个构成模块完成的功能及其相互之间的关系，用 IPO 或结构图描述各模块的组成结构、算法、模块间的接口关系，以及需求、功能和模块三者之间的交叉参照关系。

每个模块的描述说明可参照以下格式：

模块编号：XXX-XXX-01

模块名称：XXXX 详细设计

输入：XXX

处理：XXXX

算法描述：XXXXX

输出：XXXX

其中处理和算法描述部分主要采用伪码或具体的程序语言完成。如果软件需进行二次开发(包括功能扩展、功能改造、用户界面改造等)，则相应的设计工作应该由子课题完成。

9.3.2 模块工作流程设计

不仅整个程序的处理过程和逻辑关系可以用流程图来描述，每个模块内各元素之间的处理过程和逻辑关系也可以用流程图来描述。

1. 工作流程

工作流程是指工作事项的活动流向顺序。工作流程包括实际工作过程中的工作环节、步骤和程序。工作流程中的各项工作之间的逻辑关系是一种动态关系。在一个项目实施过程中，其管理、信息处理、设计工作、物资采购和施工都属于工作流程的一部分。全面描述工作流程，需要用工作流程图作为工具。

工作流程的类型包括自由流程和固定流程。自由流程，就是事先不定义步骤，由发起人、经办人决定下一步流程走向。固定流程是事先定义好流程步骤及属性，按设定的模式去办理。早期的办公软件由于工作流程功能较弱，无法满足复杂应用的需求，往往用自由流程模式去解决，但自由流程事先无法固定表单和经办权限，不利于后期数据统计与分析，因此目前大多数流程以固定流程来呈现。

图 9-8 是一个微信公众号开发流程的示意图。

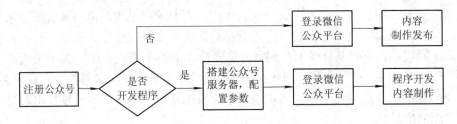

图 9-8   公众号开发流程示意图

2．工作流

工作流就是工作流程的计算模型，即将工作流程中的工作如何前后组织在一起的逻辑和规则，在计算机中以恰当的模型进行表示并对其实施计算。工作流为实现某个业务目标，在多个参与者之间利用计算机，按某种预定规则自动传递文档、信息或者任务。简单地说，工作流就是一系列相互衔接、自动进行的业务活动或任务。工作流常用的名词有：

(1) 表单。在工作流系统中与工作相关的数据都可以通过表单来体现，表单是数据的载体，在表单之外还可以通过附件来传递数据和信息。表单用来显示查询或输入的数据。它可以是纸质文件，也可以是计算机查询与输入界面。

(2) 流程。流程是工作过程和环节的描述，代表了一种制度和规范。在工作流系统中，工作过程都可以通过流程来体现。

(3) 主办人。主办人负责实施流程节点的工作内容，并按流程规定转交下一步流程，可以对表单进行操作，并可以在表单可写字段处填写内容。

(4) 报表。报表包含了事先定义的需要汇总内容的数据，报表数据通常包含了一段时间经营或管理的统计信息，而这些信息的统计与查询的方式，通常很少需要变动。可以将其简单理解为：表单用于数据录入，报表用于统计汇总。

9.3.3　算法设计

算法就是为解决问题而采取的方法与步骤，被广泛地应用于计算机的问题求解中，是程序设计的精髓。

1．设计算法的原则

对于一个特定问题的算法在大部分情况下都不是唯一的。也就是说，同一个问题，可以有多种解决问题的算法，而对于特定的问题、特定的约束条件，相对好的算法还是存在的。因此，在特定问题、特定的条件下，选择合适的算法，会对解决问题有很大的帮助。在设计算法时，通常要考虑以下几项原则：

1) 正确性

算法的正确性是指算法至少应该具有输入、输出和加工处理无歧义性、能正确反映问题的需要、能够得到问题的正确答案。但是算法的"正确"通常在用法上有很大的差别，大体分为以下 4 个层次：

(1) 算法程序没有语法错误；

(2) 算法程序能够根据正确的输入值得到满足要求的输出结果；

(3) 算法程序能够根据错误的输出值满足规格说明的输出结果；

(4) 算法程序对于精心设计、极其刁难的测试数据都能满足要求的输出结果。

对于这 4 层含义，层次(1)要求最低，因为仅仅没有语法错误实在谈不上是好的算法。而层次(4)是最困难的，人们几乎不可能逐一验证所有的输入都得到正确的结果。因此，算法的正确性在大部分情况下都不可能用程序来证明，而是用数学方法来证明。证明一个复杂算法在所有层次上都是正确的代价非常昂贵，所以一般情况下，人们将层次(3)作为判断一个算法是否正确的标准。

2) 可读性

设计算法的目的，一方面是为了让计算机执行，但还有一个重要的目的就是为了便于他人的阅读，让人理解和交流，自己将来也可阅读。如果可读性不好，时间长了自己都不知道写了什么，可读性是评判算法(也包括实现它的程序代码)好坏很重要的标志。可读性不好不仅无助于人们理解算法，晦涩难懂的算法往往隐含错误、不易被发现并且难以调试和修改。

3) 健壮性

当输入的数据非法时，算法应当恰当地做出反应或进行相应处理，而不是莫名其妙地输出结果。并且处理错误的方法不应是中断程序的执行，而是返回一个表示错误或错误性质的值，以便于在更高的抽象层次上进行处理。

4) 高效率与低存储量

通常，算法的效率指的是算法的执行时间；算法的存储量指的是算法执行过程中所需要的最大存储空间，两者的复杂度都与问题的规模有关。算法分析的任务是对设计的每一个具体的算法，利用数学工具，讨论其复杂度，探讨具体算法对问题的适应性。在满足以上几点以后，还可以考虑对算法进程进一步优化，尽量满足时间效率高和空间存储量低的需求。

2. 算法设计步骤

设计算法的一般过程可以归纳为以下几个步骤：

(1) 建立数学模型。通过对问题进行详细的分析，抽象出相应的数学模型。

(2) 确定数据结构与算法。确定使用的数据结构，并在此基础上设计对此数据结构实施各种操作的算法。

(3) 选用语言。选用某种语言将算法转化成程序。

(4) 调试并运行。调试并运行这些程序。

3. 常用算法

常用算法有迭代法、穷举搜索法、递推法、递归法、回溯法、贪婪法、分治法、动态规划法八种。

1) 迭代法

迭代法是用于求方程或方程组近似根的一种常用的算法设计方法，是许多方法的总称，包括了简单迭代法、对分发、梯度法、牛顿法等。其主要思想是，从某个点出发，通过某种方式求出下一个点，词典应该离要求解的点更进一步，当两者之差近到可以接受的精度范围时，就认为找到了问题的解。

2) 穷举搜索法

穷举搜索法是按某种顺序对所有可能的值进行逐个验证，从中找出符合条件的解。穷举搜索法需要多重循环，简单易行，尤其适用于一时想不出更好的解决算法的问题，但此方法只能解决变量个数非常有限的问题，防止指数爆炸。

3) 递推法

递推法是指利用所解问题本身所具有的特质，即递推关系来求解。具体做法是：对于一个问题，可以根据 N=n 之前的 n-1(n-2，n-3，…)的结果推出 n 的解。

4) 递归法

递归法是描述算法的一种强有力的方法，其思想是：将 N=n 时不能得出解的问题，设法递归转化成求 n-1，n-2，…的问题，一直到 N=0 或 1 的初始情况。用递归法写出的程序简单易读，但与递推法编写的程序相比，往往效率不高。因为每一次的递归函数调用都需要压栈退栈，同时，递归次数不能无限制，因为每一次的递归函数调用都要压栈占用有限的计算机内存。

递归法关键是要找出递归关系和初始值，通常，程序格式为

```
int f(int n)
{
    if{n==0 或 1}return value/动作;
    else return F(f(n-1), f(n-2), ...);
}
```

5) 回溯法

回溯法又称为试探法，是一个类似枚举的搜索尝试过程。其思路是，按选优条件向前搜索，在搜索尝试过程中寻找问题的解，当发现已不满足求解条件时，就回溯返回，尝试其他路径。如果一直回溯到问题的开始处，则表示该问题无解或已经找到了全部的解。

6) 贪婪算法

贪婪算法又称贪心算法，是指在对问题求解时，总是选择在当前看来最好的解。贪婪算法不追求最优解，只希望得到较为满意的解就可以了。它不会为寻找最优解而花费大量计算时间，因此一般可以快速得到相对满意的解。

7) 分治法

分治法的基本思想是，首先把难以求解的大问题分解成许多小问题，然后分别对小问题求解，最后在小问题解的基础上综合得到大问题的解。在实际中，分治法经常需要与递归法结合使用。

8) 动态规划法

动态规划算法是通过拆分问题，定义问题状态和状态之间的关系，使得问题能够以递推的方式去解决。动态规划算法的基本思想与分治法类似，也是将待求解的问题分解为若干个子问题(阶段)，按顺序求解子阶段，前一子问题的解，为后一子问题的求解提供了有用的信息。在求解任意一个子问题时，列出所有可能的局部解，通过决策保留那些有可能达到最优的局部解，丢弃其他局部解。这样，依次解决各子问题，最后一个子问题就是待求解问题的解。

9.3.4　E-R 图

E-R 图(Entity Relationship Diagram，实体-联系图)，提供了表示实体类型、属性和联系的方法，用来描述现实事件的概念模型，是需求分析和数据库设计过程中一个重要工具。

1. E-R 图的构成要素

1) 实体

一般来说，客观上可以相互区分的事物就是实体，实体可以是具体的人和物，也可以是抽象的概念与联系。划分实体的关键在于，一个实体能与另一个实体相区别，具有相同属性的实体具有相同的特征和性质。用实体名及其属性名集合来抽象和刻画同类实体。

在 E-R 图中实体用矩形框表示，矩形框内写明实体名。比如学生张三、学生李四都是实体。如果是弱实体的话，在矩形外面再套实线矩形。

2) 属性

属性是指实体所具有的某一特性，一个实体可由若干个属性来刻画。属性不能脱离实体，属性是相对实体而言的。

在 E-R 图中属性用椭圆形表示，并用无向边将其与相应的实体连接起来，比如学生的姓名、学号、性别、都是属性。如果是多值属性，在椭圆形外面再套实线椭圆；如果是派生属性则用虚线椭圆表示。

3) 联系

联系也称关系，是实体内部或实体之间的关联关系在信息世界中的反映。实体内部的联系通常是指组成各个实体的各属性之间的联系，实体之间的联系通常是指作为一个个整体的实体之间的联系。

在 E-R 图中联系用菱形表示，菱形框内写明联系名，并用无向边分别与有关实体连接起来，同时在无向边旁标上联系的类型(1∶1、1∶n 或 m∶n)。比如老师给学生授课存在授课关系，学生选课存在选课关系。如果是弱实体的联系则在菱形外面再套一个菱形。

4) E-R 图一般性约束

E-R 数据模型中的联系存在三种类型：一对一约束(联系)、一对多约束(联系)和多对多约束(联系)，它们用来描述实体集之间的数量约束。具体如下：

(1) 一对一联系(1∶1)。

对于两个实体集 A 和 B，若 A 中的每一个值在 B 中至多有一个实体值与之对应，反之亦然，则称实体集 A 和 B 具有一对一的联系。一个学校只有一个正校长，而一个校长只在一个学校中任职，则学校与校长之间具有一对一联系。如图 9-9 所示。

图 9-9　一对一联系示意图

(2) 一对多联系(1∶n)。

对于两个实体集 A 和 B，若 A 中的每一个值在 B 中有多个实体值与之对应，反之 B 中每一个实体值在 A 中至多有一个实体值与之对应，则称实体集 A 和 B 具有一对多的联系。如图 9-10 所示。

图 9-10　一对 n 联系示意图

例如，某校教师与课程之间存在一对多的联系"教"，即每位教师可以教多门课程，但是每门课程只能由一位教师来教。一个专业中有若干名学生，而每个学生只在一个专业中学习，则专业与学生之间具有一对多联系。

(3) 多对多联系(m∶n)。

对于两个实体集 A 和 B，若 A 中每一个实体值在 B 中有多个实体值与之对应，反之亦然，则称实体集 A 与实体集 B 具有多对多联系。

如图 9-11 所示，学生与课程间的联系"选修"是多对多的，即一个学生可以学多门课程，而每门课程可以有多个学生来学。联系也可能有属性，如学生"选修"某门课程所取得的成绩，既不是学生的属性也不是课程的属性。由于"成绩"既依赖于某名特定的学生又依赖于某门特定的课程，所以它是学生与课程之间的联系"选修"的属性。

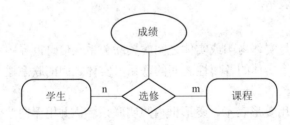

图 9-11　多对多联系示意图

实际上，一对一联系是一对多联系的特例，而一对多联系又是多对多联系的特例。联系是随着数据库语义而改变的，假如有如下三种语义规定：

■　一个部门有一个经理，而每个经理只在一个部门任职，则部门与经理的联系是一对一的；

■　一个员工可以同时是多个部门的经理，而一个部门只能有一个经理，则这种规定下"员工"与"部门"之间的"管理"联系就是 1∶n 的联系了；

■　一个员工可以同时在多个部门工作，而一个部门有多个员工在其中工作，则"员工”与“部门”的“工作”联系为 m：n 联系。

2. E-R 图的作图步骤

E-R 图的作图步骤如下：

(1) 确定所有的实体集合；

(2) 选择实体集应包含的属性；

(3) 确定实体集之间的联系；

(4) 确定实体集的关键字，用下划线在属性上表明关键字的属性组合；

(5) 确定联系的类型，在用线将表示联系的菱形框联系到实体集时，在线旁注明是 1 或 n(多)来表示联系的类型。

9.3.5　数据库设计

数据库设计是指对于一个给定的应用环境，构造最优的数据库模式，建立数据库及其应用系统，使之能够有效地存储数据，满足各种用户的信息要求和处理要求。数据库设计的内容包括细化需求分析、概念模型设计、逻辑结构设计、物理结构设计、验证设计、运行与维护设计等。

1. 细化需求分析

在前期产品需求分析基础上，进一步调查和分析用户的业务活动和数据的使用情况，弄清所用数据的种类、范围、数量以及它们在业务活动中交流的情况，确定用户对数据库系统的使用要求和各种约束条件等，形成用户需求规约。在用户调查的基础上，通过分析，逐步明确用户对系统的需求，包括数据需求和围绕这些数据的业务处理需求。然后，在对用户需求进一步细化和确认的基础上，对数据流图和数据字典作进一步细化。

2. 概念模型设计

通过对用户需求的分类、聚集和概括，建立抽象的概念模型。通常数据的概念模型采用 E-R 图来表示，该概念模型应反映现实中各部门的信息结构、信息流动情况、信息间的互相制约关系以及各部门对信息储存、查询和加工的要求等。

3. 逻辑结构设计

首先将 E-R 图转换成具体的数据库产品支持的数据模型，如关系模型，形成数据库逻辑模式；然后根据用户处理的要求、安全性的考虑，在基本表的基础上再建立必要的视图，形成数据的外模式。

4. 物理结构设计

数据库物理设计主要是根据数据库管理系统的特点和处理需要，对物理存储空间进行合理安排，建立索引，形成数据库内模式。数据库物理结构设计是数据库设计的最后结果，也是下一步编写程序所要处理数据的最主要写入和读取界面，因此必须按照一定原则，以提高代码编写质量和程序运行效率的要求，这些规则包括：

1) 重视输入输出

在定义数据库表和字段需求(输入)时，首先应检查现有的或者已经设计出的报表、查询和视图(输出)以决定为了支持这些输出哪些是必要的表和字段。假如客户需要一个报表按照邮政编码排序、分段和求和，则在设计中就要保证其中包括了单独的邮政编码字段而不要把邮政编码糅进地址字段里。

2) 标准化和规范化

数据的标准化有助于消除数据库中的数据冗余。标准化有好几种形式，但 Third Normal Form(3NF)通常被认为在性能、扩展性和数据完整性方面达到了最好平衡。简单来说，遵守 3NF 标准的数据库的表设计原则是："One Fact in One Place"，即某个表只包括其本身基本的属性，当不是它们本身所具有的属性时就需进行分解。表和表之间的关系通过外键相连接，设计一组表，专门存放通过键连接起来的关联数据。

3) 数据驱动

采用数据驱动而非硬编码的方式，许多策略变更和维护都会方便得多，大大增强系统的灵活性和扩展性。比如，用户界面要访问外部数据源(文件、XML 文档、其他数据库等)，不妨把相应的连接和路径信息存储在用户界面支持表里。如果用户界面执行工作流之类的任务(发送邮件、打印信笺、修改记录状态等)，那么产生工作流的数据也可以存放在数据库里。角色权限管理也可以通过数据驱动来完成，事实上，如果过程是数据驱动的，就可以把相当大的责任转移给用户，由用户来维护自己的工作流过程。

4) 键选择原则

一般来说，键选择遵循四个原则：通过关联字段创建外键，所有的键都必须唯一，避免使用复合键，外键总是关联唯一的键字段。

设计数据库时，采用系统生成的键作为主键，可以保证数据库的索引完整性，从而数据库和非人工机制就有效地控制了对存储数据中每一行的访问。在确定采用什么字段作为表的键的时候，通常的情况下不要选择用户可编辑的字段作为键。

5) 索引使用原则

索引是从数据库中获取数据的最高效方式之一，95%的数据库性能问题都可以采用索引技术得到解决。

(1) 逻辑主键使用唯一的成组索引。对系统键(作为存储过程)采用唯一的非成组索引，对任何外键列采用非成组索引。考虑数据库的空间有多大，表如何进行访问，还有这些访问是否主要用作读写。

(2) 不能遗忘索引外键。大多数数据库都索引自动创建的主键字段，但是，它们也是经常使用的键，比如运行查询显示主表和所有关联表的某条记录就用得上。

(3) 不要索引 Memote 字段，不要索引大型字段(有很多字符)，这样会让索引占用太多的存储空间。

(4) 不要索引常用的小型表。

(5) 不要为小型数据表设置任何键，假如它们经常有插入和删除操作就更别这样做了。对这些插入和删除操作的索引维护可能比扫描表空间消耗更多的时间。

6) 逻辑设计

逻辑设计的主要工作是将现实世界的概念数据模型设计成数据库的一种逻辑模式，即适应于某种特定数据库管理系统所支持的逻辑数据模式。与此同时，可能还需为各种数据处理应用领域产生相应的逻辑子模式。这一步设计的结果就是所谓"逻辑数据库"。

7) 存储结构设计

根据特定数据库管理系统所提供的多种存储结构和存取方法等依赖于具体计算机结构的各项物理设计措施，对具体的应用任务选定最合适的物理存储结构(包括文件类型、索引结构和数据的存放次序与位逻辑等)、存取方法和存取路径等，这一步设计的结果就是所谓"物理数据库"。

5. 验证设计

在上述数据库设计基础上，收集一些样本数据并具体建立一个数据库，运行一些典型的应用任务，来验证数据库设计的正确性和合理性。一般来说，一个大型数据库的设计过程往往需要经过多次循环反复。当设计过程的某个步骤发现问题时，可能就需要返回到前面去进行修改。因此，在做上述数据库设计时就应考虑到日后修改设计的可能性和方便性。

6. 运行与维护设计

在数据库系统正式投入运行的过程中，必须不断地对其进行调整与修改。目前，数据库设计的很多工作仍需要人工来做，除了关系型数据库已有一套较完整的数据范式理论可用来部分地指导数据库设计之外，尚缺乏一套完善的数据库设计理论、方法和工具，以实现数据库设计的自动化或交互式的半自动化设计。

9.3.6 用户界面设计

用户界面(User Interface，UI)也称人机界面，是人机交互、操作逻辑和界面表现的整体设计。它规定了人机界面的内容、界面风格、调用方式等，包括所谓的表单设计、报表设计和用户需要的打印输出等设计。

用户界面的元素通常包括：输入控件，如按钮，文本框，复选按钮，单选按钮，下拉列表，签名档和日期字段等；导航组件，如菜单，轮播图，标签，分页等；信息组件，如工具提示，图标，进度条，通知，消息，弹窗等。

用户界面的表现质量与用户体验直接相关，是产品最接近用户的部分，是产品的"脸"。既然跟用户体验相关，就必须要有用户思维，要想设计出打动人心的用户界面，就要站在用户的角度思考设计。用户界面设计的核心是易用和美观，符合人的思维习惯。为了达到这个目的，通常界面设计应当遵循以下原则：

1. 对比原则

对比的目的有两个，一是增强页面的表现效果，二是有助于界面信息的组织。如果两个元素不同，就会产生对比。倘若两个元素存在某种不同，但差别并不是很大，那么你做出的效果并不是对比，而是冲突。如果两个元素不完全相同，就应当使之不同，而且应当是截然不同(强烈)的。

2. 重复原则

重复的目的是实现格式和风格的统一，并增强视觉效果。重复的元素可能是一条粗线、一种粗字体，某个项目符号、颜色、设计要素、某种格式、空间关系等。总之，用户能够看到的任何方面都可以作为重复元素。

3．对齐原则

对齐的目的是使界面统一而有条理。任何元素都不能在界面上随意安放，每一个元素项都应当与界面上的某个内容存在某种视觉联系。试着在界面上只使用一种文本对齐方式，比如所有文本都左对齐，或右对齐，或者全部居中，当然，前提是要找一条明确的对齐线，并坚持以它为基准进行界面的设计。

4．亲密性原则

亲密性的目的是实现界面信息的组织化，形成视觉的模块化。将相关的元素组织在一起展示，既使得它们的物理位置相互靠近，因为在人们的意识里，物理位置的接近就意味着存在联系；也使得界面的空白区域更加整洁、美观，给人一种平静、安全的感觉。

5．高效原则

界面设计的目的是满足用户完成任务的需求，也就是说是能够表达出功能的含义，让用户快速理解界面内容和功能，使用户界面真正处于用户的有效控制之下。如"360 安全卫士 PC 客户端"的界面设计，凸显其核心功能为"体检"。

6．简单原则

简单有助于减少用户的记忆负担，其核心有两个，即界面简单和设计逻辑清晰。界面简单，是指元素和内容的清晰直观的表达效果。设计逻辑清晰，是指界面元素位置的放置是有逻辑的，用户可以轻易理解，而不是随意的。

7．自然原则

自然原则就是要保持界面风格统一，包括以下三方面内容：

(1) 界面风格与产品目标统一。产品目标决定了界面中的元素和元素间的主次关系，理解了产品目标、核心功能，再开始用户界面的设计，又利于界面风格与产品目标的统一。

(2) 界面风格与硬件设计风格统一。在实际使用时，用户终端的外观和软件的用户界面共同构成了人们眼中最终产品的用户界面，不同的手机、平板电脑界面，都是要分别进行设计的，包括功能实现、手势操作等都有区别。

(3) 与用户习惯风格统一。用户对于用户界面的理解习惯来自于以前使用产品所形成的习惯和用户界面元素本身所暗示的内涵。比如购物车、邮箱等，都有习惯的图形标识，"齿轮"表示"设置"功能，"头像"表示个人中心功能，等等。

9.4　产品编码实现

程序编码是设计的继续，是将设计转化为计算机能够理解的语言。良好的编码要求程序语法正确，要有良好的可读性。产品编码实现包括程序设计语言选择、软件编码规范制定、代码编写与调试等内容。

1．程序设计语言选择

程序设计语言按照发展史来说分为机器语言、汇编语言、高级语言三类。其中机器语言已经退出历史舞台，汇编语言只在特定的环境、特定的要求下才使用。当今的主流语言是高级语言，它是接近自然语言和数学公式的编程，基本脱离了机器的硬件系统，用人们更容易理解的方式编写程序。高级语言有很多编程语言，比如当前流行的 VB、C、C++、Java 等。面对这么多的语言，如何选择合适的语言？

语言的选择往往受很多因素影响，可以根据应用领域的不同、系统用户的要求、程序员熟悉的语言算法与计算复杂性、软件可靠性、软件的效率等几方面进行综合考虑。通常，选择语言的原则包括有：最好的工作量、最少技巧性、最小错误、最小维护、减少记忆等几方面。

2. 软件编码规范制定

软件编码是一门艺术，既灵活又严谨，编程人员可以充分发挥自己的创造力和奇思妙想。但是，通常软件产品多由很多人协作完成，每个人都有自己的风格和习惯，如果缺乏统一的编码规范，则会导致软件产品的最终程序代码风格迥异，可读性与可维护性差，不仅给程序代码的理解造成困难，也增加了代码维护的工作量，有时还会导致程序代码出现很多隐含错误。为规范编码行为，提高程序代码的可读性、可维护性，提高编码的质量和效率，保障软件产品整体品质与可持续开发性，需要制定专门的软件编码规范。采用不同的软件开发语言，软件编码规范的具体内容不全相同，下面我们以 C/C++ 语言为例做一介绍：

1) 代码组织

代码组织是对所编写的代码进行规范化管理的规则与方式，包括程序、模块约束文件所采用的扩展名，模块中所用到的类等资源的管理规则，放置程序代码的文件目录结构的建立方式等。

2) 命名与命名规则

在软件代码编写中，需要对很多对象进行命名，也就是给它们起一个名称，包括文件、变量、常量与宏、类、函数、参数等。对这些对象的命名分别制定的相应的规则，就是命名规则。比如：要求对所有对象的命名应简单、清晰、通俗，必须采用英文而不是中文，尽量使用完成单词而不是简称，避免同时使用容易混淆的字符如 0 和 o，名字不能超过 15 个字符，等等；要求文件名应采用所对应的模块的英文小写字母；要求函数名必须采用能够表达函数功能的英文动词或动宾词组，且每个单词的首个字母大写，等等。

3) 注释

注释通常写在程序代码中，对所在行或单元代码的内容进行说明，以便帮助对程序代码的阅读和理解。注释不宜太多或太少，太多则对代码阅读产生干扰，太少则不利于对代码的理解。因此，只有在必要的时候才增加注释，且必须准确、简洁、易懂。注释分为文件注释、类注释、函数或方法注释、数据成员注释、结构注释等。

4) 编码风格

编码风格是对代码在外在展示方面风格的规范，包括排版风格(缩行与对齐、空格与空行、括号使用等)、头文件的使用和引用规则、宏定义、对常量与变量的使用规定、条件判断语句的使用规则、空间申请与释放、函数编写、类的编写、异常处理等。

5) 编译

软件应提供统一的编译文件以完成各组成部分的编译，编译文件也必须遵循统一的规则。比如，应定制的变量定义必须放在文件的首部，然后是应用级相关变量的定义，然后是系统级相关变量的定义，然后是系统级软件引用相关定义，等等。

6) ESQL/C 编码

ESQL/C 编码是指在 C/C++ 中嵌入数据库访问命令，及这些包含数据库命令的代码文件，通常需要由数据库预编译命令进行转化后，再按照 C/C++ 代码进行编译与连接。对 ESQL/C 编码也要制定一些规则，比如关键字使用小写字母，数据库名、表名和字段名使用大写字母，太长的数据库命令应在关键字处分多行书写，等等。

3. 代码编写与调试

1) 代码编写

代码编写是采用开发语言，依照编码规范，按照产品的详细设计中所提供的流程、软件结构、规划的模块、模块的功能、数据库初步设计、主要算法、相关性能指标等编写具体代码，用代码所表示的操作，实现软件产品的功能和相关性能指标。

代码编写需要丰富的编码实践经验，对于初学者来说，阅读并理解现有软件代码非常重要。必要时还可以搭建模拟环境，对现有代码进行编译运行，比照代码内容与运行结果，可以更快掌握对各种功能进行编码实现的方法。

2) 代码调试

代码调试则是在代码编写过程当中，由代码编写人员在当前开发环境中，对已经完成的代码进行阶段性或模块化编译和运行，检查其结果是否实现所规划的功能和性能，并根据实现的效果，对代码、参数初始值设置等进行修改或优化。

9.5 产 品 测 试

对移动互联网产品而言，产品测试是由专门测试人员，按照软件测试的理论和方法，对已经完成编码和调试的服务器软件和终端软件进行测试，检验软件产品是否达到了所要求的功能和性能。如果产品测试通过，则产品就可以正式上线。否则，就需要对测试中发现的问题进行修改。

1. 测试环境搭建

尽管有一些测试内容只需要在服务器单机环境下即可进行，但绝大多数测试内容则必须在移动互联网环境下测试，尤其是对一些与网络延迟、拥塞有关的性能指标的测试。移动互联网测试环境由具备足够带宽上网条件的服务器、移动终端、操作系统、数据库软件等构成。如果产品系统还包含物联网设备，则这些设备也需要接入网络。与产品正式上线后的真实环境相比，测试环境要简单得多，除非有涉密等方面的特殊要求，一般可以不考虑网络安全、信息安全、数据安全等方面的设备和软件部署。

2. 软件测试定义

软件测试是在规定的条件下对程序进行操作，以发现程序错误，衡量软件质量，并对其是否能满足设计要求进行评估的过程，其基本方法是对实际输出与预期输出之间进行审核或者比较。软件测试是鉴定软件的正确性、完整性、安全性和质量的最基本手段，是软件产品从开发基本完成到正式上线运行两个时间节点之间不可或缺的桥梁。

3. 软件测试原则

软件测试是一项非常严谨的工作，必须遵循一定的原则，包括以下几方面：

(1) 编码与测试分离：软件测试应该由专门的测试人员进行，尽可能避免由代码编写人员测试自己的程序；

(2) 测试用例必须全面：设计测试用例时，应考虑到合法的输入和不合法的输入以及各种边界条件，特殊情况下还要制造极端状态和意外状态，如网络异常中断、电源断电等；

(3) 对错误结果要进行严格确认：对测试中出现的错误结果要进行一个严格的确认过程。一般由 A 测试出来的错误，则必须要由 B 来确认，严重的错误还可以召开评审会进行讨论和分析，判断是否真的存在这个问题以及问题的严重程度等。

(4) 制定严格的测试计划：软件测试必须制订测试计划，测试计划要有指导性，测试时间安排尽量宽松，不要指望在极短的时间内完成一个高水平的测试。

4. 软件测试的对象与测试内容

软件测试的对象除了所编写的程序，还包括整个软件开发期间各个阶段所产生的文档，如需求规格说明、概要设计文档、详细设计文档等。软件测试的内容主要包括静态分析、功能测试和非功能测试。

1) 静态分析

静态分析是指不实际运行程序，仅采用形式理论证明程序符合设计规约规定，通过评审、审查、检查、审计等方法，对产品功能或文件是否与需求相一致进行判断，通过人工或程序分析来证明软件的正确性。

2) 功能测试

功能测试是指按照对软件产品应实现功能的要求，设计覆盖全面的测试用例，通过实际运行，对这些功能进行逐一测试，验证其是否达到设计要求，包括在正常情况下的反应和在异常情况下的反应。功能测试通常仅需要测试终端即可完成，一般不需要额外的辅助工具或手段。

3) 非功能测试

非功能测试是指按照对软件产品的非功能性要求，设计相应方案，通过实际运行或仿真，来观察、统计或测算这些非功能性，确认其是否达到设计要求。相比于功能测试，非功能测试的对象种类多，如可以承载的并发用户数、响应时间、可用性等，因此测试过程需要更多的工具和手段。

5. 测试方法

测试方法有多重分类方式，这里仅介绍其中最常用的一种，即从是否关心软件内部结构和具体实现的角度，把软件测试方法划分为黑盒测试、白盒测试和灰盒测试三种：

1) 黑盒测试

黑盒测试是指通过测试，检测每个功能是否都能正常使用。在测试中，把程序看做一个不能打开的黑盒子，在完全不考虑程序内部结构和内部特性的情况下，在程序接口进行测试，检查程序功能是否按照需求规格说明书的规定正常使用，程序是否能适当地接收输入数据而产生正确的输出信息。黑盒测试从用户的视觉出发，着眼于程序外部结构，而不考虑内部逻辑结构，仅通过软件界面和软件功能，从输入数据与输出数据的对应关系出发进行测试。

2) 白盒测试

白盒测试又称结构测试、透明盒测试、逻辑驱动测试或基于代码的测试，是一种测试用例设计方法。盒子指的是被测试的软件，白盒是指盒子是可视的，可以清楚盒子内部的东西以及里面是如何运作的。白盒法全面了解程序内部逻辑结构、对所有逻辑路径进行测试，也是穷举路径的测试。在使用这一方案时，测试者必须检查程序的内部结构，从检查程序的逻辑着手，得出测试数据。

3) 灰盒测试

灰盒测试是介于白盒测试与黑盒测试之间的一种测试，多用于集成测试阶段，它不仅关注输出、输入的正确性，还关注程序内部的情况。灰盒测试不像白盒那样详细、完整，但又比黑盒测试更关注程序的内部逻辑，常常是通过一些表征性的现象、事件、标志来判断内部的运行状态。

6. 测试过程

测试过程分五个步骤进行，即单元测试、集成测试、确认测试、系统测试及验收测试。

1) 单元测试

单元测试又称模块测试，是针对软件设计的最小单位即程序模块，进行正确性检验的测试工作，其目的在于发现各模块内部可能存在的各种差错。单元测试需要从程序的内部结构出发设计测试用例。多个模块可以平行地独立进行单元测试。

在单元测试时，需要依据详细设计说明书和源程序清单，了解该模块的逻辑结构和 I/O 条件，主要采用白盒测试的测试用例，辅之以黑盒测试的测试用例，使之对任何合理的输入和不合理的输入，都能做出鉴别和响应。单元测试的内容包括模块接口测试、局部数据结构测试、路径测试、错误处理测试及边界测试等。

2) 集成测试

集成测试又叫组装测试或联合测试。通常，在单元测试的基础上，需要将所有模块按照设计要求组装成为系统。这时，需要考虑的问题是：在把各个模块连接起来的时候，穿越模块接口的数据是否会丢失；一个模块的功能是否会对另一个模块的功能产生不利的影响；各个子功能组合起来，能否达到预期要求的父功能；全局数据结构是否有问题；单个模块的误差累积起来，是否会放大，从而达到不能接受的程度等。

3) 确认测试

确认测试又称有效性测试，其作用是验证软件的功能和性能及其他特性是否与用户的要求一致。一般来说，对软件的功能和性能要求在软件需求规格说明书中已经明确规定，它包含的信息就是软件确认测试的基础。

确认测试的主要内容包括有效性测试和软件配置复查。有效性测试是在模拟环境（可能就是开发的环境）下，运用黑盒测试的方法，验证被测软件是否满足需求规格说明书列出的需求。软件配置复查的目的是保证软件配置的所有成分都齐全，各方面的质量都符合要求，具有维护阶段所必需的细节，而且已经编排好分类的目录。

4) 系统测试

系统测试是将通过确认测试的软件，作为整个产品系统的一个元素，与计算机硬件、外设、某些支持软件、数据和人员等其他系统元素结合在一起，在实际运行环境下，对计算机系统进行一系列的组装测试和确认测试。系统测试的目的在于通过与系统的需求定义作比较，发现软件与系统的定义不符合或有矛盾的地方。

5) 验收测试

验收测试是以用户为主的测试，由用户参与测试用例设计，使用生产中的实际数据进行测试。在测试过程中，除了考虑软件的功能和性能外，还应对软件的可移植性、兼容性、可维护性、错误的恢复功能等进行确认。

思 考 与 练 习 题

1. 如何计算产品平台接入互联网所需要的带宽？
2. RAID 的原理是什么？主要分为哪些类型？
3. 什么是产品的概要设计？设计遵循的原理是什么？
4. 产品详细设计包括哪些主要内容？
5. 什么是软件测试？软件测试的作用是什么？

第十章　产品开发项目组织与管理

产品开发的项目组织与管理是确保前期市场调研、商业模式设计、产品需求分析和产品设计工作最终转化为产品的保障。项目组织与管理主要包括产品开发团队管理、产品开发过程管理等。

10.1　产品开发团队与项目管理计划

10.1.1　产品开发团队构成及其分工

1. 产品开发团队构成

产品开发团队通常由产品经理、系统机构师、开发工程师、美工和测试工程师组成，如图 10-1 所示。在公司对产品开发作为一个项目进行管理时，通常会设立项目经理，在一般情况下，项目经理由产品经理充当。有的公司还会另外任命一名技术部门的领导作为项目总监，而有的小型公司甚至直接由公司领导充任项目总监。

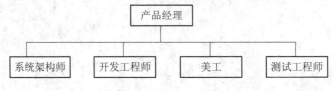

图 10-1　产品开发团组成

2. 团队中各个角色的职责

产品开发团队中各个角色的职责分别为产品经理、系统架构师、开发工程师、美工、测试工程师。

1) 产品经理

产品经理在团队中是全程跟进的角色，起到分析需求、资源调配、协作、时间和进度控制、质量把控、内部沟通等的作用。作为产品的核心凝聚点，产品经理负责把控产品特征和功能，包括负责产品的用户体验、产品的发布标准、撰写系列文档，如撰写需求分析文档、产品说明文档或功能说明文档，等等。

产品经理还需要评估产品，定义要开发的产品，确定产品的创意。产品创意的来源很多，包括公司高管的意见、用户的反馈、可用性测试的结果、产品团队和其他组的意见等，应该有人严格审核这些创意，判断它们是否值得采纳。

2) 系统架构师

系统架构师是一个最终确认和评估系统需求,设计系统整体架构,搭建系统实现的核心架构,并澄清技术细节、扫清主要难点、指导协助技术人员进行实际工作的产品负责人角色。从需求到设计的每个细节都要考虑到,把握整个流程,使设计的项目尽量高效,开发容易,维护方便,升级简单,等等。

系统架构师需要由实际结构设计经验丰富的人员担当,一般也需要有丰富的开发经验,能对系统的重要性、扩展性、安全性、性能、伸缩性、间接性等都做到很好得把控,并指导下面的开发人员进行工作。

3) 开发工程师

开发工程师负责产品模块的详细设计、编码和内部测试的组织实施,参与软件开发和维护,解决重大技术问题,并负责相关技术文档的拟定和管理。

4) 美工

美工负责产品的界面设计。美工需要深入理解目标用户(产品计划满足其需求的各种人物角色),明确产品目标功能、用户导航和产品使用流程,设计有价值的、可用性高的产品界面。

美工必须要与产品经理密切合作,将功能与设计相结合,满足用户需求,目标是确保产品同时具有可用性和吸引力。最终根据设计页面切图,编写 HTML、CSS、JS 源代码,形成稳定的静态页面。

5) 测试工程师

项目初步开发完成后,会进入测试阶段,所有参与研发的人员都要进行测试,并形成测试文档。通常规模较大的复杂产品应单独设置测试工程师岗位,专门负责测试工作。规模较小的简单产品,测试工程师角色可以由具备软件测试知识和经验的技术人员兼任。

10.1.2　产品开发计划

每一个产品开发项目,都需要制定一个符合要求的整体计划,称为项目管理计划。项目管理计划可以是概括性的,也可以包括一个或多个子管理计划。每个子计划的详细程度取决于具体项目的要求。

项目管理计划一旦被确定为基准,就只有在提出变更请求并经实施在整体变更控制过程批准后,才能变更。在产品研发需求调研前与组织或者客户共同协商确定项目计划的各阶段时间进度表,并承诺按照这个时间表完成项目并确保质量。项目管理计划是说明项目将如何执行、监督和控制的一份文件。它合并与整合了所有子管理计划和基准。

10.2　产品开发实施过程

产品开发过程是一个前后连贯、相互衔接的过程,分为项目启动、需求调研及方案设计、系统部署和程序开发、系统测试和文档交付、系统试运行和系统上线及验收六个阶段,如图 10-2 所示。

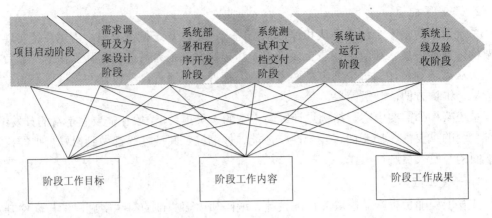

图 10-2 产品开发实施过程

10.2.1 项目启动阶段

1. 阶段工作目标

本阶段的工作目标是确认项目所要实现的目标、涵盖范围、工作方法以及后勤保障等，为项目的顺利进行打下良好基础。

2. 阶段工作内容

本阶段的工作内容主要包括以下几个方面：

(1) 整合项目所需的各项资源，包括团队组建，办公环境，网络及通讯环境，个人终端，开发环境及生活环境等；

(2) 确认工作范围，包括针对产品需求分析中对工作范围的描述，进一步与项目负责人讨论，确定项目涉及的具体范围；

(3) 制定项目计划，包括与项目负责人进行深入全面沟通，对项目进行分解，确定分任务要达到的目标，对人员进行分工，对资源进行合理分配，在此基础上制定详细的项目计划；

(4) 确定项目管理规范，包括在企业原有管理规范基础上，根据项目实施的个性化特点进行适当补充和改进，以满足本项目管理的需要；

(5) 确定质量规范，包括明确定义项目各阶段工作成果形式、审核流程和验收标准。

(6) 召开项目启动会，包括召集项目组全体成员或主要管理成员，通过项目启动会的形式进一步明确上述各部分要求。

3. 阶段工作成果

本阶段的工作成果主要包括：《项目计划书》、《项目开发规范》、《配置管理计划》、《各项商务文档》。

限于篇幅，上述文档不一一介绍。下面仅提供一个《项目计划书》文档的模板，以供读者了解这些文档的规范性。对于本章中所涉及的其他文档，网上有很多参考模板，读者在使用当中可以根据自己的项目特点进行借鉴和取舍。

《项目计划书》模板

项目策划书编号:

项目策划书

项目名称:

策划人:

策划时间:　　年　月　日

第一部分: 项目介绍

1. 项目概述

对本项目策划书进行整体概括性陈述(要求简明扼要, 重点突出):

■ 项目主题:

■ 实施对象(目标人群):

■ 实施区域:

■ 项目期限:

■ 希望解决的问题、预期达到的目标:

■ 计划的活动、预计的成果等要素:

2. 项目背景分析

对该项目相关的背景进行简要分析。包括项目起因和必要性、实施项目的条件、以前类似项目实施经验教训及相关政策环境等。(要求简明扼要)

3. 项目问题分析: (要求简明扼要)

■ 说明通过项目的实施, 希望解决什么具体问题;

■ 说明导致这些问题的关键原因是什么;

■ 说明这些问题将会导致什么不良后果;

4. 项目目标

明确项目所希望达到的目标是什么。项目目标可划分为总目标和分目标, 总目标是对项目整体目标较为宏观的描述, 分目标则是为实现总目标而形成的一系列具有严密逻辑关系的具体目标。

5. 项目策略及活动

简要说明项目将通过什么策略实现项目目标, 即项目将用什么方式展开哪些活动。

6. 预期风险分析

简要说明项目执行过程中会遇到哪些主观或客观的风险, 本项目将采用哪些对策来规避这些风险等(简要分析, 须有实际意义)。

7. 项目创新性

创新性是项目成功与否的重要因素, 也是项目是否获得资助的重要因素之一。项目申请方应当明确陈述本项目在本领域内具有哪些显著的创新性。而且这种创新性应当具有可推广、可持续的价值。

第二部分: 项目实施计划

1. 项目产出

■ 简要说明为了实现项目目标, 将在什么时候开展哪些具体的活动;

- ■ 简要说明活动预期将会产生哪些具体可测量的产出;
- ■ 简要说明本项目的总目标、预期成果(包括成果指标)、相关活动和资源投入等。

总目标

目标1:

- ■ 预期产出:
- ■ 具体活动:
- ■ 时间安排:
- ■ 社会资源:
- ■ 预算(人民币: 元):

目标2:

- ■ 预期产出:
- ■ 具体活动:
- ■ 时间安排:
- ■ 社会资源:
- ■ 预算(人民币: 元):

2. 具体实施步骤

- ■ 阶段:
- ■ 时间:
- ■ 措施:
- ■ 投入人员:
- ■ 阶段一:
- ■ 阶段二:
- ■ 阶段三:

第三部分: 项目组织结构

- ■ 主办方:
- ■ 协办方(承办方):
- ■ 总指挥:
- ■ 副总指挥:
- ■ 项目组工作人员名单: 姓名、性别、工作单位、职务、拟在项目中的主要职责

第四部分: 社会资源拓展

- ■ 项目须整合的其他社会资源:
- ■ 社会资源可提供的支持或发挥的作用:
- ■ 社会资源在项目当中的参与形式:
- ■ 社会赞助或支持可获取的回报:

第五部分、媒体支持及项目宣传

1. 媒体介绍

- ■ 社会媒体:
- ■ 报刊媒体:
- ■ 网络媒体:

- ■ 电视媒体：
- ■ 校园媒体：
- ■ 宣传规划
- ■ 主要宣传方式：

2. 阶段规划
- ■ 目准备期：
- ■ 项目启动期：
- ■ 项目运行期：
- ■ 成果展示期：
- ■ 总结评估期：

第六部分、项目社会效应分析
- ■ 受助群体的预期收益：
- ■ 对社会评价、社会舆论的预期：
- ■ 对基金会公信力的建设预期：
- ■ 其他：

第七部分、项目经费预算

1. 项目基本费用：

主要涉及项目必需的各项物资、接洽及专家费用等。
- ■ 事项：
- ■ 用途：
- ■ 其他赞助来源：
- ■ 总计：

2. 宣传及制作材料费：

如铜牌、旗帜、横幅、标贴、服装、宣传册页、展板、海报、文件材料等。
- ■ 品名：
- ■ 用途：
- ■ 数量：
- ■ 规格：
- ■ 总计(元)：
- ■ 备注：

第八部分、附录

1. 合作单位简介
2. 单位项目业绩简介
3. 项目工作人员简历

10.2.2　需求调研及方案设计阶段

1. 阶段工作目标

本阶段的工作目标是通过对相关业务、周边业务和现有系统及软硬件环境深入调研和细致分析，并借鉴行业成熟经验，掌握本项目开发所需要的各种条件。在此基础上，对系统进行总体方案设计，对各相关子系统进行详细方案设计，从而为系统的实现阶段提供依据。

2．阶段工作内容

本阶段的主要工作内容包括以下几方面：

(1) 需求调研：通过现场调研和细致分析，确认产品开发和项目实施所需要的软硬件环境，同时了解行业同类系统的实现方法作为借鉴。

(2) 产品原型建立：在需求调研基础上，建立产品原型，以直观方式验证用户对系统不同功能的需求是否得到满足。同时，产品原型还对设计方案的修改带来方便。

(3) 产品需求确认：与项目相关负责人对产品需求、产品原型等进行深入讨论，确认产品的需求。当产品功能较为复杂时，还需要请最终用户对需求再次予以确认。一般说来，当产品原型建立后，用户原本笼统、模糊的需求会变得更加清晰，这时用户提出新的想法或者对原有想法进行修正是很正常的。确认后的需求将作为产品开发的基础。

(4) 产品总体设计：对产品系统进行总体设计，包括网络系统的拓扑结构、产品总体框架、功能与性能实现思路等。

(5) 数据接口及数据同步设计：对产品系统涉及接口及其连接方式、数据格式、数据的同步方式等进行详细设计。

(6) 安全体系结构设计：对产品系统的安全结构进行总体设计，包括安全模型、安全部署、安全措施、安全规范与管理制度等。

3．阶段工作成果

需求调研及方案设计阶段的项目工作成果包括：《产品需求规格说明书》、《总体设计方案》、《平台验收标准》。

10.2.3　系统部署和程序开发阶段

1．阶段工作目标

本阶段的工作目标是根据总体设计及各子系统详细设计方案，进行系统的部署和程序开发工作。

2．阶段工作内容

本阶段的主要工作内容包括以下几方面：

(1) 软硬件架构的安装部署：包括服务器、网络设备、操作系统、数据库系统及产品本身的软件系统等安装部署。

(2) 应用系统开发和单元测试：包括开发环境搭建部署、软件功能开发及软件单元测试等。

(3) 系统数据初始化：对系统的数据进行性初始化，为正式投入使用做好准备。

3．阶段工作成果

本阶段的工作成果包括：《实施方案》、《技术手册》、《测试计划》、《测试方案》，以及可以运行的代码和有效的系统数据。

10.2.4 系统测试和文档交付阶段

1. 阶段工作目标

本阶段的工作目标是对产品进行集成测试及文档修订，以保证产品的试运行及项目文档的完整性。

2. 阶段工作内容

本阶段工作内容包括以下几方面：

(1) 模块功能测试：从用户视觉，分功能模块对产品系统进行测试，确保各模块的功能和性能满足用户需求。

(2) 系统集成环境整体测试：对整个产品系统，包括其外围环境及各种接口等，进行整体测试，确保整个系统能够稳定运行。

(3) 文档编写及归档：对与产品测试相关的文档、与产品使用相关的文档、与系统维护相关的文档、产品初验文档等进行整理和编写。

(4) 技术培训：对用户维护人员进行技术培训，使其具备维护产品系统的能力。

(5) 用户培训：对用户使用人员进行培训，使其可以熟练使用产品。

3. 阶段工作成果

本阶段的工作成果包括：《模块测试用例及报告》、《系统集成测试用户及报告》、《用户操作手册》、《项目初验报告》，以及系统试运行阶段。

10.2.5 系统试运行阶段

系统试运行阶段的工作目标是通过一段时间的试运行，帮助用户熟悉产品系统，发现并及时解决产生的问题，为产品正式投入使用打下坚实基础。

1. 阶段工作内容

本阶段的主要工作内容包括以下几个方面：

(1) 组织用户实际使用产品。一般说来，产品的很多缺陷只有在大量的使用过程中才能暴露出来，通过让各种角色的用户大量使用产品，有利于更快、更充分地发现这些缺陷。

(2) 及时发现运行中出现的问题，找出出现问题的原因并提出有效的解决方案，进一步完善产品设计。

2. 阶段工作成果

本阶段的工作成果主要就是《运行维护手册》。产品经由试运行过程发现问题，解决问题，从而得以进一步完善后，由产品提供方编制《运行维护手册》，对如何维护产品、如何处理遇到的常见问题提供详细的方法和操作步骤。

10.2.6 系统上线及验收阶段

1. 阶段工作目标

系统上线及验收阶段的工作目标是，通过前一阶段对系统试运行情况的考察，用户对产品功能予以确认，完成系统的最终验收(终验)工作，产品系统投入正式使用。

2. 阶段工作内容

本阶段的工作产品提供方和用户双方确认产品系统已经达到预期目标，包括对系统实现的功能及性能的逐项确认，在验收报告上签字确认等。验收报告是产品提供方已经为用户完成了产品功能和性能的确认凭证。正式验收后通过后，产品正式上线，进入商用阶段。

3. 阶段工作成果

本阶段的工作成果主要就是完成《终验报告》，通过终验，意味着产品完全投入正式使用(商用)。

10.3 产品开发过程的管控

为了保证产品开发的质量和进度，必须制定切实有效的措施，对整个开发过程进行严格控制。这些措施包括进度控制、质量控制、风险控制、需求变动控制、项目报告制度以及项目沟通机制等，如图 10-3 所示。

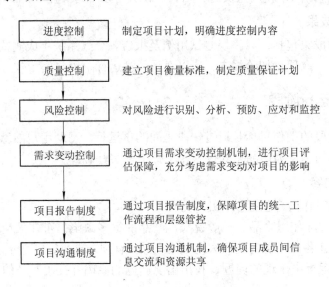

图 10-3 产品开发过程管控

10.3.1 进度控制

1. 制定明确的项目计划

明确的项目计划是项目进度管理与控制的基础，进度控制就是比较实际状态和计划之间的差异，并做出必要的调整使项目向有利的方向发展。在了解产品特点的前提下，根据工期目标，提交总体进度计划以及定期提交阶段性工作计划。项目的进度控制与管理需要制定详细的项目建设进度计划，按照进度计划制定具体的实施计划，定期跟踪检查，对可能发生的工期延误提出相应的调整对策。

在项目开始实施的早期阶段，应与用户共同确定详细的项目进度计划安排，并以文件形式明确下来。在计划中应明确每个阶段的阶段目标、阶段应交付的成果、验收依据、双方的责任和义务等内容。

2. 进度控制的含义

进度控制是指为使项目严格按计划进度而开展的有关监督和管理活动。进度控制是对产品研发项目的全过程控制，这一过程从策划与决策开始，经设计与实施，直至验收交付使用为止。

3. 进度控制的内容

为有效控制项目进度，必须做好与项目有关的各种协调工作。对于大多数项目而言，组织协调是实现项目进度有效控制的关键。

1) 项目进度管理的依据

项目进度计划对工期的要求是整个项目进度管理的依据。工期、质量和成本是项目管理的三要素，成功的项目管理应该在这三方面获取最佳平衡。在产品开发项目中，尤其要注重工期和质量的平衡，要严格按照工期的要求，在确保质量和安全的前提下，对项目进度进行有效控制。

2) 项目进度控制的内容

项目进度控制的具体内容包括定期或不定期地召开或参加项目例会、协调会议等，通报项目进展情况，提交进度报告，及时解决相关问题，建立项目变更流程，记录每次项目变更的内容等。在项目实施过程中，项目经理及时对出现的各种情况进行沟通和交流，调度和协调资源，处理和规避意外风险。

3) 检查是保证项目进度的重要手段

检查的目的是比较实际情况与原来所制订计划之间的差异，以确定当前项目进展是否正常。可以在执行过程中的任意时间点检查，也可以在特定的时点检查。比较正式的检查方式有例会、周报、汇报，非正式的方式有口头询问、非工作时间交流等。另外，交付物的质量和提交情况、变更记录也是重要的检查内容。

检查评价是最传统和最直接的控制手段。由领导或主管人员亲自到现场收集和了解信息，掌握工作进度和服务质量情况，及时发现问题和分析原因，迅速判断并做出处理决策。领导者在现场能掌握第一手资料，避免信息在传递过程中的衰减和失真，提高信息沟通质量和效率。

4) 对项目出现延期的处理

如果项目出现延期的情况，常用的调整措施包括增加投入、减少产出或采用新的方法等。增加投入是指增加人力资源的投入、增加工作时间的投入、指派更有经验的人等，减少产出是指在与用户协商后适当的减少工作范围或降低要求等，采用新的方法是指在产生同样的项目成果和质量的前提下采用新的方法或技术。

无论采取什么措施，在调整的过程中有几个基本原则一定要注意，首先是要"及时调整"，即优先调整近期开始的任务，不要让风险后移；优先调整工期长的任务，因为压缩同样的百分比，工期长的任务节省的时间多；要全面评估所出现问题对时间、质量、成本和风险等方面的影响。进行调整后可能产生新的工作计划，新计划应该及时通知相关各方。

10.3.2　质量控制

　　质量控制是产品开发过程管控的另一个重要方面。在整个实施过程中，良好的质量管理体系是项目成功的保障。质量控制机制可以最大限度地避免实施过程中出现的总体偏差，保证项目朝着预定目标方向发展。

　　项目质量管理的关键是建立和执行适当的衡量标准。采用 ISO 9002 质量管理程序对实施工作流程、文档进行检查和审核，确保项目实施过程的规范、文档齐全、关键点(里程碑任务)得到用户批准确认。

　　在产品开发过程中，要对项目进度、问题解决、风险控制、回款和成本支出的管理和控制，对应用方案、技术方案进行严格审核，对项目组成员的工作质量进行常态化检查。同时，项目团队内部也必须建立完善的质量管理体系，包括系统测试、数据校验、培训考核等。

1. 建立项目的衡量标准

　　依据项目计划、项目的整体目标和实施策略、方法来制定项目的衡量标准。该标准由项目组共同制定，主要体现以下内容：

　　(1) 企业管理层的满意程度；

　　(2) 项目小组、最终用户的满意程度；

　　(3) 质量要求及时间的估计和成本预算等。

　　该标准是项目实施过程中质量的检验重要依据，通常情况下在项目实施过程中保持不变。

2. 质量保证计划

　　制定明确的质量保证计划，是质量控制的关键。通过协商方式制定项目的验收条件、初验标准、终验收标准等，作为质量保证计划的节点性约束。在项目实施过程中，要整体把握、控制、监督项目的实施工作，严格把好实施质量关，由有经验的咨询技术顾问与业务顾问配合来开展项目实施工作。

　　为了实现项目成果的高质量，必须从始到终贯彻项目文档化管理。项目团队成员必须严格遵循项目文档化管理，对成果性工作报告组织、客户签字审核，保证文档的质量，从而保证项目的质量。

10.3.3　风险控制

　　对项目过程中发生的或可能发生的各种风险进行管理和控制，是贯穿项目管理全过程的重要内容。项目团队需要对项目本身有着深刻的认识和理解，通过理解项目去识别项目潜在地各种风险。从项目开始即对项目可能发生的各种可能风险进行评估分级，提出预防措施，当项目风险发生时应及时拿出处理方案及时进行解决，项目风险过后要对项目风险及时总结，对相关问题进行分析，避免风险的再次发生。通过对各类风险采取相应措施进行风险管理和控制，最大限度地降低风险、控制风险。

1. 风险识别

识别整个项目过程中可能存在的风险，可以根据项目的性质，按照从潜在的事件研究其产生的后果、从潜在的后果研究其产生的原因两个方向来检查风险，收集、整理项目可能的风险并充分征求各方意见从而形成项目的风险列表。

2. 风险分析

风险分析的目的是确定每类风险对项目的影响大小。如果损失的大小不容易直接估计，可以将损失分解为更小部分再来进行评估。在项目实施过程中，可以将损失大小折算成对原计划产生的时间影响来表示。

3. 风险应对

通过风险分析可以确定项目中存在的风险、风险发生的可能性、风险对项目的冲击等，并可排列出风险的优先级。然后就可以根据风险性质和项目对风险的承受能力制定风险应对策略和应对计划。

制定风险应对策略主要考虑以下四个方面的因素：可规避性、可转移性、可缓解性、可接受性。风险的应对策略在某种程度上决定了采用什么样的项目开发方案。对于应"规避"或"转移"的风险，在制定项目策划与计划时必须加以考虑。

最后，再根据风险应对策略制定风险应对计划。其主要包括：已识别的风险及其描述、风险发生的概率、风险应对的责任人、风险对应策略及行动计划、应急计划等。

4. 风险预防与监控

制定风险防范计划后风险仍然存在，在项目推进过程中还可能会增大或者衰退。在项目执行过程中，项目团队要时刻监督风险的发展与变化情况，并确定随着某些风险的消失而带来的新的风险。

风险监控包括两个层面的工作：一是跟踪已识别风险的发展变化情况，包括在整个项目周期内，风险产生的条件和导致的后果变化，衡量风险减缓计划需求。二是根据风险的变化情况及时调整风险应对计划，并对已发生的风险及其产生的遗留风险和新增风险及时识别、分析，并采取适当的应对措施。对于已发生过和已解决的风险应及时将其从风险监控列表中调整出去。

项目风险控制可以从以下几个途径进行有效地预防和控制：

1) 项目文档规范化

项目文档的规范化是控制项目风险的一个重要手段。通过控制文档的质量控制各主要阶段的工作质量，通过高质量的文档界定各里程碑阶段的结束时间，从而控制项目进度。

2) 项目进度控制

进度的控制是为了控制时间和节约时间。项目经理应按周检查工作进度并提交进度报告，在报告中简要阐明已完成的工作、工作质量评价、人员评价、工作进展情况、工作中存在的问题以及解决办法。项目进度报告要提交给项目负责人，对出现的问题及解决情况都要要记录在案。

3) 严格的制度保证

要确保实施项目团队成立的有效性，团队成员工作任务必须明确划分，防止团队成员频繁变动。确保与项目实施相关的部门主管及业务人员的大力配合。

10.3.4　需求变动控制

用户需求、实施范围的变动控制是项目管理的一项重要工作，由于这些变动对实施计划、人员投入以及最后的实施质量都会产生很大的影响，故项目团队应建立严格的变动管理制度，并自觉遵守。

原则上，业务需求在调研结束后由用户方确认，作为需求分析和方案设计的基础。经过确认后的需求原则上不允许发生变动。实施范围已经在协议、工作任务书和主计划书中明确定义，项目团队在既定的实施范围内开展工作，交付工作成果，不承担范围以外的工作任务。

但在实际项目中，即使用户确认过的需求也存在需要变化的时候，为了保证项目目标的实现，每一项需求变动都应通过需求变动控制机制进行评估保障，充分考虑项目变动对项目的影响，及时调整工作计划，保证不影响项目总体目标的实现。所有需求变动均由双方项目组讨论通过，并提交客户方项目经理审核确认。必要时，需提交管理层批准，签订补充协议，从而有效管理项目实施过程中出现的重大变动。

10.3.5　项目报告机制

项目报告制度是与项目的分级管理体系相适应的一种管理制度。项目在开展过程中，尽管事前制定了详细的计划和风险应对预案，但实际的外界环境却是复杂多变的，项目实施人员仍然难以避免出现很多新情况、新问题。遇到这种情况，项目组成员应首先在小组内部讨论解决问题，如不能解决，应按照项目组织结构图逐级及时向项目组长报告，向项目经理报告乃至项目领导层汇报，所有重要问题都应有书面材料。

通过建立规范的 报告机制，有利于保证项目组成员高效应对各种问题，保证整个项目在管理体系控制下有序进行，确保项目实施的质量和经济性。

10.3.6　项目沟通机制

项目沟通机制有很多种形式，最常用有项目周报和项目例会等，此外项目团队成员还可以采用备忘录、电子邮件等其他方式随时进行项目信息沟通。

1. 项目周报

项目团队应每周以周报方式列示项目实施的进展情况、存在问题及解决方案、下周工作计划等，并及时向全体团队成员通报，以达到项目团队信息、资源共享的目的，使整个项目团队成员能够及时了解项目的整体状况，并根据项目计划及项目整体进展，安排下周工作计划。

2. 项目例会

每周或每两周举行一次项目例会，由项目领导、其他相关领导及项目团队成员参加，其作用在于协调解决实施过程中出现的各种问题，保证项目的顺利进程。对所有的会议应编写会议纪要，对会议做出的各项决定或讨论的结果进行文档记录，并分发给与会者和有关的项目实施人员。

思考与练习题

1. 产品开发团队通常由哪些人员构成？各自的职责是什么？
2. 产品开发过程主要包括几个阶段？需求调研及方案设计阶段的主要工作内容是什么？
3. 什么是项目的质量控制？如何对项目进行质量控制？
4. 为什么需要对需求变动进行控制？如何进行控制？

第十一章 移动互联网产品运营

移动互联网产品市场欣欣向荣，形态丰富多样，商业模式各有千秋，经营者个性鲜明，经营理念不断创新，从而对产品运营方法和水平提出了更高的要求。移动互联网产品并无固定模式，但作为一种市场的产物，仍必然要遵循市场的法则。

11.1 移动互联网产品运营理念

当前，移动互联网领域产生了很多令人耳目一新的理念，比如所谓的互联网思维、颠覆思维、降维攻击思维等，都有其一定道理，当然也都有其局限性。但是对移动互联网产品的运营而言，所有理念首先还是要基于商业思维的基础之上。

11.1.1 切实给用户带来价值

给用户提供了令其动心的补贴，通过赠送小礼品获取 APP 和微信公众号用户，花钱"导流"用户，病毒传播，投票式吸粉等，这些常用的获取用户的方法令人眼花缭乱，也都会取得或显著或一般的效果。但是，吸引到用户的眼球是一回事，持久得黏附住用户则是另一回事。只有给用户带来实实在在的持久价值，才能够持久得黏附住用户。

在商业模式策划与设计等章节，我们都曾深入分析过用户的需求，包括痛点、痒点、兴奋点这些时尚的概念。这里，我们站在第三者角度，或者是从产品已经开发出来后的角度，来看看什么样的产品能够给用户带来价值。一般说来，移动互联网产品可以给用户带来的价值主要有以下几类：

1．满足用户刚性需求

刚性需求的特点是不管用户喜欢与否，这个需求都是必须满足的。对于大多数城市家庭来说，天然气费、电费、物业费的交纳是一种刚性需求，不交费就不能继续使用天然气和电，就不能得到物业服务；对于需要出行的旅客，除非自驾游，否则购买机票、高铁票、客车票就是一种刚性需求；开车没油、没气、没电了，就需要加油、加气、充电，这也是一种刚性需求。

刚性需求必须得到满足，但是满足刚性需求的方法却有很多不同的选择。客户可以去天然气公司、电力公司或者物业公司的营业厅去线下交费，这通常需要跑路，要排队，都是费时费力。如果提供了一款移动互联网产品，可以通过手机方便实现交费，那么这个产品一定会受到欢迎，而且用户用了你的产品就会坚持使用。

方便满足刚性需求的产品对用户的黏附度是最牢固的，产品推广需要的成本也最低，只要让用户知道这个产品及其带来的便利就可以了，而且只要有部分用户使用后，口碑传播会成为主要的传播方式。

2．增加用户收益

在市场经济条件下，人人都需要挣钱，能额外增加收入的产品自然会受到欢迎。直接帮助用户增加收入的产品有理财产品、直播平台、问题解答平台等，间接帮助用户增加收入的产品如企信宝、生意宝等。有的收益不能用钱来度量，比如对适龄青年而言，增加认识更多异性的机会，增加找到恋爱对象的机会，也是一种收益。

当然，利用移动互联网产品来增加收入也是有一定代价的，要么是时间成本，要么是购买费用。理性的用户会在投入和收益之间做一个权衡，只有获得的收入显著大于成本投入，用户才会持续使用这个产品。

3．提升用户的个人价值

目前，已经有很多各个领域的教育培训和自学习类移动互联网产品，有的面向婴幼儿，有的面向中小学生，有的面向成人，有的面向企业员工。"活到老学到老"，"朝闻道，夕死可矣"，"学习型组织"，讲的都是学习的重要性。通过不断地学习，才能够使自己的知识不断丰富，认识水平不断提高，分析和处理问题能力不断增强。因此，学习可以提升个人价值。学习的内容既可以是理论知识，也可以是行业知识，还可以是更广泛的关于自然、关于社会、关于人文的知识。

还有的产品如微博、微信公众号等能够提供社群功能，增加个人的人脉或粉丝数量。而人脉和大量粉丝都意味着商业机会的增加。拥有更多商业机会，也是个人价值提升的一种。这也是很多明星都竭力经营自己微博的原因，美国总统特朗普更是把推特的作用发挥得淋漓尽致，极大提高了自己选举和治政的能力。

4．增加用户的精神享受

人除了学习和工作，还要生活和娱乐，如旅游、看电影、听音乐，等等。移动互联网产品以其随时随地和对碎片化时间的利用，极大扩大了增加自己精神享受的时间范围，突破了地域限制、实物限制，丰富了人们的生活。

11.1.2 不断优化和创新商业模式

移动互联网是一个快速变化的行业，新事物不断出现，旧模式不断被颠覆。今天的弄潮儿，明天可能就会沦为市场的弃儿。因此，在移动互联网环境下，产品的商业模式必须随着市场环境变化、技术条件变化，不断进行优化调整；产品的功能必须根据用户需求的变化不断迭代。

1．商业模式创新的必要性

在移动互联网条件下，商业模式的核心组成要素产品、渠道、用户三者都在持续变化，从而带动商业利润本身的变化。商业模式如果不随之进行优化和调整，产品运营产生的利润就会不断减少，直至利润消失。

比如，原来很多第三方支付公司很大一部分利润的来源是由用户账户资金余额构成的资金池，资金池所有权虽然是属于用户的，但是利息收入却属于第三方支付公司。为确保第三方支付机构随时都能够有足够的钱供用户提取自己账户余额，央行要求第三方支付机构必须从资金池中拿出一定比例的资金交存到银行，称为备付金，这实际上减少了第三方机构的资金池。2018年6月29日，央行下发文件，要求自2018年7月9日起，按月逐步提高支付机构客户备付金集中交存比例，到2019年1月14日实现100%集中交存。这意味着，第三方支付机构享用资金池红利的模式将终结。

央行这一政策性变化，不仅有利于规范第三方支付市场，客观上也是对第三方不健康商业模式的纠正。作为第三方支付机构，比如支付宝、微信支付等，都面临着商业模式创新的巨大压力。

2．商业模式创新的可行性

移动互联网产品是互联网化的，产品功能表现为线上应用服务和有信息流驱动的线下服务，产品本身可以随技术升级、市场变化、用户需求变化进行不断迭代升级，渠道本身也可以不断调整，因此，商业模式的创新门槛比实体产品要低得多。

11.1.3　高度重视产业链整合

产业链其实一直存在，自从有了商品交换，就有了产业链分工。产业链的历史至少可以追溯到五六千年前，但是，移动互联网的出现，使产业链信息的流动、交换发生了翻天覆地变化，从而为原有产业链、生态圈的重构奠定了坚实基础。

1．产业链整合的概念

产业链整合是对产业链进行调整和协同的过程。比如，由产业链环节中的某个主导企业通过调整、优化相关企业关系使其协同行动，提高整个产业链的运作效能，最终提升企业竞争优势的过程。或者，由产业联盟、行业协会等从产业或行业层面，调整、优化相关企业之间关系从而形成协同关系。

2．产业链整合的重要性

作为创新型移动互联网产品，只有立足于产业链的整合，才能充分发挥移动互联网对于产品及服务模式的巨大促进和支撑作用，才能开发出更能满足用户需求、更有市场竞争力的产品。从产品运营角度，产业链整合难度要远大于技术开发，这也就为通过产业链整合打造自己产品的竞争优势提供了重要基础。

3．移动互联网产品产业链整合的特点

(1) 参与主体更加多样和分散。

由于移动互联网产品本身种类非常多，很多种类的产品，客观上适合大量分散在各个行业的人们协同进行开发，比如抖音，其实就是千千万万个视频录制者在产品平台的统筹下协同工作。

(2) 产业链协同时效性好。

由于移动互联网随时随地、无处不在的特点，移动互联网产品产业链协同需要的时间短、效率高，大大降低产业链协作的成本。

(3) 跨地域协作方便。

除了电商之类涉及实物的应用之外，绝大多数移动互联网产品属于信息产品，比如视频、定位服务、网上教育等，因此对于传统产业所存在的物流问题，对于多数移动互联网产品是不存在的。这样，非常方便产业链的跨地域协同。

11.1.4 密切关注新技术带来的挑战和机遇

新技术对于原有产品市场的冲击甚至颠覆不容忽视，新技术、颠覆性技术带给企业的既是严峻挑战，也是难得机遇。如果能抓住并利用好这些技术带来的机会，产品就可能迎来爆发式发展，如果不能及时抓住这一机会，产品就可能面临灭顶之灾。

1. 新技术对产品的重要影响

所谓新技术，除了大数据、人工智能、虚拟现实、区块链、物联网等信息技术领域的外，在产品和服务链条上的其他领域的技术进步也会对产品带来很大影响。比如，电池容量的极大提升不仅会改变原有产品，甚至会在原有产品基础上催生全新的应用功能。再如，中医理论的突破，可能会带来健康养老领域的全新产品。

新技术、颠覆性技术带来的挑战通常是颠覆性的。比如移动电话对于固定电话的替代，比如线上缴费对于线下交费的替代，再比如高清晰视频对于低清晰度视频的替代，等等。因此，对于移动互联网产品来说，必须密切关注新技术、颠覆性技术可能带来的影响。

2. 持续进行研发投入的必要性

当前各种新技术核心驱动力都是科学研究，毫不夸张地说，目前已经进入知识经济时代，就经济发展的本质而言，推动社会进步的根本动力是科技。没有知识的不断积累，就没有技术进步，基础理论和应用技术研究是新知识、新技术产生的基础条件。

在科研和技术投入方面，华为公司是中国优秀企业的一面旗帜。华为公司每年拿出相当大比例用于研发，其结果是现在华为公司已经成为全球领先的电信设备制造商、世界排名第三的智能手机制造商。相比之下，有的公司尽管体量很大，但不重视科研投入，导致核心竞争力不强，高度依赖国外核心技术，利润率低下。

11.2 移动互联网市场的最新特点

11.2.1 移动互联网市场遇到的新挑战

1. 移动互联网市场的准垄断现象

随着移动互联网市场的发展，由于规模性、集约化和高资本投入的内在推动，移动互联网市场各主要领域存在一种准垄断倾向，即所谓的"只有第一、第二，没有第三、第四"。目前，BAT已经成为各自领域占有相当优势甚至绝对优势的企业。如果其他企业要进入，则需要跨越几乎不可企及的门槛。

移动互联网市场这种准垄断倾向，对于行业发展有促进作用，通过规模优势增强了市场地位和竞争优势，甚至是面向工商税务等监管机构时的地位。但另一方面，这种准垄断状态极大抑制和压制了中小型公司的创新，个别寡头企业甚至利用资本调动能力、人脉关系等，通过非市场手段，野蛮侵占中小型公司的市场空间，从根本上来说阻碍了移动互联网市场的发展。

在这种情势下，新创企业要冲破藩篱脱颖而出，必然面临非常大的困难和风险，因而需要对市场做更深入的研究，找准垄断产品的市场薄弱环节，筹集好足够的资源，集中优势资源于一点进行突破。同时，创新企业必须在产品技术、商业模式等方面相比于原具有企业有较大创新优势，才可能后来居上。

2．移动互联网产品运营的资本密集性

如果单从技术角度而言，移动互联网产品确实门槛不高，但其实今天的移动互联网市场是一个高度资本化的市场，对绝大多数产品而言，资本的重要性远远超过技术。通俗地说，就是进入这个市场必须有雄厚的资本实力，没有源源不断的资金链供给，再好的产品也可能坚持不到盈亏平衡那一天。

一些拥有雄厚的资金实力的互联网巨头，不断通过资本注入方式参股很多创新型公司，进一步占领新兴领域。因此，当今的移动互联网市场已经不是一个可以充分竞争的市场，没有雄厚的资本作为后盾，就没有在主流市场中竞争的机会。看看今天的共享单车市场，大量单车堆集在城市的大街小巷，没有雄厚资本的创业者纷纷经历着资金链断裂的痛苦，只有得到持续不断资本注入的企业才可能有存活的可能。因此，对于小微型创新企业来说，创业初期，最好选择细分市场中小众市场。

3．移动互联网新创企业的高死亡率

从 2000 年前后的互联网泡沫破裂，到前几年突然兴起又迅速破灭的 O2O 泡沫破裂，还有几乎成为街谈巷议的 APP，移动互联网新创企业的一个显著特点是高死亡率。

我们可以这样回顾和总结一下：概念初起，"热钱"蜂拥而至，一时间，大江南北该类型创新产品风起云涌。接下来就是创业者艰难的市场生存纷争，大浪淘沙，绝大多数产品甚至为产品而生的企业在大浪淘沙中弹尽粮绝倒下了。最终，只有极个别产品在竞争中存活下来。

移动互联网新创企业高死亡率的产生主要有以下根源：

(1) 移动互联网产品的低进入门槛和高持续运营成本特点。低进入门槛是指只要有较低的资本，就可以开发一款产品，貌似可以进行运营，这就为大量创业者的进入提供了基本条件。但随着运营的持续，产品推广费日益增加，盈利遥不可期，需要不断地资本注入。

(2) 创新创业者所获取的信息不足。尽管移动互联网时代信息流动非常活跃，但是真正对于创新创业者有用的信息很难获取到。比如，知道自己在干什么，但并不知道有很多人在与自己干着同样的事。所谓"英雄所见略同"，你能看到的商机，别人为什么就不会看到？但遗憾的是，很多创新创业者没有意识到这一点，只看到市面没有某个产品，却没看到别人也在保密、半保密状态下策划者同样的产品。

4．网络零售市场出现四大趋势

商务部新闻发言人高峰认为，当前我国网络零售市场发展快速，实物商品网上零售额对社会消费品零售总额增长的贡献率超过了 37%，对消费增长形成了强有力的拉动作用，在当前我国消费转型升级中扮演着引领者和加速器的角色。他同时指出，目前我国网络零售市场主要有以下几个趋势：

(1) 业态多元化。除了消费者熟悉的网络零售形式以外，社交电商、直播电商、无人零售等新业态、新模式层出不穷，不断形成新的消费热点。

(2) 供给全球化。网络零售不仅使工业品下乡和农产品进城快捷高效，随着跨境电商的蓬勃发展，全球优质的商品已经成为中国消费者的重要选择，跨境电商也成为我国扩大进口的一个重要渠道。

(3) 区域协调化。网络零售带动城乡消费、东部与中西部市场消费协调发展。2017 年，中西部和农村地区网络零售增速分别高于全国平均水平 8.5 和 6.9 个百分点，有效激发了国内市场的消费潜力，扩大了消费总需求。

(4) 服务高质化。网络零售的物流配送、售后服务水平正在不断提升。

11.2.2 "互联网+"新发展

1. "互联网+"两种路径的实践

国家提出的"互联网+"战略极大地推动了整个社会的发展。"互联网+"是互联网思维的进一步实践成果，推动经济形态不断地发生演变，从而带动社会经济实体的生命力，为改革、创新、发展提供广阔的网络平台。

通俗地说，"互联网+"就是"互联网＋各个传统行业"，但这并不是简单的两者相加，而是利用信息通信技术以及互联网平台，让互联网与传统行业进行深度融合，创造新的发展生态。它代表一种新的社会形态，即充分发挥互联网在社会资源配置中的优化和集成作用，将互联网的创新成果深度融合于经济、社会各域之中，提升全社会的创新力和生产力，形成更广泛的以互联网为基础设施和实现工具的经济发展新形态。

在实践当中，"互联网+"曾经历了两种途径的探讨。一种途径是由移动互联网平台出发，对传统产业进行商业模式改造和竞争格局重构，有激进者甚至提出用互联网"消灭"传统产业，尤其是在商贸流通领域，曾有成千上万的小商户担心被电商"消灭"。另一种途径是传统产业利用信息通信技术以及互联网平台，让互联网与传统行业进行深度融合，创造新的发展生态，也称"产业＋互联网"模式。

经过数年的实践，人们已经认识到第一种模式的局限性，因为实际的产业实在太过复杂，互联网只是解决的信息流和资金流的问题，并不能取代各行各业千差万别的技术、业务流程和产业生态，所以，只有形态简单的产业才可能被移动互联网平台一统江湖。当前，"互联网+"主要发展方向表现为第二种途径，各行各业利用移动互联网时代的各种新兴技术，对于原有产业结构进行重塑，甚至第一种途径的看家法宝电商平台，也正在经历着所谓"新零售"的创新变革。

2. 互联网与实体经济的融合

在"产业＋互联网"模式不断深入的过程中，人们越来越认识到，尽管移动互联网为整个社会带来了翻天覆地的变化，但其本质还是一种信息基础设施，就如同电力对于整个社会的基础性作用。产业的发展不能忽视移动互联网的强大作用，但同时，移动互联网也不能替代产业本身的技术进步。

移动互联网需要深度融入实体经济，才能发挥其最大效用；而实体经济，只有充分利用移动互联网技术，才能够赶上新时代的技术潮流。相应的，移动互联网产品，也要走与实体经济相融合的路线。

3．新零售概念兴起

目前，电商市场兴起了一个新概念——新零售。新零售概念产生的背景是，无论是以阿里、京东为代表的电商平台，尽管想出了很多促销的手段和方法，并且加入了一些新的玩法，但是用户在这些眼花缭乱的营销活动面前似乎非常镇定，甚至可以用无动于衷来形容。其原因是，用户正在经历一场消费升级的浪潮，由这场浪潮所导致的供需两端的变化正在发生着相当深刻的变化，因而会产生对于活动的漠视与兴趣全无。

新零售的异军突起所导致的一个最为直接的结果就是传统电商的式微。新零售时代的来临正在将电商的空间进一步挤兑，从商家到用户端，他们对于新零售的期待似乎要比传统电商更加强烈，而对于一个主要以传统商家和传统用户为切入点的消费节日来讲，显然无法真正摸准市场脉搏，冷清在所难免。

尽管新零售已经提出了几年的时间，但是有关新零售的技术研发、推广方式、营销手段等依然面临着很多挑战，落地存在一些困难。而传统电商并不是一无是处，因此新零售需要借助新的技术对电商的原有骨架进行重新塑造，从而获得新的增长点，而物流、营销、渠道等电商的环节都需要新技术的加持和塑造以实现脱胎换骨式的改变。

11.2.3 产业互联网的兴起

产业互联网是近年来比较热门的一个概念，包括工业互联网、农业互联网、智联网等概念都属于这一范畴。产业互联网依托大数据实现传统产业与互联网的深度融合，助推经济脱虚向实，是实现经济转型升级的重要路径之一。产业互联网的兴起，意味着制造、农业、能源、物流、交通、教育等诸多传统领域相继都将被互联网所改变和重构，并通过互联网提高跨行业协同的效率，实现跨越式发展。

1．产业互联网概念

目前，关于产业互联网并没有权威的定义，简言之，产业互联网就是传统产业依托互联网和大数据等技术，对整个产业链和生态圈进行重构，所形成的一种产业新形态。产业互联网一般具有如下要素：

1）平台

产业互联网一般是以平台作为信息和业务联结点的。产业互联网平台，是一个比电商平台更为复杂的系统，包括面向产业链协作的研发设计、生产子系统、渠道子系统以及面向公众的电商子系统等。从实体形态上，更多是由核心平台与其他多家产业链合作企业运营的不同平台通过深度业务互通而构成的，而不是像电商平台那样基本上是一家企业运营的一个大平台。

2）上下游产业链

产业互联网与电商平台最大的区别是，它深度介入商品、产品的生产过程，甚至生产过程的整个环节。相应的，上下游产业链就成为产业互联网基本的组成元素。产业链上游企业包括原材料提供者、研究者、生产制造者等，下游企业包括电商、仓储物流企业、售后服务者等。

3) 深度协作

产业互联网关联的企业之间本质上是协作关系。由于互联网带来的信息流通和交流优势，产业互联网使传统的产业链企业结合得更加紧密，结合强度更高，更具实效性。产业互联网使原来企业间比较松散的、以线下商务为纽带关联起来的外部协作，变为由一个大平台支撑起来的，类似于企业内部部门间的协作。

2. 工业互联网

工业互联网是新一代信息通信技术与现代工业技术深度融合的产物，是制造业数字化、网络化、智能化的重要载体，也是全球新一轮产业竞争的制高点。工业互联网通过构建连接机器、物料、人、信息系统的基础网络，实现工业数据的全面感知、动态传输、实时分析，形成科学决策与智能控制，提高制造资源配置效率，正成为领军企业竞争的新赛道、全球产业布局的新方向、制造大国竞争的新焦点。作为工业互联网三大要素，工业互联网平台是工业全要素链接的枢纽，是工业资源配置的核心，对于振兴我国实体经济、推动制造业向中高端迈进具有重要意义。

工业互联网平台是面向制造业数字化、网络化、智能化需求，构建基于海量数据采集、汇聚、分析的服务体系，支撑制造资源泛在连接、弹性供给、高效配置的工业云平台。其本质是通过构建精准、实时、高效的数据采集互联体系，建立面向工业大数据存储、集成、访问、分析、管理的开发环境，实现工业技术、经验、知识的模型化、标准化、软件化、复用化，不断优化研发设计、生产制造、运营管理等资源配置效率，形成资源富集、多方参与、合作共赢、协同演进的制造业新生态。关于工业互联网平台有四个定位：

(1) 工业互联网平台是传统工业云平台的迭代升级。从工业云平台到工业互联网平台演进包括成本驱动导向、集成应用导向、能力交易导向、创新引领导向、生态构建导向五个阶段，工业互联网平台在传统工业云平台的软件工具共享、业务系统集成基础上，叠加了制造能力开放、知识经验复用与开发者集聚的功能，大幅提升工业知识生产、传播、利用效率，形成海量开放 APP 应用与工业用户之间相互促进、双向迭代的生态体系。

(2) 工业互联网平台是新工业体系的"操作系统"。工业互联网的兴起与发展将打破原有封闭、隔离又固化的工业系统，扁平、灵活而高效的组织架构将成为新工业体系的基本形态。工业互联网平台依托高效的设备集成模块、强大的数据处理引擎、开放的开发环境工具、组件化的工业知识微服务，向下对接海量工业装备、仪器、产品，向上支持工业智能化应用的快速开发与部署，发挥着类似于微软 Windows、谷歌 Android 系统和苹果 iOS 系统的重要作用，支撑构建了基于软件定义的高度灵活与智能的工业体系。

(3) 工业互联网平台是资源集聚共享的有效载体。工业互联网平台将信息流、资金流、人才创意、制造工具和制造能力在云端汇聚，将工业企业、信息通信企业、互联网企业、第三方开发者等主体在云端集聚，将数据科学、工业科学、管理科学、信息科学、计算机科学在云端融合，推动资源、主体、知识集聚共享，形成社会化的协同生产方式和组织模式。

(4) 工业互联网平台是打造制造企业竞争新优势的关键抓手。当前，GE、西门子等国际领军企业围绕"智能机器 + 云平台 + 工业 APP"功能架构，整合"平台提供商 + 应用开发者 + 海量用户"等生态资源，抢占工业数据入口主导权、培育海量开发者、提升用户黏性，不断建立、巩固和强化以平台为载体、以数据为驱动的工业智能化新优势，抢占新工业革命的制高点。

说得形象一点，工业互联网平台是两化融合的"三明治"版。第一，底层是由信息技术企业主导建设的云基础设施 IaaS 层，在这一领域，我国与发达国家处在同一起跑线，阿里、腾讯、华为等云计算基础设施已达到国际先进水平。第二，中间层是由工业企业主导建设的工业 PaaS 层，其核心是将工业技术、知识、经验、模型等工业原理封装成微服务功能模块，供工业 APP 开发者调用，因此工业 PaaS 的建设者多为了解行业本身的工业企业，如 GE、西门子、PTC 以及我国的航天科工、三一重工、海尔集团均是基于通用 PaaS 进行二次开发，支持容器技术、新型 API 技术、大数据及机器学习技术，构建了灵活开放与高性能分析的工业 PaaS 产品。第三，最上层是由互联网企业、工业企业、众多开发者等多方主体参与应用开发的工业 APP 层，其核心是面向特定行业、特定场景开发在线监测、运营优化和预测性维护等具体应用服务。

对于工业互联网平台，可以概括出以下几大特征：

(1) 数据采集是基础，其本质是利用泛在感知技术对多源设备、异构系统、运营环境、人等要素信息进行实时高效采集和云端汇聚。当前数据采集面临的突出问题是，受制于传感器部署不足、装备智能化水平低，工业现场存在数据采集数量不足、类型较少、精度不高等问题，无法支撑实时分析、智能优化和科学决策。无论是跨国公司，还是国内平台企业，都把数据采集体系建设和解决方案能力建设作为工业互联网平台建设的基础：一方面通过构建一套能够兼容、转换多种协议的技术产品体系，实现工业数据互联互通互操作；另一方面通过部署边缘计算模块，实现数据在生产现场的轻量级运算和实时分析，缓解数据向云端传输、存储和计算的压力。

(2) 工业 PaaS 是核心，其本质是在现有成熟的 IaaS(基础设施即服务)平台上构建一个可扩展的操作系统，为工业应用软件开发提供一个基础平台。工业 PaaS 面临的突出问题是开发工具不足、行业算法和模型库缺失、模块化组件化能力较弱，现有通用 PaaS 平台尚不能完全满足工业级应用需要。当前，工业 PaaS 建设的总体思路是，通过对通用 PaaS 平台的深度改造，构造满足工业实时、可靠、安全需求的云平台，将大量工业技术原理、行业知识、基础模型规则化、软件化、模块化，并封装为可重复使用和灵活调用的微服务，降低应用程序开发门槛和开发成本，提高开发、测试、部署效率，为海量开发者汇聚、开放社区建设提供支撑和保障。工业 PaaS 是当前领军企业布局的重点，是平台核心能力的集中体现，也是当前生态竞争的焦点。

(3) 工业 APP 是关键，主要表现为面向特定工业应用场景，激发全社会资源推动工业技术、经验、知识和最佳实践的模型化、软件化、再封装(即工业 APP)，用户通过对工业 APP 的调用实现对特定制造资源的优化配置。工业 APP 面临的突出问题是，传统的生产管理软件云化步伐缓慢，专业的工业 APP 应用较少，应用开发者数量有限，商业模式尚未形成。工业 APP 发展的总体思路是：一方面，传统的 CAx、ERP、MES 等研发设计工具和运营管理软件加快云化改造，基于工业 PaaS 实现了云端部署、集成与应用，满足企业分布式管理和远程协作的需要；另一方面，围绕多行业、多领域、多场景的云应用需求，大量开发者通过对工业 PaaS 层微服务的调用、组合、封装和二次开发，开发形成面向特定行业特定场景的工业 APP。

3．农业互联网

农业互联网到目前为止还不是一个流行的概念，互联网农业是指将互联网技术与农业生产、加工、销售等产业链环节结合，实现农业发展科技化、智能化、信息化的农业发展方式。互联网农业这样的发展方式能够使互联网重塑农产品流通模式，推动农产品电子商务的新发展。相比于工业和商贸流通业，现有农业企业(包含农户)无论在技术水平、盈利能力方面均比较低。

目前，已经开始出现的农业互联网平台主要是生态农业平台，其立足点主要在绿色、有机和生态概念，以满足人们对粮食、蔬菜、水果吃好、吃健康的诉求。这类平台目前主要组成部分包括如下几大模块：

1) 生态农业种植

生态农业对农作物生长的环境有严格的要求，要求土壤重金属、化肥含量、农药残留、土壤水分、农作物种子、灌溉用水水质等，都必须符合一定的要求。农作物生态化生产是生态农业平台的上游产业的核心，是下游优质生态粮食、蔬菜的关键。除了生态要求，农产品的品质、口感也是决定其是否受到市场欢迎的重要方面。品质农业需要得到农业科研的有力支持，包括育种、种植过程的水肥、光照、温湿度控制等。

结合前端各种温湿度、土壤成分等传感器和后台大数据，平台能够为农作物的生态种植提供强大的支撑，有效保障生产种植环节的产品质量。

2) 产品商品溯源

工业产品的溯源相对比较容易，但农产品的溯源存在一个最大的障碍，那就是难以做到对于每一个粮食、水果、蔬菜最小单位在生产、运输和加工过程的监测。当前市面已有的农产品溯源系统基本上只是部分实现溯源功能，比如在大棚里安装摄像头。但是谁能保证送到消费者家里的产品就是大棚里的？

目前大多数平台采用的是把技术手段、管理手段和法律手段相结合，发挥各自的所长，取长补短，从而在最大限度上实现农产品溯源。

3) 电商功能

订单式生产指的是消费者提前通过平台订购自己需要的产品及其数量。优质、生态农产品成本肯定要远高于普通农产品，但如果消费不足以消化掉生产出的产品，就会给生产企业造成很大损失。采用提前订购方式，可以在很大程度上解决这一问题。

农业互联网平台提供订购、采购等电商功能，不仅满足最终消费者的订购需求，也满足生产者对于其上游化肥、种子的订购需求。

4) 环保化加工

农产品的加工过程也可能带来污染，甚至是不符合标准的防腐剂、添加剂，因此，环保化加工也是生态农产品的一个重要方面。比如，有的面粉厂在加工中添加过量的添加物，或者掺水过多等，都会造成面粉品质的下降。有的食品加工者为了延长保质期，在食品中添加过量防腐剂，也会显著降低食品品质，甚至带来危害。

5) 分布式仓储配送体系

生鲜、果蔬等对于新鲜的要求尤其重要，长途运输无疑会造成品质的下降。比如为了防止水果糖化，通常都是采摘八九成熟的鲜果，这明显降低了水果的口感。因此，除粮食类农产品外，绝大多数种类的农产品都需要减少产地到销地的地理距离和运输时间，实在做不到的，就要尽可能减少其在仓库外的时间。一个相对较可行的方法是建立分布式仓储配送体系，通过平台后台数据，实时掌握供需情况。

4．大健康互联网

随着人们生活水平的迅速提高和老龄化的日益加剧，大健康行业越来越受的人们的重视。大健康产业围绕着人们的衣食住行、生老病死，对生命实施全程、全面、全要素呵护，既追求个体生理、身体健康，也追求心理、精神以及社会、环境、家庭、人群等各方面健康。当互联网与健康产业相碰撞时，便产生出更多的新业态来，主要分为下面几种类型：

■ 以健康管理为主，主打个人部分或全方面健康档案及应对的解决方案；

■ 以预约咨询为主，提供专家的预约服务和在线的咨询服务；

■ 以知识学习型为主，网站提供多种医疗健康保健知识供用户自行获取；

■ 以健康交流互动为主，提供医与患、医与医、患与患之间的互动交流，提倡人与人之间的相互关怀和帮助；

■ 以健康 APP 应用为主，新近兴起的健康终端平台，内容包含以上多种或一种类型，基于地理位置，及时通信等功能，赋予移动医疗健康服务更多新的活力。

目前，这些业态多数还比较单一，成熟的大健康互联网平台还在前期探索中，其形态大致有下列几种：

1) 大健康数据库

大健康互联网平台一般需要建立大健康数据库。数据库主要包括两部分内容：一部分是个人健康大数据，取自于医院和体检机构；另一部分是卫生、健康、医疗方面本身的大数据。大健康数据库是进行互联网化健康服务的重要基础，可以依托它开展个人健康评估、运动风险评估等。

2) 医疗增值服务

医疗增值服务是指围绕病患就医过程所提供的各种服务，包括预约挂号、就医咨询、就医陪护等。医疗增值服务可以有效克服病人对医疗知识缺乏带来的不便，也可以代家人完成繁重的就医陪护工作。在工作节奏紧张、独生子女一代成为社会中坚的今天，这些医疗增值服务切中社会痛点，会有越来越大的市场空间。

3) 智能设备在线监护

智能设备包括可穿戴设备可以实现对人体的全天候实时监测，对于老年人的人体健康状况监测非常有用。在当今物联网技术下，可以实现大规模人群健康状态的在线监测，从而大大降低监测成本。而且，在如人口老龄化日益加剧的今天，依靠设备进行监测，也可以节省大量劳力，把人工劳动配置在更需要人性化劳动的地方。

4) 大健康家政服务

大健康相关的家政服务包括为老年人上班做饭、陪聊、送水果等各种服务。通过大健康互联网平台，可以在用户和服务提供者之间建立便捷的信息通道，而且通过平台建立的信用机制，还可以有效管理家政服务的质量。实际上，作为产业互联网，大健康互联网平台上提供服务的可以是自然人，也可以是家政公司。

5) 优质农产品销售

人体健康与饮食质量息息相关，大健康平台一项重要功能是优质农产品销售，当然也包括经过认证的保健品。平台不仅为其上销售的商品提供了网购渠道，而且与健康咨询功能相结合，还可以实现食补、食疗等对健康有更多促进价值的业务。

6) 健康旅游

平台可以提供健康医疗旅游服务，联结产业链上健康医疗旅游目的地，甚至还可以在其中纳入中医药健康旅游项目，旅游就医合二为一，让人们在心旷神怡的旅游中治病，让治病过程充满乐趣。

11.3 移动互联网产品推广

对于绝大多数移动互联网产品来说，产品推广是花费成本最多的地方，所谓的互联网企业"烧钱"，绝大多数都"烧"在推广环节。因此，了解移动互联网产品当前主要推广方式及其特点，对于所策划与设计产品的落地是非常重要的。移动互联网产品当前推广方式主要包括门户网站、微信公众号、传统媒体等。

11.3.1 本企业门户网站

门户网站出现已经有二十多年的历史了，但直到今天，门户网站依然是企业和机构宣传自己以及自己业务和产品的最重要窗口。

1. 门户网站的必要性

无论是 PC 终端上网还是智能手机上网都已非常普及，人们要了解一家公司或者一个产品，可以很方便通过上网来查询。一家没有网站的公司，会给人留下信息化程度极其落后的感觉。在信息化与实体经济紧密融合的今天，信息化程度的落后从很大程度上也就反映了其业务管理和产品宣传的落后。因此，在今天的移动互联网时代背景下，拥有企业自己的门户网站是十分必要的。

门户网站有 PC 网站和手机网站两种形式，分别对应于 PC 和手机两种上网方式，展现能力和上网方便程度各有优势。通过门户网站宣传推广自己的产品，给人以可信度高、信息权威的印象，可以有效提升企业自身的形象。

2. 门户网站的作用

门户网站一般展示企业自身的组织架构、产品体系、解决方案和服务体系，使用户可以方便且全面了解企业的产品和服务，有的还具有线上客服功能，可以及时接受用户的反馈意见和服务投诉。

有的门户网站还兼具基本的电商功能，与综合性电商平台不同的是，企业门户所带有的电商平台只销售自己企业的产品。而有的产品提供商甚至为了实现互联网营销，专门搭建自己的门户网站，比如小米、荣耀等手机品牌。

3．门户网站的建设方式

门户网站的建设方式通常有自建、代建两种。所谓自建，就是自己申请互联网专线，购买服务器或购买云主机，自己开发门户网站；所谓代建，是指自己提供内容，委托别的公司提供网站建设全套服务。

一般小型公司多采用代建方式，因为这样花费最小，不需要企业自己有专门的网站开发和管理人员；大一些的公司适合于自己建设，因为代建的网站多以模板化为主，如果要提供定制化网站，花费会迅速增加。

11.3.2　微信公众号

微信公众号是目前热门的宣传通道。微信公众号(简称公众号)要发挥作用，必须首先受到目标人群的关注，获得大量粉丝。因此，推广就成为公众号是否能够取得预期效果的关键。而要让粉丝持续关注公众号，则需要公众号不断推出吸引粉丝的内容，需要持续的运营。目前，公众号推广主要通过病毒式传播、有奖关注、媒体广告宣传、第三方推广等几种方式进行。

1．病毒式传播

病毒式传播是通过公众号本身的吸引力，让粉丝成为传播的主体。粉丝通过向同学、朋友、群友等分享和推荐自己认为有趣味的内容，使得公众号以病毒方式迅速传播开去。

如何使自己的公众号有吸引力？最根本的一点，无疑是让自己公众号的内容本身有含金量、能吸引人。除此之外，公众号运营还有一些技巧性方法：

(1) 借船出海，把有吸引力、震撼力的心灵鸡汤、视频、段子等放在自己的公众号上，人们在疯狂转发这些内容时，如果有提示该公众号还会经常提供这样的内容，就会引发很多人的关注。这些内容可以收集，但不要侵犯别人的知识产权，也可以自己制作。

(2) 借助会展、评选活动等，把自己的公众号作为该会展、活动的宣传推广工具，借助会展、评选活动本身的影响力，吸引大批粉丝关注。当前有很多评选活动，吸引参评者拉人投票，很多都是源于评选组织单位为了推广自己的公众号。

(3) 利用轰动性事件，如突然的地震、海啸、国际上的战争、热点事件等，迅速推广自己的公众号，不过利用这些内容，必须符合国家有关法规，不能传播虚假信息和不允许传播的信息。

2．有奖关注

有奖关注就是准备很多小礼品，雇佣很多地面推广人员，向人们推荐公众号，让人们扫描公众号的二维码，加关注后送一份小礼品。

这种方式是适合于会场等公众号目标人群集中的场合，因此推广地点和场合必须进行精心选择。如果选择的地点和场合不对，效果就会非常差。

11.3.3　传统媒体广告宣传

采用报纸、电视、期刊、灯箱、墙体、车体、电梯间等传统方式，也是移动互联网产品经常采用的推广方式。不过，传统媒体广告成本较高，仅适合于有实力的企业和组织，以便实现全方位、立体的高强度广告覆盖。

1. 报纸、期刊

报纸、期刊在经历了多年的用户急剧萎缩后，存活下来的主要是官方媒体及其副刊等，比如各地的晚报、人民日报、环球时报、参考消息、科技日报以及一些行业性报刊。此外还有一些有特色的报刊如华商报等也艰难得存活下来。

报纸广告的特点是用户群比较固定，每份报纸都有其相对固定的读者群体。比如男性知识分子喜欢看环球时报、参考消息，政府官员经常观看本地的日报和晚报，流动人口更多看本地官方色彩不浓的报纸。因此，报纸广告的特点是定向性比较好，可以向自己的目标用户群精准投放广告。

2. 电视

电视是一个男女老少都喜欢的媒体，也是当今最主要的传统广告介质。不同电视频道的观众群体明显不同，关心时政的经常看央视 4 频道、13 频道，喜欢体育的就爱看央视 5 频道。因此，电视广告的投放也是要根据产品的目标用户来选择合适的频道。

电视广告由于其强制观看特点，经常会被用户拒绝观看，比如看到广告就换台，会使广告效果大打折扣。为了减少观众拒看的概率，应该在广告创意策划上多下工夫。创意新颖设计好的广告人们喜欢看，也记住了所广告的产品。相反，设计粗糙，采用野蛮的所谓轮番"轰炸"方式令人生厌，甚至有意不购买所宣传的产品。其实质是不尊重观众，凭借自己所掏的广告费侵犯观众的时间和视觉，不尊重观众(包含其目标用户)的广告本质就是掏钱给自己脸上抹黑。

3. 实体广告

灯箱、墙体、车体、电梯间广告等均为实体广告。实体广告的特点是充分利用人们的碎片闲暇时间，也为人们克服碎片闲暇时间的无聊提供了一个出口，一般不会引起用户排斥。比如站在拥挤的地铁里，站在拥挤的电梯里，看看周围的广告无疑是消磨这个碎片时间的好办法。当然，用户不排斥不代表可以不精心策划设计，设计精巧的广告可以带给人们更好的体验和更深的印象。

11.3.4 第三方门户

企业自己的门户网站虽然具有可信度高的特点，但是网站用户往往较少，除非通过其他方式引导，否则对产品的宣传效果并不好。为了提升自己的门户网站或者公众号的用户数，经常需要向第三方推广平台或热门门户网站支付费用，由其利用自己的优势推广资源，协助自己产品的推广。常见的第三方推广平台包括各领域主流门户、推广联盟以及有影响力的自媒体等。

1. 各领域主流门户

经过多年的激烈竞争和迅速发展，目前互联网领域各领域主流门户网站的格局已经大体确定。比如在新闻领域，除了凤凰网之外，占主流的地位的主要是人民网、环球网、新华网这样一些国家级新闻媒体的门户。在电商领域，淘宝、天猫、京东等已经占据绝大多数份额。在很多细分垂直领域，比如汽车销售行业、自媒体领域、农产品领域等，都有形成优势的门户。

每类门户网站都有自己相对比较确定的用户群体，因此在借助门户网站推广自己的产品时，需要根据自己产品的目标用户群定位，选择合适的门户网站进行广告投放。

不过，需要注意的是，当前门户网站的点击量越大，就越是寸土寸金，广告费用就会直线上升。在选择投放广告的门户以及所放置层级时，需要对可能的投入产出比做深入研究，避免钱花了那么多、效果却没那么大的尴尬。

2．推广联盟

为了进一步增强对于广告客户的吸引力，很多主流门户网站建立了一些推广联盟，比如谷歌和百度。推广联盟的组成是这样的，它有一个核心企业，由它负责核心大数据库的建设而和维护，其他企业加入这一联盟。

大数据在于记录千千万万用户的上网行为，通过对其上网行为特征的分析，匹配其相应内容的广告。这样，不管网络用户访问到哪儿，比如上新闻网站浏览新闻，或者上垂直网站购物，都会发现与其有关的广告内容会不时跳出来。比如，如果用户在百度经常搜索"汽车"，当用户浏览某个新闻网站时，也会有有关"汽车"的广告不时地显示在用户的屏幕上。

使用推广联盟提供的推广服务，具有覆盖面宽、受众广泛的优势。当然，推广产品的资源越庞大，费用自然也会越高。庞大的联盟内部会根据做出贡献的大小，分配所获得的推广费。

3．有影响力的自媒体

当前，以微信公众号和微博为代表的自媒体一片繁荣，尽管每天都有长千上万自媒体消沉和关闭，但又会有很多上线和面世。自媒体的特点是用户群更加细分和聚焦，关心时政的、爱好餐饮的、喜欢爬山的，等等，都会有钟爱的自媒体。因此，采用自媒体作为产品推广渠道，最关键的是找对自媒体，其次才是看它的用户群有多大。

自媒体广告也有一些天然的软肋。比如，很多人是因为某个公众号每天的评论而关注它的，结果，正在浏览评论时，画风一转，突然成了软广告。读者会因此感觉不舒服，自然也影响了对广告内容的接受程度，甚至还会产生逆反心理。所以，使用自媒体推广产品，还要讲究方式方法，一定要让其读者感到自然而不厌烦。

11.3.4　互联网病毒式传播

病毒式传播是互联网时代信息传播的一个重要特点，利用这一特点，可以低成本、高效率进行产品的推广。一般说来，病毒式传播可以分为两类：一类是完全无组织的，靠内容本身的吸引力实现自传播；另一类是有组织的，以组织体系的力量和奖励作为引擎，推动推广内容的互联网化自传播。

1．无组织式传播

既然无组织自传播完全靠内容本身的吸引力，那么对于传播媒体本身的内容和被推广的内容都提出了很高的要求。

首先，吸引人们在同学朋友间、在同事间、在不认识的人们之间传播的，一定是要么非常有趣，要么非常有震撼力，要么非常新奇，等等。比如，猫逮老鼠很正常，不会引起人们巨大的兴趣，但老鼠赶着咬猫，这样的视频内容非常罕见，人们会热心地发送给其亲朋好友共同一乐。还有类似的视频，一只鸟花了时间分钟救活了另一只鸟，感动无数的人，这个视频也在人们之间广泛传播。

其次，被推广的内容在自媒体上要经过精心的设计，让人们在看完自己喜欢的内容后，有意愿再看其他的推广内容。只有细心体察读者看完自己感兴趣的内容后的心态、情绪和微妙心理，才能策划和设计出合适的推广方式。

最后，被推广内容本身，也就是自媒体的产品，也必须能被目标用户接受。自媒体自身的内容犹如船，被推广的内容犹如船里的货物，船受到大家喜爱，具有了航行大海的能力，货物才能被拉出去。但是，船到了，货物是否得到用户认可，却不是船能够决定的。

2．组织化传播

所谓组织化互联网推广，是在专门的推广平台系统的支撑下，利用本企业员工或者大量网民，对本企业产品进行有组织的体系化推广。为了提高推广的效果，通常会向推广人支付推广费用，向被推广人(潜在目标用户)支付一定奖励。

一种常见的推广平台可以为每位推广人生成一个二维码，推广人向被推荐人推荐该公众账号，并引导其关注，由平台自动实现向推广人支付推广费用以及给予被推荐人的奖励。在管理后台，则可以统计和分析公众号的推广情况，既可以作为对体系内员工的绩效管理依据，也可以作为激励无组织关系的广大网民的依据。

思考与练习题

1. 简述移动互联网产品运营的理念。
2. 如何使产品给用户带来价值？
3. 什么是互联网的病毒式传播？试列举一个互联网产品或内容病毒式传播的案例并加以简要介绍。

参考文献

[1] 商业计划书. http://wiki.mbalib.com/wiki. MBA 智库百科.

[2] 怎样理解移动互联网的产品运营？https：//www.zhihu.com/question/19976544/.

[3] https：//baike.baidu.com/item/%E4%BA%A7%E5%93%81%E7%BB%8F%E7%90%86/11013391?fr=aladdin.

[4] 张鑫. "共享经济"与"分享经济"有点不一样. http：//mp.weixin.qq.com/s/lpjqZzDHoQthhIISPlZhKg.

[5] 丘比特(公众号 consultant01). 准诚咨询项目经理.

[6] 梁宁. 公众号"梁宁-闲花照水录"(ID：cafeday).

[7] 《2017-2023 年中国网络购物市场供需预测及发展趋势研究报告》. http：//www.chyxx.com/research/201706/528563.html.

[8] 2017 年度中国"共享经济"发展报告. http：//www.100ec.cn/zt/2017gxjj/.

[9] 浅析中国 B2C 电子商务的三种模式. http：//www.xzbu.com/3/view-1639431.htm.

[10] 顶级的自媒体都靠什么商业模式赚钱？新媒体运营必知！运营公举小磊磊媒体. http：//www.sohu.com/tag/65767.

[11] 新媒体的四大商业模式. http：//www.sohu.com/a/161665566_609568.

[12] 中国电信天翼大数据 APP 排行榜. http：//www.sohu.com/a/217301361_816263，2018(1).

[13] 手机浏览器市场盈利模式探析. http：//tech.qq.com/a/20100221/000205.htm.

[14] 如何设计商业模式？http：//m.sohu.com/a/122406812_466932.

[15] 潘加宇. 软件方法. UMLChina，2012(11).

[16] 软件工程之程序编码. https：//blog.csdn.net/qq_26545305/article/details/48933511.

[17] 王梦瑶. 程序编码. 软件工程. https：//blog.csdn.net/a15076159739/article/details/79770527.

[18] 如何确定目标用户？https：//www.zhihu.com/question/30470196.

[19] 张恂. https：//www.zhihu.com/topic/19579006/hot.

[20] 安麒. https：//www.zhihu.com/question/19655491/answer/391698052.

[21] 扫地僧. https：//www.zhihu.com/question/30470196/answer/392524252.

[22] https：//blog.csdn.net/fireroll/article/details/5648 商业需求分析(BRD)模板 7828.

[23] 安平. 搜索引擎商业帝国成功的秘密，http：//tech.163.com/15/0804/01/B04UMRG5000915BF.html.

[24] 2017 年最火的十大商业模式. http：//blog.sina.com.cn/s/blog_69d894250102wrpk.html.

[25] 罗超. 为什么互联网公司最近几年开始竞相开发浏览器？目前浏览器市场的商业模式结构为何？https：//www.zhihu.com/question/20370957/answer/14925499.

[26] 贰亿亿. 如何找准你的客户价值主张.

[27] https：//www.jianshu.com/p/c254630f5ad1http://baijiahao.baidu.com/s?id=1577767050627247992&wfr=spider&for=pc.

[28] 小楼老师. Axure 原创教程网——关于产品经理的三个文档(BRD). http：//www.iaxure.com/5355.html.

[29] 市场需求分析(MRD)模板. https：//blog.csdn.net/fireroll/article/de tails/56486623.

[30] 唐杰. 产品需求分析(上)—理论流程. http：//www.woshipm.com/pd/83817.html.

[31] 唐杰. 产品需求分析(中)—需求分析和判断. http：//www.woshipm.com.

[32] pd/83820.html.

[33] 唐杰. 产品需求分析(下)—分析文档/报告. http：//www.woshipm.com/pd/83823.html.

[34] 赶公交产品需求文档 V1.0. http：//www.chinaz.com/manage/2015/1111/469061.shtml.

[35] 半夏陌凉. 五分钟轻松搞定产品需求文档！
http：//www.360doc.com/content/16/0318/08/21659794_543235336.shtml.

[36] 白及. 概要设计、详细设计：概念、方法、实践步骤.
https：//blog.csdn.net/u010098331/article/details/51395521.

[37] 人人都是产品经理. http：//www.woshipm.com/tag/产品需求文档.

[38] 唐杰. 产品结构图和信息结构图的区别. https：//tangjie.me/blog/213.html.

编 后 语

移动互联网产品策划与设计涉及领域非常宽广，知识点非常庞杂，既有各种相关技术方面的，也有市场和产品运营方面的，要在一本书中对这些内容进行体系化、实用性的介绍本身是有一定困难的。因此，本书编写中力求聚焦移动互联网产品策划与设计的实际需求，对设计的知识体系进行合理布局和取舍。

本书写作过程中，得到了移动互联网领域很多既有理论造诣、又有丰富实践经验的企业家和技术专家的帮助，包括西安中阳网络信息技术有限公司王泉、西安网是科技发展有限公司马航昌、陕西锦华网络科技有限责任公司马辉、西安金讯通软件技术有限公司韩朝宁、陕西惠宾电子科技有限公司苑继君、陕西鼎驰网络技术有限公司赵军刚、西安大一科技信息有限公司程志贤、陕西大山软件科技有限责任公司赵龙山、西安达效软件有限公司张东升等，从而为本书的实用性奠定了坚实基础。

移动互联网产品虽然目前已经经历了长足的发展，但仍然是一个充满变化和不断创新的领域，本书局限于作者知识和时间因素，必然不能对未来的变化做到十分准确的预测。因此，读者在使用本书时，也应与时俱进，不被书中的观点和方法所局限，立足实际，敢于创新。

编 者
2018 年 8 月